JN260508

日本の海産 プランクトン図鑑

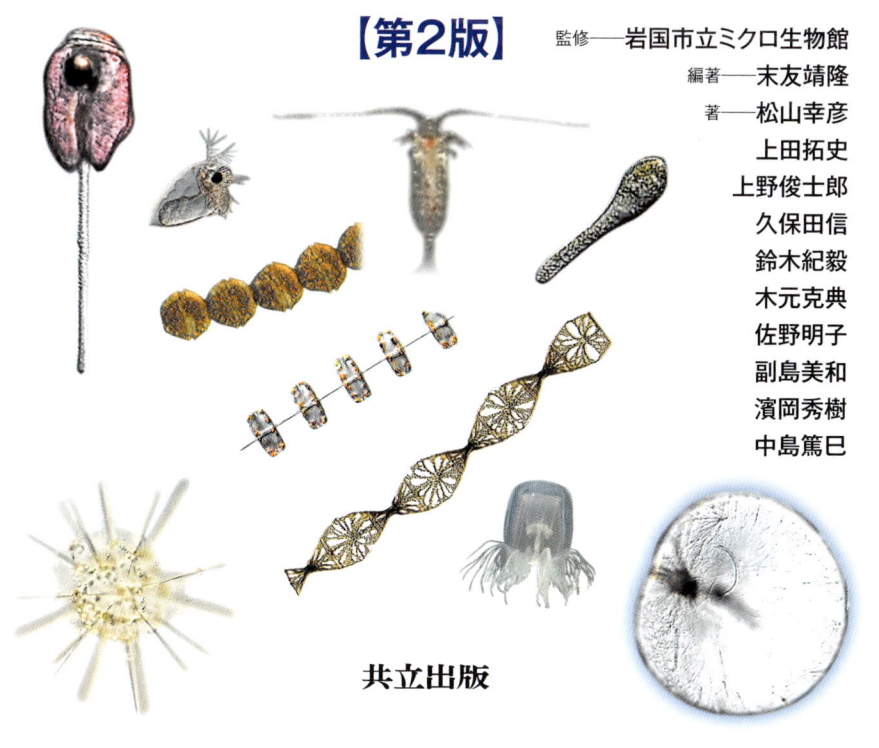

【第2版】

DVD付

監修──岩国市立ミクロ生物館
編著──末友靖隆
著───松山幸彦
　　　上田拓史
　　　上野俊士郎
　　　久保田信
　　　鈴木紀毅
　　　木元克典
　　　佐野明子
　　　副島美和
　　　濱岡秀樹
　　　中島篤巳

共立出版

第2版の刊行にあたって

　初版の刊行から早いもので2年半の歳月が経過しました。おかげさまで，海産プランクトンに興味・関心をもつ全国の学生や市民の皆様をはじめ，教育関係者，漁業関係者，官公庁，環境関連企業・団体など，さまざまな業種，世代の皆様にご活用いただいています。初版では，各分野の第一線で活躍されている先生方の絶大なご支援・ご協力と，当館のこれまでの活動を通じて得られた経験を盛り込み，プランクトンに初めて接する大人の方や小・中学生でも楽しく調べ，学習できる図鑑の目標を達成することができました。プランクトンに初めて触れる方が，プランクトンのどこに関心や疑問をもつのか，これら元々生物学が好きでたまらない著者がいくら頭をひねってもなかなか出てこない答えを明確にし，どうすれば初心者でも楽しく活用できる本になるかを教えてくれたのは，当館での体験学習や自由研究，各種講義等にご参加いただいた小・中・高校生たちであり，そのご家族や市民の皆様でした。和名の必要性や，さまざまなアプローチで生物を検索できるツールの重要性などに気づくことができたのは，その最たる例です。本書はいわば「専門家と（子供を含む）非専門家が力を合わせて形にした図鑑」なのです。

　たいへん有り難いことに，購入された皆様より多くの好意的なご意見をいただきました初版でしたが，同時に，まだまだ改良すべき点があることも，読者の皆様やミクロ生物館のその後の活動を通じて認識しました。その最たるものは「採集と観察の方法」です。プランクトンを観察するためには採集が欠かせないため，初版でも採集法については簡潔にご紹介しましたが，初めてプランクトンに接する人が効率良くプランクトンを採集するには情報不足が否めませんでした。今回の改訂にあたり，植物性の小さなプランクトンから動物性の大きなプランクトンまで，ターゲットごとに効率良く採集できる方法や，顕微鏡の選び方や観察におけるワンポイント，さらには本格的で安価なプランクトンネットの自作法まで，これだけでもちょっとした書籍になるほどに詳しく丁寧な解説を盛り込みました。ほかにも，各分野の最前線で活躍されている先生方による豆知識満載のコラムの大幅増強，日本沿岸の頻出プランクトンの拡充，

第2版にあたって

付録 DVD の大幅改良など，さまざまな面で大きな進化を遂げています．

プランクトンの多くは，日常生活では気づかないほど小さかったり，存在感が薄かったりしますが，実は私たちの暮らしにも，地球の自然環境を守る意味でも欠かせない，とても大きな存在です．本書を通じて，初版以上に多くの皆様がプランクトンの魅力について"手に取るように"実感できる，そんな書籍を目指し，分担執筆者，協力者，そして初版読者の皆様や当館での活動に参加された皆様の多大なるご支援，ご協力によって，このたび完成の運びとなりました．

日々ご多用のところ，懇切丁寧にご指導，ご教鞭，ご執筆賜りました分担執筆者の松山幸彦先生，上田拓史先生，上野俊士郎先生，久保田信先生，鈴木紀毅先生，木元克典先生，佐野明子様，副島美和様，濱岡秀樹様，中島篤巳先生，協力者として，コラムのご寄稿や貴重な写真のご提供，DVD 制作などでご支援，ご協力賜りましたすべての先生方，初版を購入し，数々の貴重なご意見を賜りました読者の皆様，ミクロ生物館の活動を通じて著者自身の成長を支えてくださったすべての皆様，そして第2版の出版にご尽力賜りました共立出版編集部長の横田穂波氏はじめ，関係者の皆様にこの場を借りて心より厚く御礼申し上げます．

2013 年 6 月

岩国市立ミクロ生物館 館長　末友　靖隆

はじめに

　山口県の片田舎，岩国市のまた一番端っこに岩国市立ミクロ生物館なるものがあります。館のドアを開けて一歩外に出れば，そこは瀬戸内海屈指の島嶼（とうしょ）美を誇る防予の海。白砂の海岸を歩きながら構想を練る。本書はそんな環境の中で生まれた，身近な海産プランクトンのガイドブックです。

　さてミクロ生物館ですが，当館は顕微鏡下の生き物を対象にした"世界初"の微小生物園を自負して2005年に開館いたしました。ここでは奇妙なミクロの生き物がサッカーボール大に拡大され，リアルタイムにゴニョゴニョと動きまわる。子供たちは細胞1個の凄さに感動し，命の尊厳を感じとる。私どもは，この感動こそ，次世代の人間育成に強力な起動力を発揮するものと確信しています。小さな生命体との出会いが，その子のノーベル賞への出発点となったなら，と夢を膨らませています。

　2008年に，来館者の便宜をはかるべく子供から研究者まで手軽に使えるようにと「瀬戸内海プランクトン図鑑」を発刊しました。この本のおかげで，来館者は学芸員と同じ土俵で気軽に会話し，また議論もするなどの良好な関係が続いています。

　本書はこの「瀬戸内海プランクトン図鑑」の鋳型を継承しながら，新たに日本全海域の主たるプランクトンを追加収載し，結果的には約45％増となりました。コンセプトは同じく"手軽な"全国版プランクトン図鑑であり，編集のコアは"実用，簡便，発展性"に先端科学の"面白み"を付加しました。

　本書執筆中の2010年4月18日には"海洋生物センサス"（国連などが行っている10年がかりの海洋生物調査）が発表され，それによれば「動物プランクトンは既に約50種の新種が発見され，解析次第では現在の約7,000種から15,000〜20,000種になると予測され，プランクトンより小さな海洋微生物にいたっては"属"の数にして100倍になるだろう」とし，さらに調査メンバーである米コネチカット大学のアン・バックリン教授は，「動物プランクトンは海水の酸性化（大気中炭酸ガス濃度の上昇による）で，その多くが影響を受けるだろう」と警告しています。

はじめに

　環境も交流とともに当館の大きなテーマです。本書を片手に生命の営みを実感し，環境の変化をミクロ生物の分布で気づき，さらに新種発見を夢見て観察を続けていただければ幸甚です。当館はネットワークを大切にしており，いろいろな情報と多方面の御教示を歓迎しています。御来館の折には，気軽に職員に声をかけてください。

　プランクトンのほとんどがラテン語の学名だから覚え難くもあり，親近感もわいてきません。そこで本書ではミドリムシとかゾウリムシのような"和名"をつけて呼ぶようにしました。和名に関しては諸研究者の御助言をいただきましたが，"あだ名"と思って親しんでいただければ幸いです。

　本書は各専門家の"無償の協力"で出来上がったものです。交通費も講演料も指導料もゼロ，おまけにデータや映像も賜りました。稿を終わるにあたり，特に下記の方々や施設には胸奥より厚く御礼申し上げます（順不同）。

　　木元　克典　博士　　（海洋研究開発機構）
　　高山　晴義　博士　　（元　広島県立総合技術研究所）
　　藤島　政博　教授　　（日本原生動物学会会長・山口大学大学院）
　　洲崎　敏伸　准教授　（神戸大学大学院）
　　小柳　隆文　先生　　（山口県水産研究センター内海研究部）
　　馬場　俊典　先生　　（山口県防府水産事務所）
　　宮原　一隆　博士　　（兵庫県立農林水産技術総合センター）
　　河村真理子　博士　　（水産大学校）
　　出村　幹英　博士　　（国立環境研究所）
　　吉田　　誠　博士　　（独立行政法人水産総合研究センター）
　　堀　　利栄　准教授　（愛媛大学）
　　独立行政法人水産総合研究センター
　　兵庫県立農林水産技術総合センター
　　兵庫県漁業協同組合連合会兵庫のり研究所
　　独立行政法人宇宙航空研究開発機構
　　鶴岡市立加茂水族館

はじめに

水産庁
量　　裕之　様　　（水産庁瀬戸内海漁業調整事務所）
長崎大学水産学部
山口県水産研究センター内海研究部
高重　朱未　様　　（ミクロ生物館赤潮プランクトンの会）
浮田　諭志　様　　（ミクロ生物館赤潮プランクトンの会）
笠井　悦子　様　　（ミクロ生物館）
中島　敏幸　准教授　（愛媛大学）

また，出版に際して，共立出版株式会社編集部の松本和花子氏，横田穂波氏には多大な御尽力をいただきました．有り難うございました．

岩国市立ミクロ生物館　名誉館長　中島　篤巳

本書における和名について

　海産のプランクトンは，一部の種類を除いて種の和名がなく，一般向けの書籍でも学名で呼ばれているのが現状です。しかし，入門者や一般の方にとって，学名を覚えることは難しく，これがプランクトンの調査や学習を行ううえで大きな障害となっているのが実情です。また，一般の方にとって，学名には次のような不便な点もあります。

1) 学名の読み方が個人によって異なる

　学名はラテン語で，その読み方（発音）は必ずしも統一していません。例えば，渦鞭毛藻の一種 *Gyrodinium* は人によって「ギロディニウム」，「ジロディニウム」，「ジャイロディニウム」など違った発音がされます。そもそも，ラテン語より子音数が少ない日本語ですべての学名の読み方を一対一で対応させることは不可能です。複数の読み方があると，その生物についてインターネットで検索する時にもたいへん不便です。

2) 学名はしばしば変わる

　分類学研究が進むにつれて，あるグループに属していた種類が別のグループに移されたり，1つの種類が2つに分けられたりして，そのたびに生物の学名は変更されます。特に有害・有毒種として扱われている植物プランクトンのなかには，過去数十年の間に何度も学名が変わった種もあります。近年発達した分子分類技術によって種間の類縁関係が見直されると，今後も属レベルで離散集合が繰り返されることが予想されます。覚えた学名が10年も経ずに変わってしまうのでは困ります。

3) 種の学名のカタカナ表記は長く，難しい

　種の学名は姓と名からなる氏名のように2つの単語からなります。その2つの単語をカタカナ表記するとほとんどの学名は10文字を超える長い名前になってしまいます。さらに，ほとんどの日本人はラテン語の意味を理解できな

いので，学名のカタカナ表記は意味不明な呪文のような言葉でしかなく，その名前から生物を連想することはできません．意味のわからない長い単語はなかなか覚えられません．

　和名には上のような学名の不便さはありません．日本語なので読み方が個人によって変わることがないのは当然であり，また，ほとんどの和名の意味は生物の特徴の一部を表しているので，学名よりずっと覚えやすいのです．種の学名が変わっても，その和名は変わることはなく，和名の覚え直しが必要になることもありません．種の名前を覚えることは，その種に対する理解や親しみが深まることにもつながり，プランクトンに限らず，生物を学ぶうえでとても大切なことなのです．

　現在，日本国内の主要な動植物のほとんどすべてに和名があります．鳥類や哺乳類では全世界の種にすべて和名がついています．しかし，私たちを取り巻く海の身近なところに無数に存在し，食料や環境問題でも私たちと深いかかわりのある海のプランクトンにはほとんど和名がありません．そこで，一般の方にも海のプランクトンについての理解を深めていただくために，和名がなかった種や，あっても使われていなかった種には，本図鑑の前身である「瀬戸内海プランクトン図鑑」（岩国市立ミクロ生物館）および本図鑑（初版および第2版）で新しい和名をつけました．この第2版でもそれらの和名にすべて【新称】と記しています．新称は，動植物プランクトンに携わる専門家や一般の方の貴重な意見を採り入れ，以下の基準に従って創設しています．

1. 原則として10文字以内の名前にした．
2. 形態的，行動的，生態的特徴を尊重した．その際，「オビ」や「ジュズ」など伝統的な日本語を努めて用いた．学名が人名・地名を含む場合はその使用を控えたが，すでに一般化している場合は尊重した．
3. すでに和名はあるが，これまで一般には使われておらず，かつ種の特徴からみて適当でないと考えられるものは新しい和名を付した．

　本書の新称を含めて，和名のある海産プランクトンはまだごく一部にすぎず，今後さらに多くの種類について和名が付せられることが望まれます．本書がそのためのたたき台として活用されれば幸いです．

目 次

目次

第Ⅰ部　プランクトンについて
1. 海のミクロワールドへようこそ！ ……………………………………… 2
2. 採集と観察の方法 ………………………………………………………… 6
3. 大きさを比べてみよう ………………………………………………… 22

第Ⅱ部　プランクトン図鑑
解説の読み方 ………………………………………………………………… 32
生物一覧 ……………………………………………………………………… 34
生物検索表 …………………………………………………………………… 59
1. 単細胞生物
ラン藻類 ………………………………………………………………… 68
渦鞭毛藻類 ……………………………………………………………… 70
ケイ藻類 ………………………………………………………………… 121
ラフィド藻類 …………………………………………………………… 150
ケイ質鞭毛藻類 ………………………………………………………… 158
ハプト藻類 ……………………………………………………………… 163
ミドリムシ類 …………………………………………………………… 166
繊毛虫類 ………………………………………………………………… 169
放散虫類 ………………………………………………………………… 175
有孔虫類 ………………………………………………………………… 188
2. 多細胞生物
ミジンコ類 ……………………………………………………………… 196
カイムシ類 ……………………………………………………………… 199
カイアシ類 ……………………………………………………………… 200
ワムシ類 ………………………………………………………………… 212
翼足類 …………………………………………………………………… 214
ヤムシ類 ………………………………………………………………… 215
ウミタル類 ……………………………………………………………… 215
オタマボヤ類 …………………………………………………………… 216
ヒドロクラゲ類 ………………………………………………………… 219
立方クラゲ類 …………………………………………………………… 228
鉢クラゲ類 ……………………………………………………………… 231
クシクラゲ類 …………………………………………………………… 237

	幼生 …………………………………………………………	240
参考文献	………………………………………………………………	251
用語解説	………………………………………………………………	253
生物名さくいん	……………………………………………………	259

付録

　付録A　プランクトン調査記録表
　付録B　水色カード（赤潮調査用）
　付録C　プランクトンスケッチ用紙
　付録D　プランクトン映像集（DVD）

コラム

①	プランクトンネットを作ろう ………………………………	17
②	プランクトンネットの網地の目合い ………………………	21
③	プランクトン観察に適した顕微鏡とその使い方 …………	27
④	動物プランクトン観察プレートの作り方 …………………	28
⑤	最も原始的な渦鞭毛藻"フタヒゲムシ" …………………	71
⑥	サンゴ礁を支える渦鞭毛藻 …………………………………	76
⑦	別の生物の葉緑体を盗む!?　カンムリムシ ……………	82
⑧	マヒ性貝毒とゲリ性貝毒 ……………………………………	87
⑨	昔から高かった！　日本のミクロ生物研究レベル ………	90
⑩	ヨロイをまとったプランクトン ……………………………	101
⑪	植物なの？　動物なの？ ……………………………………	104
⑫	本物そっくり！　赤潮・貝毒原因藻の木彫り模型………	115
⑬	レンズの眼をもつ渦鞭毛藻 …………………………………	118
⑭	プランクトンのタネ …………………………………………	120
⑮	ケイ藻のサイズ回復 …………………………………………	122
⑯	ガラスの殻をもつケイ藻 ……………………………………	129
⑰	ケイ藻の貯蔵物質 ……………………………………………	134
⑱	海の底で生活する生き物たち ………………………………	141
⑲	移動能力をもつケイ藻 ………………………………………	146
⑳	記憶喪失を引き起こすドウモイ酸とケイ藻 ………………	149
㉑	葉緑体の自家蛍光 ……………………………………………	153
㉒	活性酸素や粘液で魚を攻撃するプランクトン ……………	154
㉓	プランクトンの日周鉛直移動 ………………………………	156
㉔	ミクロの世界は広大！　最新の生物分類について ……	158
㉕	化石で見つかるプランクトン ………………………………	164
㉖	葉緑体の起源もいろいろ ……………………………………	168
㉗	繊毛虫とクロレラのふしぎな共生関係 ……………………	174

㉘ 植物プランクトンを飼う⁉　海原の放散虫たち ………………………… 179
㉙ 化石になっても大活躍の放散虫 ……………………………………………… 181
㉚ 新世界を目指す挑戦者　浮遊する底生有孔虫 ………………………… 191
㉛ 顕微鏡下で見られる非生物や花粉 ………………………………………… 192
㉜ 目立たないけれど重要⁉　ラビリンチュラ類 ………………………… 193
㉝ ミジンコ・カイミシ・カイアシ類の泳ぎ方 …………………………… 198
㉞ 地球上で最も多い動物　〜カイアシ類〜 ………………………………… 204
㉟ 動物プランクトンの「日周鉛直移動」と「季節的鉛直移動」…… 206
㊱ 宝石のようなカイアシ類 ……………………………………………………… 208
㊲ カイアシ類の産卵と成長 ……………………………………………………… 210
㊳ カイアシ類の糞 …………………………………………………………………… 211
㊴ エサとして重宝されるワムシ ……………………………………………… 213
㊵ 波打ち際で見つかるベントス（底生生物）たち ……………………… 213
㊶ 家を作るプランクトン　〜オタマボヤ〜 ………………………………… 218
㊷ クラゲとは？……………………………………………………………………… 223
㊸ ノーベル賞にも"輝いた"オワンクラゲ ………………………………… 227
㊹ クラゲに刺されないために ………………………………………………… 229
㊺ クラゲの齢（れい）を知ること …………………………………………… 230
㊻ クラゲの水族館 …………………………………………………………………… 233
㊼ クラゲの大発生 …………………………………………………………………… 235
㊽ 褐虫藻と"助け合う"タコクラゲ ………………………………………… 236
㊾ クラゲの簡単な飼育法 ………………………………………………………… 239
㊿ ウミウシの一生 …………………………………………………………………… 250

＜付録 DVD 掲載リスト＞

● 渦鞭毛藻類
1）ツノフタヒゲムシ
2）カンムリムシ
3）オナガカンムリムシ
4）キタシビレジュズオビムシ
5）ユミツノモ
6）スジメヨロイオビムシ
7）ヒカリヨロイオビムシ
8）マルウロコヒシオビムシ
9）ヤコウチュウ
10）アカシオオビムシ
11）ハマキタスキムシ
12）クサリハダカオビムシ
13）ミキモトヒラオビムシ
14）ナガジタメダマムシ
15）メダマムシ

● ケイ藻類
16）ツノケイソウの一種
17）シダレツノケイソウ
18）フナガタケイソウの一種
19）イカダケイソウ
20）ササノハケイソウの一種

● ラフィド藻類
21）オオチャヒゲムシ
22）ワラジチャヒゲムシ
23）アカシオヒゲムシ
24）ウミイトカクシ

● ミドリムシ類
25）ヒゲチガイミドリムシ

● 繊毛虫類
26）コクダカラムシ
27）アナトックリカラムシ
28）オオビンガタカラムシ
29）ツノガタスナカラムシ

● 放散虫類
30）スプメラリア目　放散虫
31）ウネリサボテンムシ

● 有孔虫類
32）マルウキガイ
33）フクレウキガイ
34）スズウキガイ
35）タマウキガイ

● ミジンコ類
36）ウスカワミジンコ
37）コウミオオメミジンコ

● カイムシ類
38）ウミホタル

● カイアシ類
39）コヒゲミジンコ
40）ウミケンミジンコ
41）メガネケンミジンコ
42）オヨギソコミジンコ

● ワムシ類
43）ヒトツユビフサワムシ

● 翼足類
44）クリオネ（ハダカカメガイ）　☆

● 異足類
45）ヒメゾウクラゲ　☆

● ヒドロクラゲ類
46）カイヤドリヒドラクラゲ
47）ベニクラゲ

● 立方クラゲ類
48）アンドンクラゲ

● 鉢クラゲ類
49）アカクラゲ
50）オキクラゲ
51）ユウレイクラゲ
52）タコクラゲ　☆
53）エチゼンクラゲ　☆

● クシクラゲ類
54）ヘンゲクラゲ　☆

● 幼生
55）ホウキムシ類のアクチノトロカ
56）巻貝類のベリジャー
57）二枚貝類のベリジャー
58）ゴカイ類のネクトケータ
59）カイアシ類のノープリウス
60）フジツボ類のノープリウス
61）フジツボ類のキプリス
62）クルマエビのノープリウス
63）クモヒトデ類のオフィオプルテウス

「☆がついた種はコラム内で登場する種，あるいは図鑑掲載種に近縁な種です」

＊付録 DVD の音声は，"Dolby Digital"で収録しております。
　一般的な DVD 再生ソフトを導入したパソコンおよび DVD プレイヤーで再生可能ですが，動作保証はできません。画面をフルスケールで表示可能なパソコンや DVD プレイヤー，テレビでの視聴をおすすめします。

第1部　プランクトンについて

1. 海のミクロワールドへようこそ！

プランクトンはミクロ生物の代表

　プランクトン（plankton）という言葉はもともとラテン語ですが，日本語に訳すと「浮遊生物」となります。ほとんどのプランクトンは体が小さく，水の中にプカプカと浮かんでいるミクロの生物たちです。一番小さなプランクトンはナノサイズ（10億分の1mレベル）のウイルス，最も大きなプランクトンはクラゲです。小さなプランクトンは通常肉眼で見ることができませんが，赤潮のようにプランクトンが大発生して海水を変色させることで，その存在を知らされることもあります。

　プランクトンには大きく分けて植物プランクトンと動物プランクトンの2つのグループが存在し，それぞれ1万を超える種が知られています。植物プラン

兵庫県洲本港（淡路島）で発生したヤコウチュウ赤潮（水産庁提供）

1. 海のミクロワールドへようこそ！

クトンは形も色も大きさもさまざまです。顕微鏡でしか見えないほど小さい体にちゃんと葉緑体をもっていて，光合成でデンプンを合成して増えています。これが海の牧草といわれるゆえんでもあります。動物プランクトンはこれら植物プランクトンを食べて育ち，目も口もお尻もあるなど，私たち人間と共通する構造をしています。

　プランクトンは陸上の池や湖だけでなく，南極・北極から熱帯まで，水があるところにはすべてプランクトンが存在します。

　「自分たちには関係ない世界」と思っている方も多いかもしれませんが，これらのプランクトンなしには，魚介類からクジラまで，海の生物が生きていくことはできません。また，地球環境にも大きな影響を及ぼしています。すべての海の生き物とそこからもたらされる海の恵みは，プランクトンがあってこそ成り立っているのです。

プランクトンの世界は不思議

　海水中に漂うプランクトンのほとんどは顕微鏡でしかその姿を見ることがで

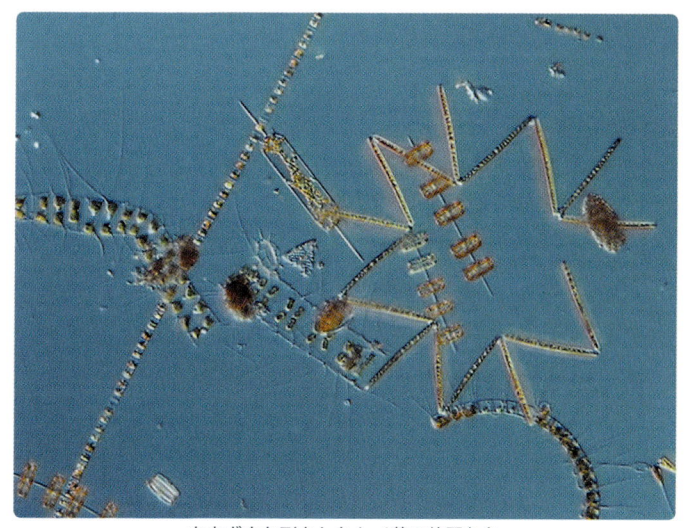

さまざまな形をしたケイ藻の仲間たち

きません。しかし，近くの港などでコップ1杯程度の海水をくむだけで，何万という数のプランクトンがそこに存在しているのです。顕微鏡さえあれば，いつもと違った不思議な海の世界が広がります。プランクトンはそれぞれ大きさや形も違うので見ていて飽きません。しかもよく観察すると，その形にはちゃんと意味があることが多いのです。

　特に自分から泳ぐことのできないプランクトン，その代表はケイ藻類ですが，彼らは薄いガラスのような殻をもっていて，普通なら体が重たくて海底に沈んでしまいます。海底に沈んでしまうと，海底には彼らが光合成をするのに必要な光がなかなか届かないので，いずれは死んでしまいます。そこで，ケイ藻類は長く連なったり，突起やトゲを伸ばして水の抵抗を増やすような形をしています。これによって，少しでも沈まないような工夫がなされているのです。また，これらの突起は動物プランクトンなどによって食べられるのを防ぐ意味合いもあります。

　また，動物プランクトンなどは脚（付属肢），鞭毛や繊毛を使って活発に泳ぎ回っています。顕微鏡で見ていて盛んに動いているのはこの仲間です。彼ら

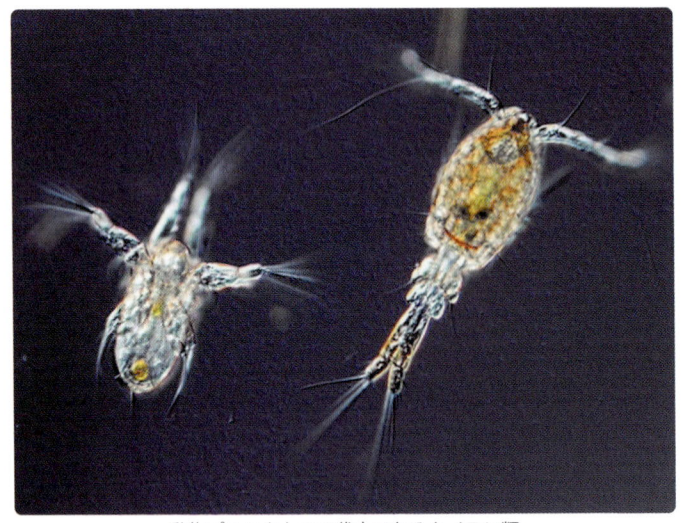

動物プランクトンの代表であるカイアシ類

はミクロ生物なのに，まるで潜水艦のように海底から海面まで泳ぎ回ることさえ可能なのです。特に運動性の高い動物プランクトンになると，1日で数100mも上下に泳ぐことが知られています。

とりあえず眺めてみよう

　プランクトンの多くは残念ながら肉眼では見ることができませんが，市販の顕微鏡で数10倍に拡大するだけで，彼らの不思議な姿を簡単に観察することができます。まずは海のミクロ生物に慣れ親しんでもらうことが大事と考え，この図鑑は皆さんの近くの海に普段からプカプカと浮いている種類ばかりをセレクションしています。一度顕微鏡を眺めれば，必ずこの図鑑に載っている多くの種類と出会えることでしょう。ミクロワールドはさまざまな生き物がひしめき合っていますが，季節や場所，海の環境によって観察される種類が大きく異なります。海のミクロ生物は四季の移り変わりだけでなく，海の汚れ，地球温暖化にも影響を受け，日々刻々と変化しています。

顕微鏡でプランクトンを観察する

2. 採集と観察の方法

採集の前に

　海はときに私たちに対して牙をむきます。一見安全そうな場所でも油断は禁物です。採集に先駆けて，目的に合った採水道具を準備することはもちろんですが，「2人以上で行動する」，「足場をよく確かめる」，「ライフジャケットを着用する」，「万一のための救急用品や携帯電話を持参する」などの安全策を十分に取ることを忘れないでください。

　また，自由研究や赤潮調査など，調査目的で採集する際は，「気温」，「水温」，「天候（できれば前日，前々日まで）」，「海水面の色，呈色時は呈色範囲（赤潮調査では特に重要）」，「場所」，「時間」，「現場の写真」などの情報を記録しましょう（図鑑末尾の"プランクトン調査記録表"をコピーして使用）。考察時に必ず役立ちます。「環境」をテーマに調査する際は，市販の簡易測定試薬（パックテストなど）で「栄養塩（リン，チッ素など）濃度」など，植物プランクトンの栄養となる物質の情報も同時に得るとよいでしょう。

　本書では，単細胞と多細胞，それぞれのプランクトンごとに適した採集法を紹介します。

単細胞のプランクトンの採集方法

採水について

　小型のものが多い単細胞のプランクトンは，採水した水のなかのプランクトンを濃縮する方法で採集します。採水する海水の量は，海水が透明に近い場合は1～2ℓ，赤潮のように着色が見られる場合は0.5ℓ程度を目安にするとよいでしょう。なお，多細胞のプランクトンは単細胞のプランクトンより数が少なめのため，少量の採水ではたくさんのプランクトンを観察することは難しいでしょう。多細胞のプランクトンをたくさん採集したい場合は，多量の海水をくむか，あるいはプランクトンネットを用いて採集しましょう。

多様なプランクトンが暮らす海水面

　運動性をもつ植物プランクトンの多くは，日中，太陽光を求めて海水面近くまで移動します。また，カイアシ類など一部の動物プランクトンは，夜間に海水面に移動して植物プランクトンを捕食します（コラム 35：206 ページ参照）。さらに，渦鞭毛藻のヤコウチュウ（102 ページ）は主に海水面で赤潮を形成します。

　このように，海水面には多様なプランクトンが暮らし採集も比較的容易なため，さまざまな種類の生きた海産プランクトンを手軽に観察したい方にお勧めです。特に，波のおだやかな砂浜は安全・簡単に採水できるのでよいでしょう。

　水面まで 1 m 以内の場所，砂浜や階段付きの防波堤，港湾，小舟上などでの採水には，ホームセンターや釣り具店で販売されている"長い柄のついた柄杓（ひしゃく）（写真 1）"が便利です。柄杓で直接水をくみ，後述する方法で容器に入れて持ち帰ります。

　柄杓では海面に届かない場所での採水や，多細胞のプランクトンを観察するために大量に採水する必要がある場合は，取っ手にロープを結いつけたバケツを用います。バケツの取っ手の根元には，こぶし大の石など，おもりとなるものをガムテープでしっかりと貼りつけましょう。こうすることで，バケツが水面に達したときに倒れて沈み，容易に採水することが可能となります。また，ロープごとバケツを失わないように，ロープの端はどこかに結んでおくか，輪にして手首にかけておきましょう。海水がたっぷり入ったバケツはとても重く，岸壁などで引き上げる際は危険が伴います。バケツで採水する際は，必ず以下のことを守りましょう。

【バケツ採水時の注意】
○足場がしっかりした，できるだけ海面に近い場所で採水する。
○柵がないなど，海に落ちる可能性があり，落ちたら上れないような場所では採水しない。

採水のタイミング

　プランクトンは場所や水深によって，種類や数が大きく変わることがあります。特に，大雨の直後や河口付近では海水の上を淡水の層がおおってしまい，海面近くにプランクトンがほとんどいないこともあります。多くの種類を採集するためには，大雨の後ではなく，波が静かな日に岸辺や港，湾の奥まったところなどで採集するのがよいでしょう。岸壁で採集する場合は，海面が近くな

る満潮時付近に行うのが安全です。ただし，環境が変わればプランクトンの種類も変わりますので，さまざまな環境下で採集するとおもしろいでしょう。

海水を持ち帰ろう

　プランクトンは大小にかかわらず呼吸により酸素を消費し，水温の急激な変化に耐えられないものも多くいます。そのため，生きたまま持ち帰るためには，酸欠や温度変化による影響を最小限に抑える必要があります。海水を入れる容器は密閉性があれば何でも構いませんが，あらかじめ容器内を洗剤で洗い，水道水でよくすすいでおいたものを用いて，以下の手順で持ち帰りましょう。

① 容器に海水を1/3ほど移し，よく振って中をすすぎましょう（これを2回繰り返す）。② 海水を容器の7割ほど移し，しっかりとフタを閉めましょう。③ 容器を"冷却剤のない"クーラーボックスか発泡スチロールの箱に入れ，日かげなど，湿度が高くならない場所に置きましょう。採水後は早めに（長くても半日程度）持ち帰って観察しましょう。

写真1　長柄杓を用いた採水

写真2　プランクトンネットを用いた採集

多細胞のプランクトンの採集方法

　多細胞の動物プランクトンは，1～2ℓの海水をくんだ程度では，見つかる個体数も種類も限られます。そこで，動物プランクトンを効率的にたくさん採集するために役立つのが"プランクトンネット"と呼ばれる採集用の網（写真2）です。市販のものもありますが，安い物でも数万円と高価ですので，コラム1（17ページ）の方法で自作することをお勧めします。

　プランクトンネットを用いた採集では，以下の道具を持参しましょう。
① プランクトンネット（以下"ネット"と略します），② ロープ付きバケツ（7ページの「単細胞のプランクトンの採集方法」を参照），③ 2ℓのペットボトル容器（中が見えるように，ラベルははがしておく），④ ロート（ペットボトルに海水を移す際に使用），⑤ 凍らせた保冷剤，⑥ 2ℓのペットボトルが入

るクーラーボックス（または発泡スチロールの箱），⑦ 記録シートと筆記用具

　これらを準備したら，以下の手順に従って採集しましょう。

採集前の準備

　まず，前述した"バケツ採水時の注意"を守ったうえで，ロープ付きバケツに海水を半分ほどくんでおきましょう。次に，ネットのロープの端を輪にして利き手ではないほうの手首にかけ，ネットを投下したときにロープがからまないようにロープを端のほうから折り重ねるように地面に垂らしておくか，輪にして束ねて持ちます。最後に，ネットの洗い出し口（底管）が閉まっていることを確認します。

ネットの投下と曳網（えいもう）

　ネットの口輪（くちわ：リング状の部分）を持ち，できるだけ遠くの沖に向けて投げます。水平線より30度ほど上方に向けて投げると遠くに飛ばしやすいでしょう。ネットが完全に水面下に沈んだことを確認したら，ロープをたぐりよせてプランクトンを採集しましょう。このとき，ネットを深く沈めることで少し深い層のプランクトンを採集することも可能ですが，ネットが水底に達してしまうと，水底の泥が混ざって観察できなくなることがありますので注意しましょう。引き寄せる速さは秒速60 cmほどがベストです。なだらかな斜面の海岸では，水際では口輪が水底につきやすくなるので，ロープを高く持ち上げて引き寄せることで泥や砂の混入を防ぎましょう。砂浜のように遠浅な海岸では，ネットにロープではなく長い柄がついたものを用いて（写真3），砂の巻き上げや波に注意しながら，虫取り感覚で採集するとよいでしょう。

　ネットをすぐそばの海面までたぐり寄せたら，水面でネットを2，3度上げたり下げたりしてから引き上げましょう。こうすることで，網地についたプランクトンを洗い出し口付近に集めることができます。引き上げたネットの洗い出し口を海水が半分ほど入ったバケツに入れ，バケツの中にプランクトンを洗

写真3　柄付きネットを用いた採集

い出します。なお，バケツの中のプランクトンの密度が高いと水の中の酸素が消費され，低酸素に耐えられる一部の種類を除き，ほとんどの動物プランクトンが1時間以内に死んでしまいます。そのため，生きたプランクトンを顕微鏡で観察したい場合は，プランクトンを採り過ぎないよう注意が必要です。

　また，クラゲの仲間には，触手に強い毒をもつものもいます（コラム44：229ページ参照）。ネット内に引っかかっていた場合は，素手でつかまず，ビニール手袋などを着用してつかむよう心掛けましょう。

プランクトンを持ち帰ろう

　バケツの中のプランクトンはロートを使ってペットボトルに移します。この際，ペットボトルに移す海水の量は容器全体の7割程度とし，必ず空気を残すようにします。

　ペットボトルに移したら「肉眼で観察できるプランクトンがどれくらいいるか」，「どんな動きをするプランクトンがいるか」，ペットボトルの外から観察しましょう。もし，目に見える動物プランクトンがほとんど観察できないようなら，ペットボトルの水をバケツに戻し，繰り返し採集してバケツ内のプランクトン密度を少し高めてからペットボトルに移します。

　動物プランクトンは温度の変化よりも酸素の欠乏で死んでしまうことが多いので，水温を低く保ちプランクトンの活動を低く抑えることが有効です。ペットボトルは，保冷剤とともに保冷容器に入れて持ち帰りましょう。

　プランクトンが生きていることよりも，できるだけたくさんの種類を観察することを優先したい場合は，ネットで何度も採集し，高密度にして持ち帰りましょう。この場合も，腐敗を防ぐために，保冷剤とともに保冷容器に入れて持ち帰ります。

ネットの洗浄

　使用後のネットは，網地に残ったプランクトンを流水でしっかりと洗い流したうえで，真水（水道水）に数時間つけ置きして洗います。こうすることで，口輪がさびるのを予防できます。その後，かげ干しで乾かしてから保管しましょう。

プランクトンを濃縮しよう

　持ち帰った海水はそのまま（濃縮せずに）観察しても構いませんが，赤潮の

ように生物が異常増殖している場合を除き，たいていは個体数密度が低いため，プレパラートを作っても多数のプランクトンは観察できないでしょう。プランクトンネットで採集し，ペットボトルに入れて持ち帰ったプランクトンも同様で，ペットボトルの水を直接とって観察するだけでは，わずかなプランクトンしか見つけることができないでしょう。

　そこで役に立つのが細かい目合い（網目の細かさ）の網地です。これで採集したプランクトンをこし取り，濃縮してから観察します。採水した海水中に含まれるプランクトンは単細胞のものがほとんどなので，こし取るための網地も目合い 0.02 mm 以下の非常に細かなもの（写真 4）を用います。プランクトンネットで採集して持ち帰ったプランクトンも同様に濃縮してから観察しますが，こちらは比較的大きな多細胞のプランクトンが対象のため，プランクトンネットと同じ網地を用いて濃縮します。

写真 4　目合い 0.015 mm の網地
（生物顕微鏡で拡大，縦横 0.5 mm）

ろ過用の網地の入手

　単細胞のプランクトンのろ過に最適な，非常に目合いの細かい網地はコラム 1 で紹介する(株)田中三次郎商店で入手できます（ホームページ：http://www.tanaka-sanjiro.com/aqua/product/net.html）。しかし，0.02 mm より細かい網地では，102 cm 幅の生地が 1 m あたり 2 万円以上と高価です（10 cm 単位での購入も可能です）。実際に使用する網地はわずかですし，手作りの手間が面倒な方は，岩国市立ミクロ生物館で制作・販売している "プランクトン濃縮キット"（写真 5：目合い 0.015 mm の網地を貼った短い塩ビ管，ビーカー，スポイトのセット：定価は 1,000 円弱）を活用されるのもよいでしょう（岩国市立ミクロ生物館 E-mail: micro@shiokaze-kouen.net）。

プランクトンの濃縮のしかた

　ここでは，上記の "プランクトン濃縮キット" を使った濃縮方法について説明します。方法は至って簡単で，写真 6 のように，ビーカーの上に網地の貼ら

れた濃縮器具をセットして，その上から持ち帰った海水を静かに注ぐだけです。赤潮時のように，プランクトンが非常に高密度であったり，海水が泥などで汚れていたりすると目詰まりすることがあります。その際はスポイトで網に軽く水を吹きつけることで，目詰まりの原因となったもの（生物など）を舞い上げるとよいでしょう。また，濃縮器具を少し持ち上げて網の下を指でトントンと軽く叩いても，目詰まりしたものが外れ水が抜けるようになります。こうして海水をこしていくと，最後に濃縮器具の網の上に色のついた液体がわずかに残ります。この色は，水中の泥が少ないときは濃縮されたプランクトンがもつ色によるもので，茶色や緑色など，そのときのプランクトンの種類によって多少変化します。泥の粒子が多い場合は灰色がかることもあります。

　プランクトンネットで採集し，ペットボトルに入れて持ち帰った多細胞のプランクトンも，観察直前に濃縮して観察します。プランクトンネットを自作した際の網地の残りがあれば，簡単に多細胞のプランクトン向けの濃縮器具が作れます。まず，ペットボトルの上部と底部をハサミ（またはカッターナイフや目の細かいノコギリ）で切り落とし，5〜10 cm ほどの筒を作ります。その筒に適当な大きさに切った網地を輪ゴムではめれば完成です（写真7）。生きたプランクトンを濃縮する際は，プランクトンを傷つけないよう気をつける必要

写真5　プランクトン濃縮キット

写真6　上から水を注ぐだけ

写真7　多細胞のプランクトン向け手作り濃縮器具

写真8　かみの毛は物差し代わりになる　かみの毛（中央を縦断）の周囲はケイ藻

があります。そのためには，濃縮器具をビーカーの上に置くのではなく，深さのある皿などの上に置いて，網地が海水に浸かった状態で少しずつ海水を注いでいくとよいでしょう。ペットボトルの海水を注ぎ終えたら，網地が海水から完全に出てしまわないよう筒をゆっくりと傾け，網地の上の少量の海水に濃縮されたプランクトンをスプーンですくって観察用の容器に移しましょう。

濃縮に用いた網地は，放置すると残ったプランクトンが乾燥し，目詰まりの原因となります。使用後はすぐに流水でよく洗いましょう。こうすることで，何度でも再利用が可能になります。

顕微鏡で観察しよう

単細胞のプランクトンは"プランクトン濃縮キット"で濃縮し，色のついた水をスポイトで取り，スライドガラスに1滴落としてカバーガラスをかけるだけで観察できます。あとは，本図鑑の生物一覧（34ページ）を片手に，観察している生物の名前を調べるだけです。この際，かみの毛を少し切ってその太さ（約 0.1 mm）と比べると，観察した生物の大きさがわかります（写真8）。

カバーガラスをかけて長時間観察していると，次第に水が蒸発し，スライドガラスとカバーガラスの間の距離が縮まります。その結果，大型のケイ藻などは潰れてしまうこともあります。これを未然に防ぎたい場合は，写真9のようにスライドガラスにビニールテープで四角い枠を設け，その中に濃縮した生物を数滴垂らし，カバーガラスをかぶせて観察するとよいでしょう。ビニールテープを何枚か重ねてガラス間のすき間を大きくすれば，カイアシ類やミジンコ類のような，多細胞の動物プランクトンが泳ぎまわる姿を観察することも可能です。

プランクトンネットで採集した生物（主に多細胞のプランクトン）の観察には，コラム4（23ページ）で紹介した数 mℓ の水が入る"動物プランクトン観察プレート"を使うとよいでしょう。プランクトンを濃縮した水をスプーンですくって観察プレートに入れ，最初は低倍率で観察しましょう。動物プランクトンが動き回る姿や，採水による観察ではあまり見られないような大型の植物プランクトンなどが観察できます。

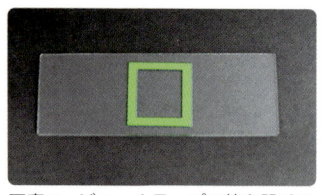

写真9　ビニールテープで枠を設ける 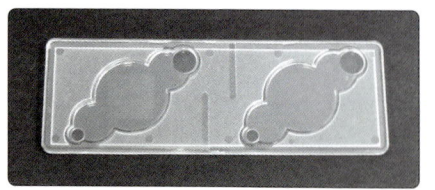　　写真10　プランクトン計数板

個体数密度の算出方法

　採集したプランクトンの種類だけでなく，海水中の個体数密度が種類ごとにわかれば，それぞれの種類の季節変化や生態について詳しく知ることができます。また，赤潮を引き起こす有害なプランクトンであれば，赤潮発生の予測につながるかもしれません。プランクトンの海水中の個体数密度を計算するためには，採集した水の量，濃縮後の水の量，観察した水の量，顕微鏡で数えた個体の数の情報が必要です。そのために，水の量を測る器具や，プランクトンを分割したり，数えたりするための専用の道具が必要になります。また，顕微鏡の下で動き回られては数えられないので，採集したプランクトンは固定（ホルマリン等の薬品を加えて腐らないようにする保存処理）します。これらの操作は個人で簡単にできることではありませんので，本図鑑では研究調査機関で行われているプランクトンの密度測定法の例を簡単に紹介するだけにとどめます。自由研究や部活動のテーマとして，学校の器材を借りてプランクトン調査を行う際などの参考にしてください。

1) 採水した海水中における単細胞プランクトンの細胞密度

① 一定量の海水をとり，固定液（ホルマリン等）を少量加えて1日放置して，プランクトンを沈殿します。

② 1日後，サイフォン（VまたはU字型の細い管）を使って上ずみ液をできるだけ捨て，残り水を沈殿物とともに適当なメスシリンダーに移して再び1日放置します。

③ 1日後，サイフォン（量が少なければピペットも可）でメスシリンダーの上ずみ液を捨てます。メスシリンダーが100 ml以上の太いものなら，より細いメスシリンダーに移して再び1日沈殿処理を行い，最終的に20～50 ml程度のメスシリンダーで液量が5～10 mlになるまで濃縮します（液量はプランクトンの多さに応じて調整します）。

④ 濃縮した水をピペットでよく混ぜながら少量吸い，"プランクトン計数板"（松浪硝子工業㈱製）のチャンバー（空洞部分）に注入します。プランクトン計数板はカバーガラスとスライドガラスが一体になった樹脂製の板で，板の中に厚さ 1 mm のチャンバーがあり，そこに 10×10 の碁盤の目状の線が 1 cm^2 の区画に引かれています（写真 10）。碁盤の目 1 マス上の水の量は 0.001 ml になります。注入後，10 分程度放置して細胞がチャンバーの底に沈んだことを確認してから，マス目の中の細胞を 100〜200 倍の倍率で数えます。このとき，イカダケイソウ（147 ページ）のように，群体を作る単細胞のプランクトンでは，群体を形作る細胞の合計数を記録します。なお，上の"プランクトン計数板"の代わりに 1 ml の水が入る四角ワクと計数線のついた"セジウィック・ラフターセル"（写真 11）を使って計数することもできます。

"プランクトン計数板"を使った計数方法から海水中のプランクトンの細胞密度を計算してみましょう。例えば，2,000 ml の海水を採取して 5 ml に濃縮し，計数板の 1 マスあたりの平均細胞数が 0.3 だった場合，密度は次のように計算されます。

・濃縮した水 1 ml 中の細胞数＝0.3×1,000……………………………… ①
・採水した水の中の全細胞数＝濃縮した水の中の全細胞数＝①×5……… ②
・海水 1 ml 中の細胞数＝②÷2,000

となります。つまり，細胞密度は 0.3×1,000×5÷2,000＝0.75 細胞/ml です。

2) プランクトンネットで採集したプランクトンの海中での個体密度

① 口輪に"ろ水計（写真 12）"を取り付けたプランクトンネットで採集します。ろ水計はスクリューと回転計からなり，その回転数から口輪を通過した水の量が計算できるようになっています。

② 採集したプランクトンを"プランクトン分割器（写真 13）"で半数ずつに分け，片方をまた半数に分けるという作業を，含まれる個体数をすべて数えられる程度になるまで繰り返します。繰り返し回数は記録しておきましょう。肉眼で粒としてわかるような，比較的大きな動物プランクトンは，ピペットでよく混ぜながら一部を吸い取っても平均的な個体数密度で取ることができません。このようなプランクトンの個体数密度を正確に求めるために欠かせないのがプランクトン分割器です。

③ 分割した水をメスシリンダーに移し，プランクトンを沈殿させてからサイ

フォンかピペットを使って上ずみ液を捨て，プランクトンを濃縮します。
④ 濃縮したプランクトンをセジウィック・ラフターセル（コラム4の動物プランクトン観察プレートのようなものも可）に移し，すべての個体を計数します。

　以上の方法で，例えば，ろ水量が $0.25 \mathrm{m}^3$，3回分割，計数値が55だとすると，そのプランクトンの海水中での個体数密度は55(個体)×2^3(3回分割)÷0.25(ろ水量)＝1,760個体/m^3 と計算されます。

写真11
セジウィック・ラフターセル
右上はガラス面の格子（1 mm）

写真12
ろ水計

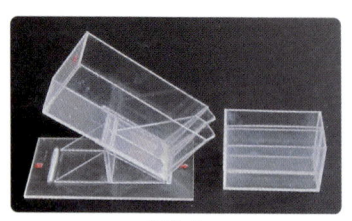

写真13
プランクトン分割器

コラム 1　プランクトンネットを作ろう

　研究や調査に使われるプランクトンネットは目合いが正確で丈夫な専用の網地が使われているため，数万円もします。一方，書籍やインターネット上にはストッキングなどを利用した手作りプランクトンネットが紹介されていますが，網目が粗いため，小型の動物プランクトンなどはうまく採集できません。実は，目合いの正確さは若干劣るものの，専用の網地と同じくらい目が細かく，しかも安価なナイロン製網地があり（販売元：㈱田中三次郎商店），この網地とホームセンターで買える材料を使えば，本格的なプランクトンネットが 3,000 円程度の予算で作れます。誰でも扱いやすい口径 20 cm，側長 60 cm の小型プランクトンネットを例に，その作り方について以下に紹介します。

【材料】
1) **ナイロン製網地**：販売元から品番 150 T（目合い 0.108 mm，幅 108 cm）を 70 cm 見積もりして購入します（2013 年 3 月現在，約 1,400 円）。
2) **#10 のカラー針金または #12 のステンレス針金**：輪状に巻かれたもの
3) **ビニールテープ**
4) **養生（ようじょう）テープ**
5) **耐水性の強力速乾接着剤**：用途（製品の箱に記載）にナイロンが含まれ，ポリエチレンを含まないもの。20 ml。
6) **径（太さ）4 mm のロープ**：長さは 10 m。
7) **12 号のタコ糸（綿糸）**
8) **呼び径 13 の塩ビ給水栓ソケット，同バルブソケット，キャップ**：各 1 個。
9) **内径 15 mm × 外径 18 mm の透明ビニルホース**：20 cm。
10) **釣り用の 20 号程度のおもり**：2 個

　道具として，針金カッター（ペンチも可），ハサミ，キリ（またはクギ），鉛筆，定規，紙やすり，洗濯バサミ 3 個，ノコギリを使います。なお，指についた接着剤は家庭用ベンジンで落とせます。

【作り方】
1) 口輪（くちわ）の作成

　針金を輪になったまま束ね，束の太さが 1 cm ほどになる量の長さで針金を切ります（切れないときは，ペンチで挟んだまま刃の上を金づちでたたく）。初めの 1 巻きが直径 21 cm の輪になるようにビニールテープで固定したら，2 巻き目以降を 1 巻きずつ輪に合わせて巻いていきます。最後に全体を束ねて数カ所をビニールテープで巻いて固定すれば，輪の内側が直径約 20 cm の口輪の完成です（写真 1 左）。残った針金で外径が 20 cm の輪を作り，輪が 3 等分される位置にテープで印をつけ（写真 1 右：印は青色），網地の型取り用の輪とします。

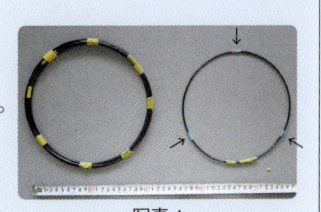

写真 1
左：口輪
右：網地の型取り用の輪
（矢印：青印をつけたところ）

2）網地の切り取り

まず，網地の角から縁（ふち）に沿って 73 cm の位置に鉛筆で印（C 点とします）をつけます（図1）。次に，C 点を中心に半径 68 cm と 73 cm の円弧をそれぞれ中心角 60° ほど書きます（中心から同距離の点をいくつか印し，その点を結んで円弧を書く）。

半径 68 cm の円弧に沿って型取り用の輪を転がし，1 回転した位置に印をつけます（図2）。その印と C 点を通る直線を引き，扇形を作ります。次に，半径 5 cm の円弧と，"のりしろ"として直線の外側に 1 cm 離れた平行線を引きます。さらに，半径 68 cm の円弧に沿って，型取り用の輪を転がし，3 等分したテープの位置を印します（3 個の印のうち最初の印は円弧の端から 5 cm ほど離す）。この位置が「ロープ位置」（ロープを結ぶ位置）になります。

ハサミで半径 73 cm の扇形とのりしろを合わせた部分を切り取り，切り取った網地から半径 5 cm の弧を切り落とします（図3）。

3 カ所のロープ位置に深さ 7 cm の V 字型の切れ込みを入れ，その中間位置にもやや小さい深さ 5 cm の V 字型の切れ込みを入れます（図4，写真2）。残った網地でもう 1 個分のプランクトンネットが作れますが，破れた場合の補修用の当て布としても使えます（補修は当て布を接着するだけ）。

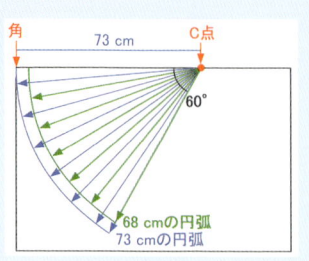

図1

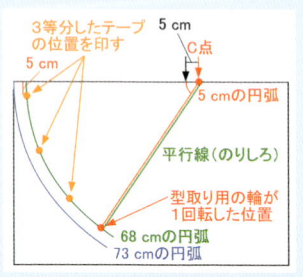

図2

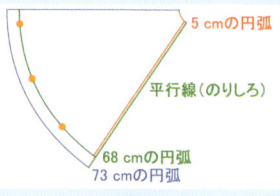

図3

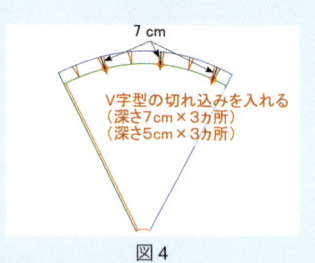

図4

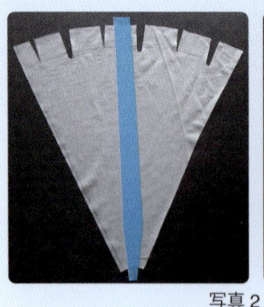

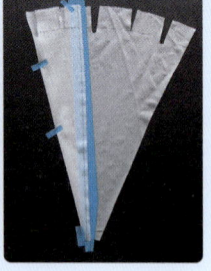

写真2
左：切り取った網地を養生テープで台に貼った状態
右：のりしろを養生テープに乗せて固定した状態

3）網地の接着

　写真2左のように，養生テープ（以降，テープとします）で網地を台の上に固定します。このテープは接着剤をぬる際の"下じき"になり，以後，接着剤がこのテープからはみ出ないように作業します。

　写真2右のように，網地ののりしろをテープの中央に乗せたうえで，折り曲げた網地が動かないようにテープで周囲を固定します。そのうえで，反対側の網地の端を"のりしろ"に上から重ね合わせ，その上から3カ所ほどテープを貼って網地がずれないようにします。

　重ねた網地を円弧側の端から少しずつめくり，のりしろに接着剤をぬって重ね直す操作を網地の端5cm手前まで行い，網地の端とのりしろを接着します（のりしろを固定しているテープは順次はがしていきます）。さらに，未接着の5cmを残して重ねた網地の縁に接着剤をぬり重ね，縁全体をのりしろ側の網地に完全に接着させます。接着剤が手につかなくなるまで乾いたら，網口側（口の広いほう）から下じきにしていたテープを3分の1ほどゆっくりとはがします。あとは網地を押さえてテープを引っ張れば，網地の表裏が反転してテープがはがれます。この"反転した円すい形"の状態で，網地の部分は完成です。

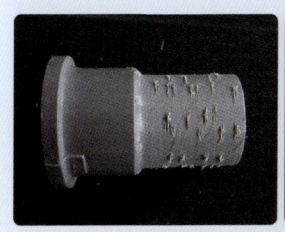

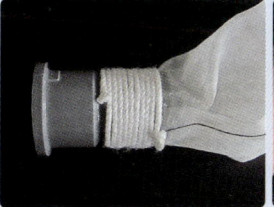

写真3
左：傷を入れた給水栓ソケット
右：傷つけたソケットをネットに取りつけタコ糸を巻く

写真4
網地を裏返して
接着剤をぬる

4）底管取り付け口の接着

　給水栓ソケットの細い円筒部分にノコギリでたくさんの傷をつけ，表面をざらざらにします（写真3左）。その面に接着剤をぬり，先ほど作った円すい形の網地の5cm残しておいた未接着ののりしろを開き，ソケットを3cm差し込んで接着します。すぐにその上からタコ糸を巻きます。数周巻いたら，その後は円筒の端まできつく巻くようにします（写真3右）。

　さらに，巻いたタコ糸に接着剤をぬり，その上からビニールテープを巻くことで接着部を完全におおいます。そのうえでネットを反転し，ソケットの縁と網地の間とのりしろの未接着部分のそれぞれに，すき間をうめるように接着剤をぬります（写真4）。接着剤が乾いてからおもりをソケットの外側にビニールテープで固定します（写真7右にある2つのおもりのうち，上のおもり）。ぬれたネットを投げて採集する場合，口輪から先に落ちると網地が水面で三角帽子のようになったまま沈まないことがありますが，おもりがこれを防いでくれます。

5）網地の取り付け

40 cmほどのタコ糸3本に洗濯バサミを結びつけ，端を束ねて吊り具にします。網地を口輪に差し込み，68 cmの円弧の線が口輪の位置になるように，かつ「ロープ位置」が3等分されるように折り返して吊り具にぶら下げます。次に，口輪の外側に接着剤を少しぬることで，折り返した網地を接着します。少し乾燥したら，「ロープ位置」の間の網地にキリで穴をあけながら，その穴にタコ糸を通し巻いていきます（写真5）。その際，タコ糸の先にビニールタイをねじってつけておけば，通すのが楽になります。巻いた後のタコ糸は端と端を結び合わせます。結び目は接着剤で固めておきましょう。

写真5　網地を口輪に接着後，タコ糸で巻く

6）底管の作成

透明ホースをバルブソケットにきつく差し込み，ビニールテープで固定します（写真6）。ホースのもう一方の端にビニールテープを巻き（キャップが簡単に抜けるのを防ぐため），ホースの下方におもりをテープで取り付けます。キャップに接着剤をぬってタコ糸を巻き，糸をホースの反対側の端より少し長くなるように（キャップでフタをした際に糸が少したるむ程度）調整したうえで，バルブソケットに結びます。採集したプランクトンをペットボトルに直接移す際は，ホースを折ってからキャップを外すようにするとこぼれずに移せます。

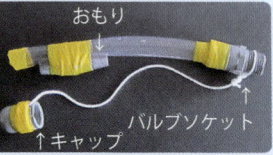

写真6　底管

7）ロープの取り付け

ロープの端から40 cmほどの位置に一重結びを1個作り，端10 cmほどを使って口輪の「ロープ位置」の1つに固く結びます。次に，ロープの一重結びの結び目に長さ80 cmのタコ糸を通し，糸の真ん中（端から40 cmの位置）で結びつけます。さらに，タコ糸の両端を残り2カ所の「ロープ位置」に，端から10 cmの位置でそれぞれ軽く結びます。ロープでネットを吊り下げ，口輪が水平になるようにタコ糸の長さを調整してからタコ糸を固く結びます。最後に，ロープやタコ糸の端を結び目がほどけないように接着剤をぬるかビニールテープで留めれば完成です（写真7）。岸からネットを投げる採集では，ネットが障害物に引っ掛かって取れなくなることがあります。この際，思い切りロープを引くことでタコ糸が切れ，ネットが障害物から外れて回収できる可能性が高まります。ぜひ覚えておきましょう。

ネットを投げて採集する際は，おもりが人に当たらないように，口輪と底管と投げる分だけのロープを巻いた束を一緒ににぎって投げるようにしましょう。

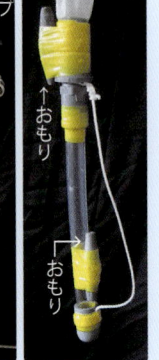

写真7
左：プランクトンネット全景
右：底管部を拡大したところ

コラム 2　プランクトンネットの網地の目合い

　網地の目合いとは，網目（縦糸と横糸の間の四角形のすき間）の1辺の長さのことです。プランクトンネット（以下"ネット"と略します）の目合いは採集しようとする生物の短径（たんけい：体長と体幅の小さいほう）より小さくする必要があります。それなら，小さな目合いの網地ほど良いかというとそうではありません。目合いが小さいほど水が網目を通りにくくなり，また，プランクトンが網目に詰まりやすくなるからです。目詰まりしたネットは水がほとんど入らなくなり，採集効率が大きく低下してしまいます。そのため，船でネットを何分間も引く時は，大量の水をこしても目詰まりが起こらないように目合いの粗いネットが使われます。なお，目合いより大きな生物が網目を部分的にふさぐことで，目合いより小さい生物でも一部はネットから抜けずに採集されます。

　日本では，プランクトンネットの目合いに XX と GG という規格が使われ，内湾や沿岸で多く見られる 1 mm 以下の動物プランクトン採集には XX13（目合い 0.1 mm）が，外洋で多く見られる 1 mm 以上の大型の動物プランクトン採集には GG54（目合い 0.3 mm）のネットが標準的に使われています。

　単細胞のプランクトン採集にはネットは使いません。小さなプランクトンを採集するためには非常に目の細かい（例えば目合い 0.02 mm の）網地が必要ですが，その目合いのネットで引くと，網地を通り抜ける水の抵抗が大きくなり，水はほとんどネットに入りません。このため，単細胞のプランクトンは採水し，沈めて集めるのが一般的です。本書では，単細胞のプランクトンを生きたまま簡単に観察するために，海水を採水して持ち帰り，観察前に細かい網地でろ過する方法を紹介しています（10 ページ）。ろ過に使用する網地は目合い 0.015〜0.020 mm 程度の規格（NY20-HC，HC-15 など）が適当です。ただし，ろ過器具でも目合いが 0.01 mm より小さくなると，網目を抜ける水の抵抗と目詰まりによって，1 ℓ の海水をろ過するのもたいへんなことがあります。

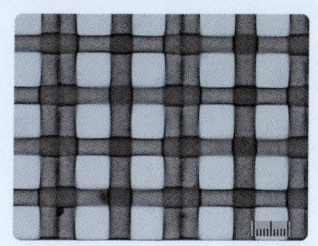

目合い 0.1 mm の XX 13 の網地
網目がずれないように縦糸が 1 本おきに 2 本組になって横糸を挟んでいます。右下の横棒の長さは 0.1 mm

目合い 0.015 mm の HC-15 の網地

3. 大きさを比べてみよう

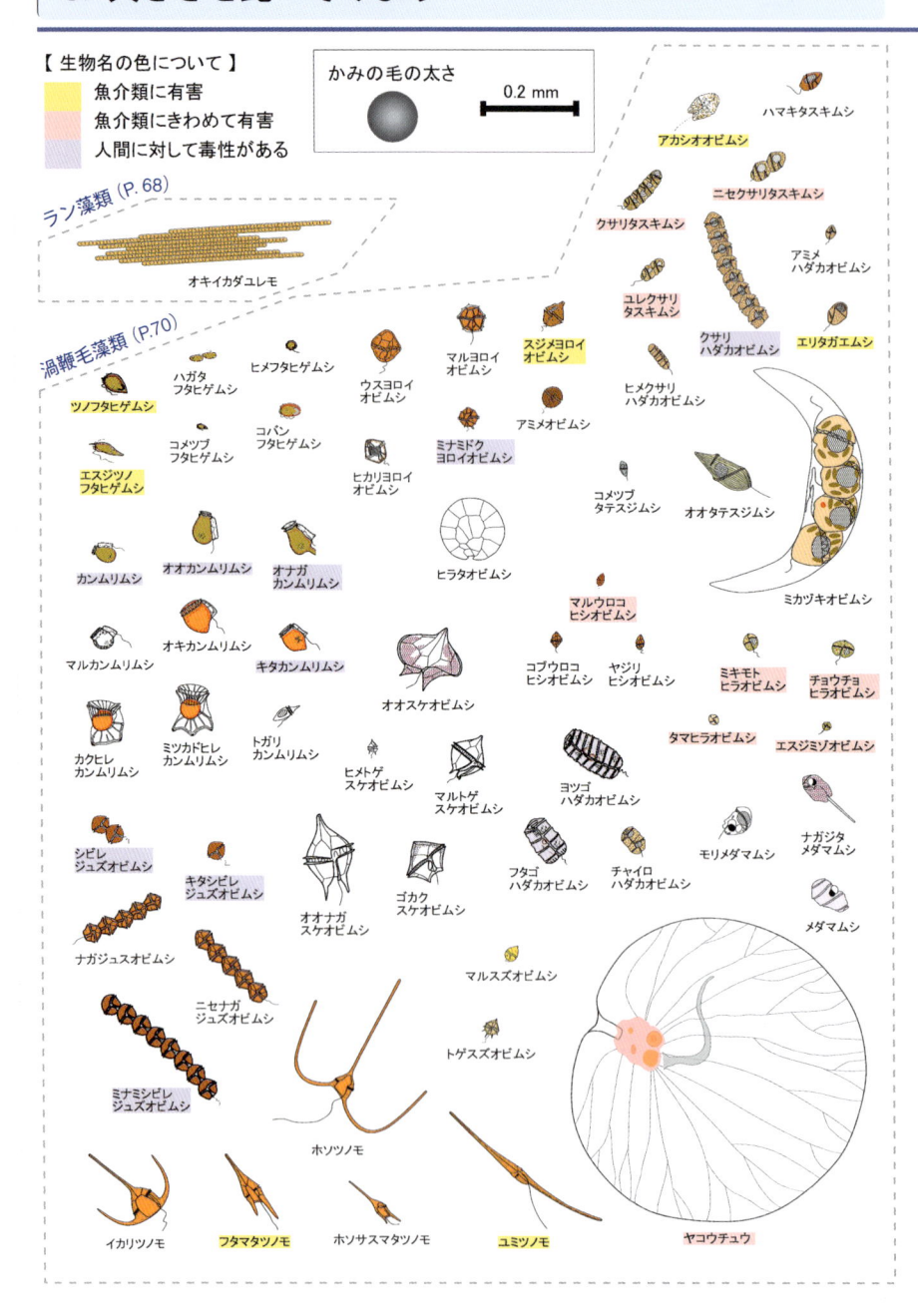

【 生物名の色について 】
- 魚介類に有害
- 魚介類にきわめて有害
- 人間に対して毒性がある

かみの毛の太さ　0.2 mm

ラン藻類 (P.68)

オキイカダユレモ

渦鞭毛藻類 (P.70)

ツノフタヒゲムシ　ハガタフタヒゲムシ　ヒメフタヒゲムシ　ウスヨロイオビムシ　マルヨロイオビムシ　スジメヨロイオビムシ

エスジツノフタヒゲムシ　コメツブフタヒゲムシ　コバンフタヒゲムシ　ミナミドクヨロイオビムシ　ヒメクスリハダカオビムシ　アミメオビムシ

ハマキタスキムシ
アカシオビムシ
ニセクサリタスキムシ
クサリタスキムシ
アミメハダカオビムシ
ユレクサリタスキムシ
クサリハダカオビムシ
エリタガエムシ

ヒカリヨロイオビムシ　ヒラタオビムシ　コメツブタテスジムシ　オオタテスジムシ

カンムリムシ　オオカンムリムシ　オナガカンムリムシ　ミカヅキオビムシ

マルカンムリムシ　オキカンムリムシ　キタカンムリムシ　マルウロコヒシオビムシ

コブウロコヒシオビムシ　ヤジリヒシオビムシ　ミキモトヒラオビムシ　チョウチョヒラオビムシ

カクヒレカンムリムシ　ミツカドヒレカンムリムシ　トガリカンムリムシ　ヒメゲスケオビムシ　マルトゲスケオビムシ　ヨツゴハダカオビムシ　タマヒラオビムシ　エスジミゾオビムシ

モリメダマムシ　ナガジタメダマムシ

シビレジュズオビムシ　キタシビレジュズオビムシ　オオナガスケオビムシ　ゴカクスケオビムシ　フタゴハダカオビムシ　チャイロハダカオビムシ　メダマムシ

ナガジュズオビムシ

ニセナガジュズオビムシ　マルスズオビムシ

ミナミシビレジュズオビムシ　トゲズオビムシ

ホソツノモ

イカリツノモ　フタマタツノモ　ホソサスマタツノモ　ユミツノモ　ヤコウチュウ

3. 大きさを比べてみよう

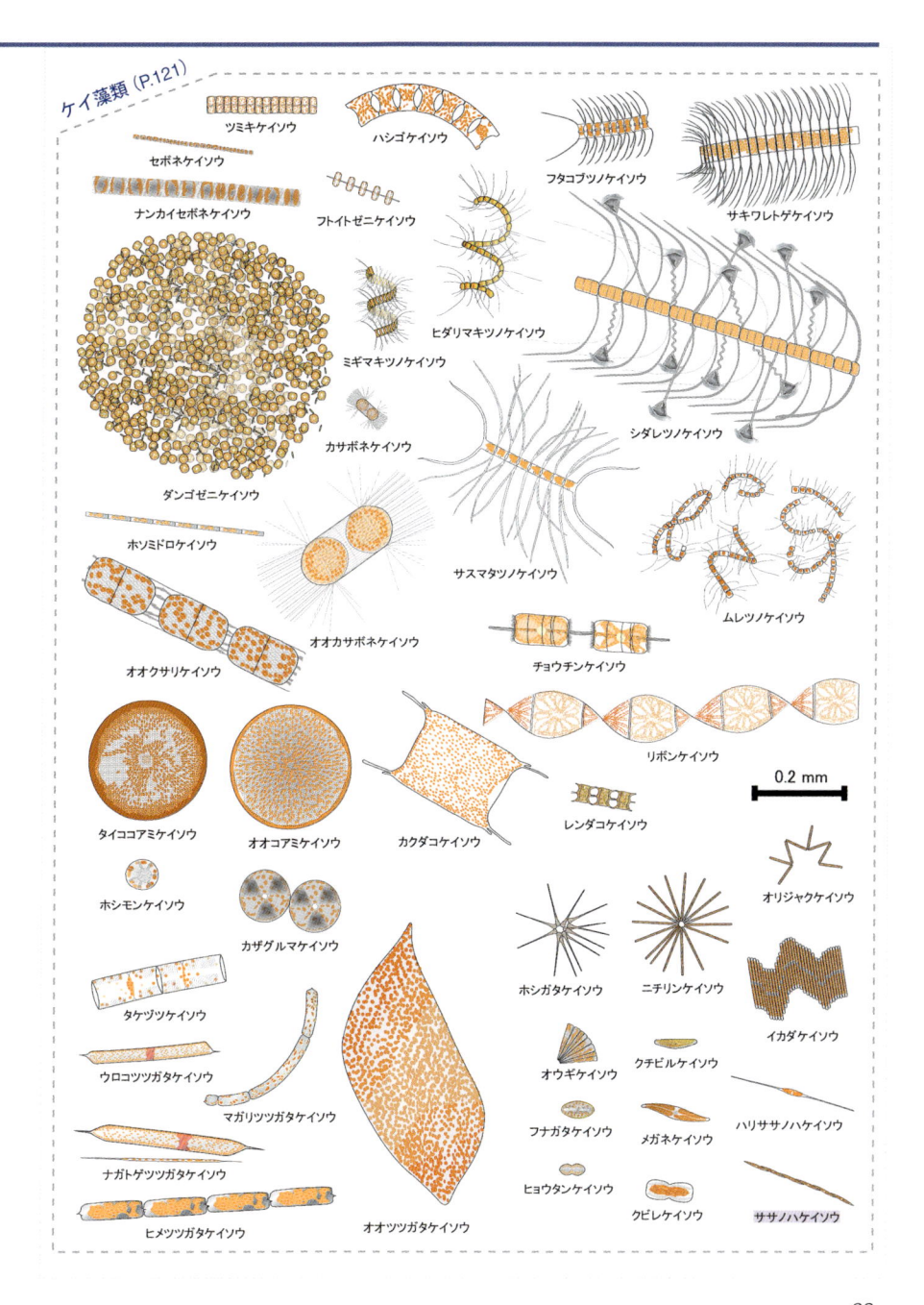

ケイ藻類（P.121）

ツミキケイソウ
ハシゴケイソウ
フタコブツノケイソウ
サキワレトゲケイソウ
セボネケイソウ
ナンカイセボネケイソウ
フトイトゼニケイソウ
ヒダリマキツノケイソウ
ミギマキツノケイソウ
シダレツノケイソウ
カサボネケイソウ
ダンゴゼニケイソウ
サスマタツノケイソウ
ムレツノケイソウ
ホソミドロケイソウ
オオカサボネケイソウ
チョウチンケイソウ
オオクサリケイソウ
リボンケイソウ
0.2 mm
タイコアミケイソウ
オオコアミケイソウ
カクダコケイソウ
レンダコケイソウ
ホシモンケイソウ
オリジャクケイソウ
カザグルマケイソウ
ホシガタケイソウ
ニチリンケイソウ
イカダケイソウ
タケヅツケイソウ
ウロコツツガタケイソウ
オウギケイソウ
クチビルケイソウ
マガリツツガタケイソウ
フナガタケイソウ
メガネケイソウ
ハリササノハケイソウ
ナガトゲツツガタケイソウ
ヒョウタンケイソウ
ヒメツツガタケイソウ
オオツツガタケイソウ
クビレケイソウ
ササノハケイソウ

23

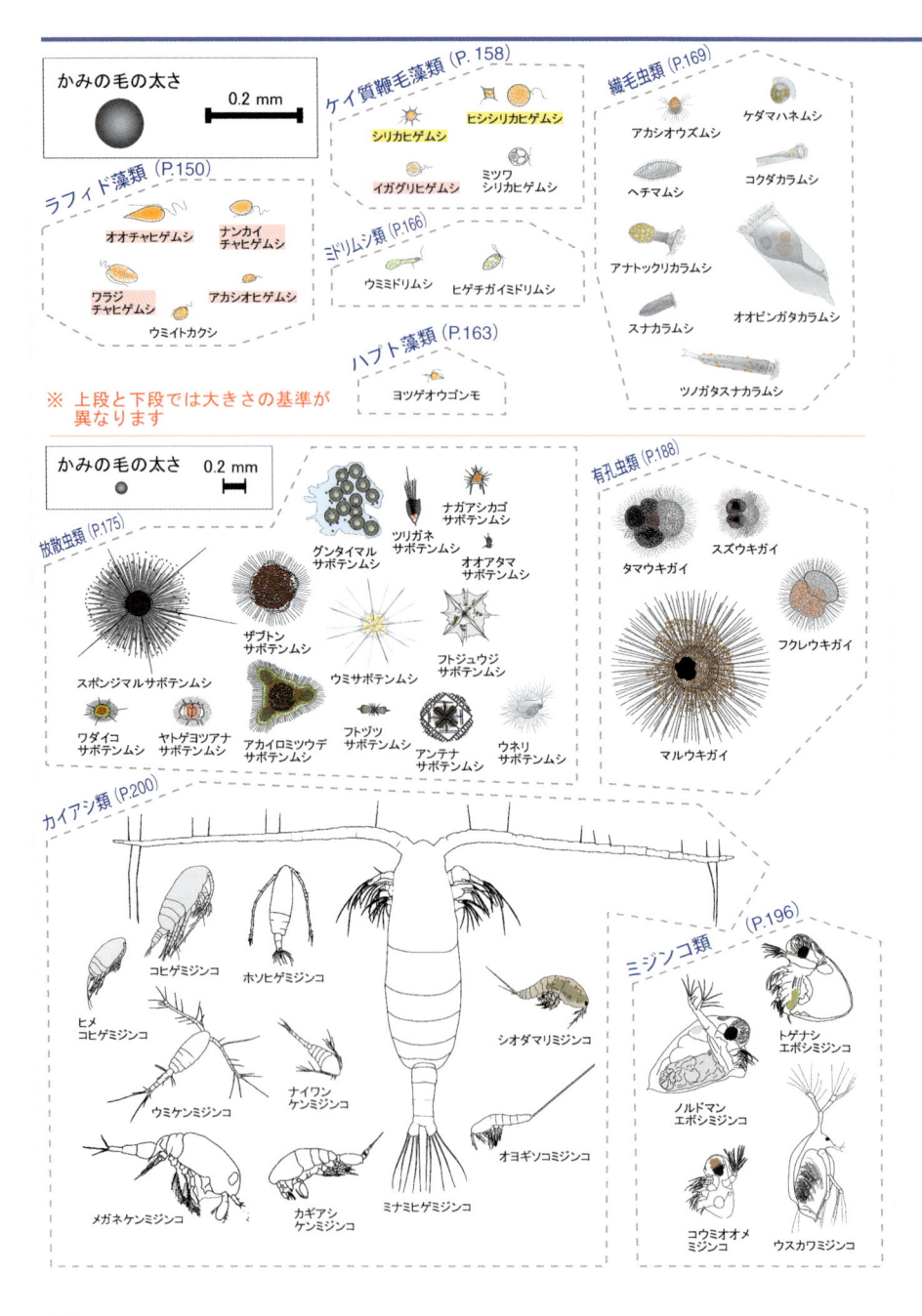

日本の海産プランクトン図鑑

かみの毛の太さ 0.2 mm

ラフィド藻類 (P.150)
- オオチャヒゲムシ
- ナンカイチャヒゲムシ
- ワラジチャヒゲムシ
- アカシオヒゲムシ
- ウミイトカクシ

ケイ質鞭毛藻類 (P.158)
- シリカヒゲムシ
- ヒシシリカヒゲムシ
- イガグリヒゲムシ
- ミツワシリカヒゲムシ

ミドリムシ類 (P.166)
- ウミミドリムシ
- ヒゲチガイミドリムシ

ハプト藻類 (P.163)
- ヨツゲオウゴンモ

繊毛虫類 (P.169)
- アカシオウズムシ
- ケダマハネムシ
- ヘチマムシ
- コクダカラムシ
- アナトックリカラムシ
- オオビンガタカラムシ
- スナカラムシ
- ツノガタスナカラムシ

※ 上段と下段では大きさの基準が異なります

かみの毛の太さ 0.2 mm

放散虫類 (P.175)
- グンタイマルサボテンムシ
- ツリガネサボテンムシ
- ナガアシカゴサボテンムシ
- オオアタマサボテンムシ
- ザブトンサボテンムシ
- ウミサボテンムシ
- フトジュウジサボテンムシ
- スポンジマルサボテンムシ
- ワダイコサボテンムシ
- ヤトゲヨツアナサボテンムシ
- アカイロミツウデサボテンムシ
- フトツツサボテンムシ
- アンテナサボテンムシ
- ウネリサボテンムシ

有孔虫類 (P.188)
- タマウキガイ
- スズウキガイ
- フクレウキガイ
- マルウキガイ

カイアシ類 (P.200)
- コヒゲミジンコ
- ホソヒゲミジンコ
- ヒメコヒゲミジンコ
- ウミケンミジンコ
- ナイワンケンミジンコ
- シオダマリミジンコ
- メガネケンミジンコ
- カギアシケンミジンコ
- ミナミヒゲミジンコ
- オヨギソコミジンコ

ミジンコ類 (P.196)
- トゲナシエボシミジンコ
- ノルドマンエボシミジンコ
- コウミオオメミジンコ
- ウスカワミジンコ

24

3. 大きさを比べてみよう

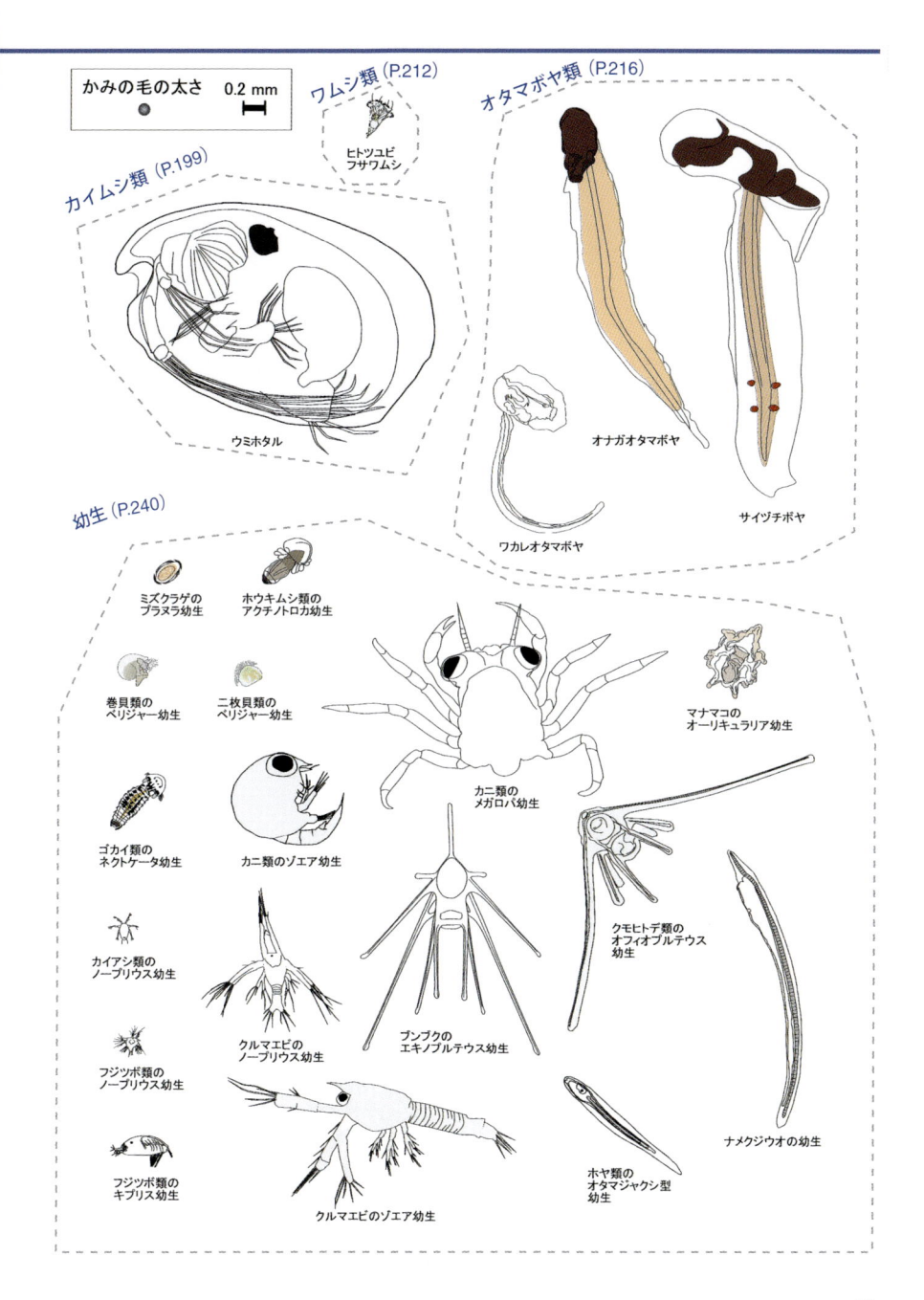

かみの毛の太さ 0.2 mm

ワムシ類 (P.212)
ヒトツユビフサワムシ

オタマボヤ類 (P.216)
オナガオタマボヤ
ワカレオタマボヤ
サイヅチボヤ

カイムシ類 (P.199)
ウミホタル

幼生 (P.240)
ミズクラゲのプラヌラ幼生
ホウキムシ類のアクチノトロカ幼生
巻貝類のベリジャー幼生
二枚貝類のベリジャー幼生
マナマコのオーリキュラリア幼生
ゴカイ類のネクトケータ幼生
カニ類のゾエア幼生
カニ類のメガロパ幼生
カイアシ類のノープリウス幼生
クモヒトデ類のオフィオプルテウス幼生
フジツボ類のノープリウス幼生
クルマエビのノープリウス幼生
ブンブクのエキノプルテウス幼生
ホヤ類のオタマジャクシ型幼生
ナメクジウオの幼生
フジツボ類のキプリス幼生
クルマエビのゾエア幼生

25

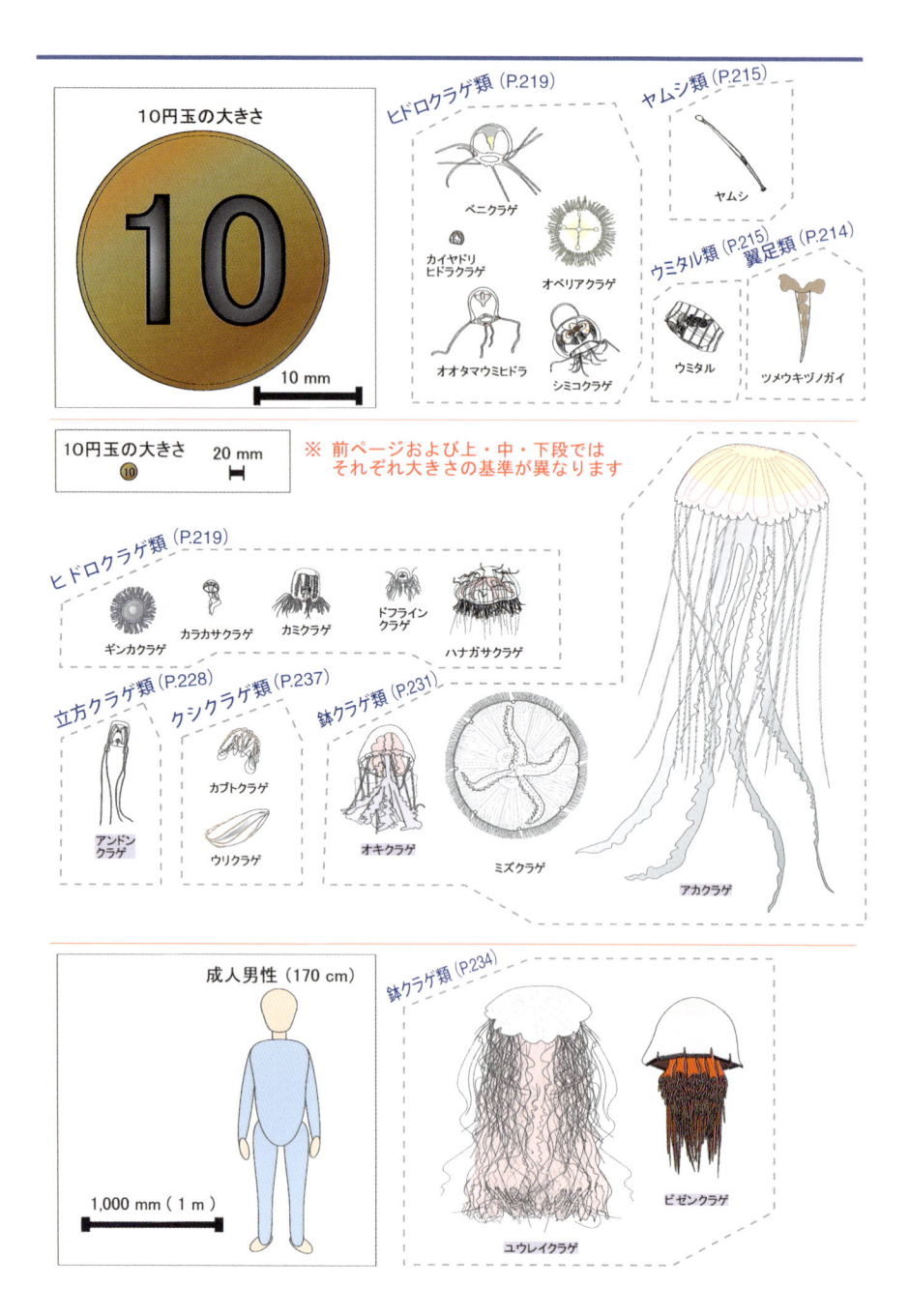

日本の海産プランクトン図鑑

10円玉の大きさ
10 mm

ヒドロクラゲ類 (P.219)
- ベニクラゲ
- カイヤドリヒドロクラゲ
- オベリアクラゲ
- オオタマウミヒドラ
- シミコクラゲ

ヤムシ類 (P.215)
- ヤムシ

ウミタル類 (P.215)
- ウミタル

翼足類 (P.214)
- ツメウキヅノガイ

10円玉の大きさ　20 mm

※ 前ページおよび上・中・下段ではそれぞれ大きさの基準が異なります

ヒドロクラゲ類 (P.219)
- ギンカクラゲ
- カラカサクラゲ
- カミクラゲ
- ドフラインクラゲ
- ハナガサクラゲ

立方クラゲ類 (P.228)
- アンドンクラゲ

クシクラゲ類 (P.237)
- カブトクラゲ
- ウリクラゲ

鉢クラゲ類 (P.231)
- オキクラゲ
- ミズクラゲ
- アカクラゲ

成人男性 (170 cm)

1,000 mm (1 m)

鉢クラゲ類 (P.234)
- ユウレイクラゲ
- ビゼンクラゲ

コラム 3　プランクトン観察に適した顕微鏡とその使い方

　プランクトンの観察には顕微鏡が必要です。顕微鏡にはさまざまな種類がありますが，学校にある顕微鏡は像が立体的に見える"実体顕微鏡"と，立体視はできないけれど高倍率での観察が可能な"生物顕微鏡"の2種類に分けられます。実体顕微鏡は低倍率で視野（見える範囲）が広いため，ミジンコ類やカイアシ類，幼生など，多細胞の動物プランクトンの運動の観察に向いています。また，視野の中の左右，上下，遠近が実際と同じように見えるため，顕微鏡下での生物の抽出や操作が容易です。一方，単細胞のプランクトンや動きの少ない1mm程度までの動物プランクトンの観察には生物顕微鏡が適します。

　プランクトン観察のための器具のなかで最も高価なのが顕微鏡です。自由研究やクラブ活動でプランクトンを観察するなら，学校の先生に相談して顕微鏡を使わせてもらうのもよいでしょう。もし，顕微鏡の購入を検討しているなら，本格的な顕微鏡としては低価格なレイマー（http://www.wraymer.com/）の生物顕微鏡 EX-1000（26,800円：2013年3月現在）がお勧めです。また，子供向けの学習用顕微鏡でも，高い倍率の対物レンズがついたもの（多くは1万円以上です）であれば，それなりに実用的なものもあります。1万円以下の安価な顕微鏡は視野が狭い，像にゆがみやにじみが目立つ，視野の中心部しかピントが合わないなど，プランクトンの観察には向かない場合があります。携帯できる簡易顕微鏡やルーペ（虫メガネ）もありますが，小さなプランクトンの観察には性能が足りないうえ，手に持って使用するため，長時間の観察には不向きです。何が採集されたかを現場でチェックする目的程度に使いましょう。

生物顕微鏡 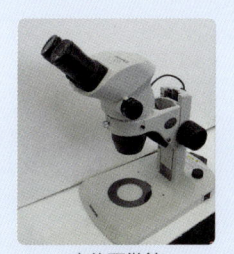　　　　　　　　実体顕微鏡

　顕微鏡の使い方は中学校で習いますので，ここでは初心者が生物顕微鏡を上手に，長く使うコツについて説明します。
① **高倍率でのピント合わせはゆっくりと**：高倍率ではピントが合う範囲が狭いため，調節ネジを素早く動かすと，ピントが合う瞬間を逃してしまいます。
② **試料を動かすたびにピントを合わせ直そう**：スライドガラスとカバーガラスに挟まれた水にも深さがあり，ピントが合っていない深さにいるプランクトンはよく見えません。こまめにピント合わせをする習慣をつけましょう。
③ **しぼりを活用しよう**：像の見え方はピント合わせだけでなく，照明の当て方によっても大きく変化します。特に，ステージ（試料を置く台）の下にあるしぼ

り（コンデンサー）の開け過ぎは，視野が明るくなりすぎてプランクトンと背景との明暗差が小さくなり，見づらくなってしまいます。しぼりは最も閉めた位置から暗くない程度にわずかに開けて使うのがよいでしょう。
④ **レンズをカビから守ろう**：顕微鏡の天敵はレンズにつくカビです。レンズのカビは視野の中に汚れとなって映り，レンズ全面に生えると曇りガラスのように何も見えなくなってしまいます。顕微鏡のレンズは表面に特殊なコーティングがされている場合が多く，そのようなレンズのカビ汚れは元には戻りません。カビは湿気を好むため，湿気からレンズを守りましょう。長期間使わない場合は顕微鏡ごと乾燥剤とともにポリ袋に入れて口を密閉するか，レンズだけ乾燥剤とともに密閉袋に入れて保管しましょう。レンズを外した場合は，接眼鏡筒からホコリが入らないように鏡筒をふさいでおきましょう。

コラム 4 　動物プランクトン観察プレートの作り方

　プランクトンネットで採集して濃縮したさまざまな動物プランクトンを一度に観察するためには，数 mℓ の水が入る動物プランクトン観察用の道具を作ると便利です。材料は厚さ 1 mm のアクリル板と太さ 3 mm×3 mm のアクリル角棒です。接着剤はアクリル用がよいですが，耐水性の強力接着剤でも構いません。でき上がりは，四角の板の上に角棒で作った四角の枠がついた形になります（写真1）。ここでは，普通のスライドガラスと同じサイズのプレートを作ってみましょう。

［手順］
① 厚さ 1 mm のアクリル板を 26 mm×76 mm に切ります。アクリル板は定規とカッターナイフを使って厚さの半分以上の深さの切れ込みを入れ，切れ込みを机の縁に合わせて上から力を加えれば，きれいに切ることができます。
② 線間隔が 1 mm の方眼紙をアクリル板と同じ大きさに切り取り，アクリル板の上に重ね，両端をセロハンテープでアクリル板に固定します。方眼紙に，枠の内側になる四角形（20 mm×50 mm）の 4 つの頂点の位置に鉛筆で点を打ちます（点は長辺から 3 mm 離れた位置になります）。
③ 枠の上辺側の 2 点を結ぶ方眼紙の線に沿って定規を当て，刃先の新しいカッターナイフでアクリル板に少し傷がつく程度の力で紙を切ります（力が強すぎると板についた線が太く深い溝になります）。次に，方眼紙の線に沿って 2 mm 間隔の平行線になるように，下辺の 2 点の線を結ぶまで同様の方法で紙を切ります。最後に枠の縦線に沿って紙を切り，方眼紙をはがします。こうして入れた枠内の 2 mm 間隔の横線は，プランクトンを数える時の計数線になり，大きさを測る時の目安にもなります。計数線に番号を打ちたいときは，虫ピンを針先 5 mm ほど出して割り箸などに固定したものを使い，実体顕微鏡で見ながら記入するとよいでしょう。
④ 枠の部品として，長さ 23 mm と 53 mm のアクリル角棒を 2 本ずつ，合計 4

本切り取ります。角棒を切る際は、角棒の2辺にカッターナイフで深めの傷を入れ、傷と反対側に折ります。切った角棒は、アクリル板の線を引いた側に枠の線に沿って接着します。アクリル接着剤は、角棒を接着位置に置いて指で軽く押さえながら、接着剤に付属の注入器で角棒の端から接着液をしみ込ませるように接着します。このとき、枠の内側に接着液がつくと観察の邪魔になるので、接着剤は枠の内側にはみ出ないように注意しましょう。最後に、角棒の接合部（枠のかど）に接着剤をわずかに垂らします。接着剤が乾いた後、水を入れて水もれがないか試し、もれがある場合は乾かしてから水もれ箇所を接着剤で埋めましょう。

観察プレートを初めて観察に使用する際は、どの程度の倍率まで対物レンズがプレート内の海水に触れずにピントを合わせられるか調べておきましょう。万が一、レンズに海水がついてしまった場合は、すぐに海水を軽くふき取ったうえで、ティッシュペーパー（再生紙でないもの）や布に水を含ませてレンズをふき、最後にその乾いた部分で水気をふき取りましょう。また、観察プレートは枠の高さぎりぎりまで水を張るとこぼれやすく、取り扱いに注意が必要です。水こぼれを防ぐには、断面が直角三角形のアクリル棒を枠の外側に接着して壁にするとよいでしょう（写真2）。さらに、アクリル板を切って容量5 ml以上の観察プレートを作ることもできます（写真3）。壁が垂直だと水の表面張力により壁際が見えなくなるため、このプレートは壁をななめにする工夫を加えています。また、角棒の代わりに厚さ1 mmのアクリル板を切って枠にすれば、セジウィック・ラフターセルと同じ容量の計数板ができます。

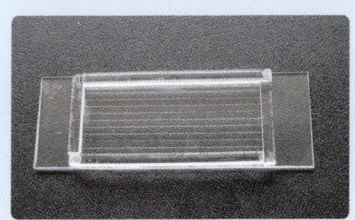

写真1
動物プランクトン観察プレート

写真2
アクリル三角棒で壁をつけたプレート
（すみの部分を拡大）

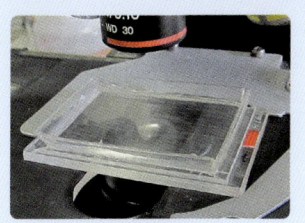

写真3
大容量のプレート

第Ⅱ部　プランクトン図鑑

解説の読み方

① ・・・和名（和名が未設定のものは学名のカタカナ読み）
② ・・・学名
③ ・・・学名のカタカナ読み
④ ・・・生物の特徴を表したシンボルマーク
⑤ ・・・解説ページ
⑥ ・・・体の大きさ（長さ，幅，直径など）
⑦ ・・・付録 DVD に映像を収録している

・一覧ページ

色がついている生物は要注意！

人間に対して毒性あり
魚介類にきわめて有害
魚介類に有害

・詳細ページ

ミキモトヒラオビムシ【新称】 ⑦

② *Karenia mikimotoi*
③ カレニア ミキモトイ

細胞の長さ 0.02〜0.04 mm　幅 0.01〜0.04 mm
⑥

シンボルマークについて

マーク	意味
	鎧板をもつ …セルロースでできた殻をもつ（一部の渦鞭毛藻の特徴）
	光合成を行う …光合成色素をもち，エサを食べなくても光があれば生存できる
	分布海域 …「ピンク」は温かい海，「ブルー」は冷たい海限定で見られる
	富栄養指数 …数値が大きいほど，有機物が多い（＝富栄養な）沿岸部に生息

マーク	意味
	赤潮の色 …高密度になった際の海水の色
	魚介類に有害 …魚介類を弱らせる可能性がある
	魚介類にきわめて有害 …魚介類を死滅させる恐れがある
	人間に対して毒性がある …貝毒の原因となるプランクトンやヒトを刺すクラゲなど，特に危険な生物
	連鎖する …細胞どうしがつながり合う性質をもつ
	ガラス質の殻や骨格をもつ …ガラス質の殻や骨格をもち，細胞が死んでも骨格は長時間残る ケイ藻，ケイ質鞭毛藻や一部の放散虫の特徴
	付録 DVD に動きのある映像を収録している

生物一覧　〜見た目から探してみよう〜

本図鑑で紹介している生物を写真と特徴付きで一覧にしました。観察している生物がどの種類なのか，すばやく調べたい場合にご活用ください。写真で判断することが難しい場合は，生物の特徴から調べられる"生物検索表（59ページより）"をご活用ください。

ラン藻類　　　　　　　　　　　　　　　　　　　　　　　　　CYANOPHYCEAE

ユレモ目　　　　　　　　　　　　　　　　　　　　　　　　OSCILLATORIALES

オキイカダユレモ
Trichodesmium erythraeum
トリコデスミウム エリスラエウム
p.69

渦鞭毛藻類　　　　　　　　　　　　　　　　　　　　　　　　DINOPHYCEAE

殻をもつグループ

フタヒゲムシ目　　　　　　　　　　　　　　　　　　　　PROROCENTRACEAE

ツノフタヒゲムシ
Prorocentrum micans
プロロセントラム マイカンス
p.72

ハガタフタヒゲムシ
Prorocentrum dentatum
プロロセントラム デンタタム
p.73

ヒメフタヒゲムシ
Prorocentrum minimum
プロロセントラム ミニマム
p.73

エスジツノフタヒゲムシ
Prorocentrum sigmoides
プロロセントラム シグモイデス
p.74

生物一覧 〜見た目から探してみよう〜

| コメツブフタヒゲムシ |
| *Prorocentrum triestinum* |
| プロロセントラム トリエスティナム |
| p.74 |

| コバンフタヒゲムシ |
| *Prorocentrum mexicanum* |
| プロロセントラム メキシカナム |
| p.75 |

カンムリムシ目　　　　　　　　　　　　　　　　DINOPHYSIALES

| カンムリムシ |
| *Dinophysis acuminata* |
| ディノフィシス アキュミナータ |
| p.78 |

| オオカンムリムシ |
| *Dinophysis fortii* |
| ディノフィシス フォルティ |
| p.78 |

| オナガカンムリムシ |
| *Dinophysis caudata* |
| ディノフィシス カウダータ |
| p.79 |

| マルカンムリムシ |
| *Dinophysis rotundata* |
| ディノフィシス ロツンダータ |
| p.79 |

| オキカンムリムシ |
| *Dinophysis mitra* |
| ディノフィシス ミトラ |
| p.80 |

| キタカンムリムシ |
| *Dinophysis norvegica* |
| ディノフィシス ノルベジカ |
| p.80 |

| カクヒレカンムリムシ |
| *Ornithocercus quadratus* |
| オルニソセルクス クアドラタス |
| p.81 |

| ミツカドヒレカンムリムシ |
| *Ornithocercus magnificus* |
| オルニソセルクス マグニフィクス |
| p.81 |

| トガリカンムリムシ |
| *Oxyphysis oxytoxoides* |
| オキシフィシス オキシトゾイデス |
| p.82 |

35

ヨロイオビムシ目   *GONYAULACALES*

シビレジュズオビムシ *Alexandrium catenella* アレキサンドリウム カテネラ p.84	**キタシビレジュズオビムシ** *Alexandrium tamarense* アレキサンドリウム タマレンセ p.85
ミナミシビレジュズオビムシ *Alexandrium tamiyavanichii* アレキサンドリウム タミヤバニッチィ p.85	**ナガジュズオビムシ** *Alexandrium fraterculus* アレキサンドリウム フラテルキュラス p.86
ニセナガジュズオビムシ *Alexandrium affine* アレキサンドリウム アフィーネ p.86	**イカリツノモ** *Ceratium tripos* セラチウム トリポス p.88
ホソツノモ *Ceratium trichoceros* セラチウム トリコセロス p.88	**フタマタツノモ** *Ceratium furca* セラチウム フルカ p.89
ホソサスマタツノモ *Ceratium kofoidii* セラチウム コフォイディ p.89	**ユミツノモ** *Ceratium fusus* セラチウム フスス p.90
ウスヨロイオビムシ *Fragilidium mexicanum* フラギリディウム メキシカナム p.91	**マルヨロイオビムシ** *Goniodoma polyedricum* ゴニオドマ ポリエドリカム p.91

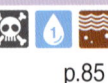

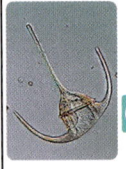

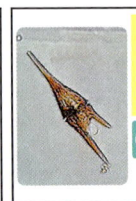

生物一覧 〜見た目から探してみよう〜

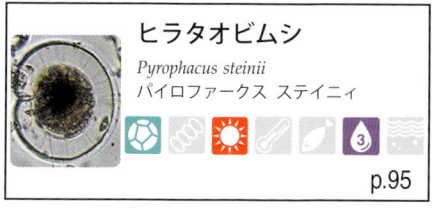

スジメヨロイオビムシ	ヒカリヨロイオビムシ
Gonyaulax polygramma ゴニオラックス ポリグラマ p.92	*Lingulodinium polyedrum* リンギロディニウム ポリエドラム p.93
ミナミドクヨロイオビムシ	アミメオビムシ
Pyrodinium bahamense var. compressum パイロディニウム バハメンセ バラエティー コンプレッサム p.94	*Protoceratium reticulatum* プロトセラチウム レティキュラタム p.95
ヒラタオビムシ	
Pyrophacus steinii パイロファークス ステイニィ p.95	

ヒシオビムシ目　　　　　　　　　　　　　PERIDINIALES

マルウロコヒシオビムシ	コブウロコヒシオビムシ
Heterocapsa circularisquama ヘテロカプサ サーキュラリスカーマ ※貝類のみ有害　p.96	*Heterocapsa triquetra* ヘテロカプサ トリケトラ p.97
ヤジリヒシオビムシ	オオスケオビムシ
Heterocapsa lanceolata ヘテロカプサ ランセオラータ p.98	*Protoperidinium depressum* プロトペリディニウム ディプレッサム p.98
ヒメトゲスケオビムシ	ゴカクスケオビムシ
Protoperidinium bipes プロトペリディニウム バイペス p.99	*Protoperidinium pentagonum* プロトペリディニウム ペンタゴナム p.99

37

日本の海産プランクトン図鑑

マルトゲスケオビムシ
Protoperidinium pallidum
プロトペリディニウム パリダム
p.99

オオナガスケオビムシ
Protoperidinium oceanicum
プロトペリディニウム オセアニカム
p.99

マルスズオビムシ
Scrippsiella trochoidea
スクリプシエラ トロコイデア
p.100

トゲスズオビムシ
Peridinium quinquecorne
ペリディニウム クインクエコルネ
p.100

殻をもたないグループ

ヤコウチュウ目　　　　　　　　　　　　　NOCTILUCALES

ヤコウチュウ
Noctiluca scintillans
ノクチルカ シンチランス
※イカにのみ有害　　p.102

ハダカオビムシ目　　　　　　　　　　　GYMNODINIALES

アカシオオビムシ
Akashiwo sanguinea
アカシオ サングイネア
p.104

ハマキタスキムシ
Cochlodinium convolutum
コクロディニウム コンボルタム
p.105

クサリタスキムシ
Cochlodinium polykrikoides
コクロディニウム ポリクリコイデス
p.107

ニセクサリタスキムシ
Cochlodinium fulvescens
コクロディニウム フルベッセンス
p.108

生物一覧 〜見た目から探してみよう〜

ユレクサリタスキムシ *Cochlodinium* sp. Type–Kasasa コクロディニウム タイプ カササ p.108	**クサリハダカオビムシ** *Gymnodinium catenatum* ギムノディニウム カテナータム p.109
アミメハダカオビムシ *Gymnodinium microreticulatum* ギムノディニウム ミクロレティキュラタム p.110	**ヒメクサリハダカオビムシ** *Gymnodinium impudicum* ギムノディニウム インプディカム p.110
エリタガエムシ *Gyrodinium instriatum* ジャイロディニウム インストリアタム p.111	**コメツブタテスジムシ** *Gyrodinium dominans* ジャイロディニウム ドミナンス p.111
オオタテスジムシ *Gyrodinium spirale* ジャイロディニウム スピラレ p.112	**ミカヅキオビムシ** *Dissodinium pseudolunula* ディソディニウム シュードルヌラ p.112
ミキモトヒラオビムシ *Karenia mikimotoi* カレニア ミキモトイ p.113	**チョウチョヒラオビムシ** *Karenia papilionacea* カレニア パピリオナセア p.114
エスジミゾオビムシ *Takayama pulchellum* タカヤマ プルチェラム p.114	**タマヒラオビムシ** *Karenia digitata* カレニア ディジタータ p.115

39

日本の海産プランクトン図鑑

ヨツゴハダカオビムシ
Polykrikos schwartzii
ポリクリコス シュワルツィ

p.116

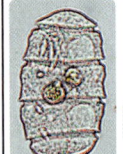

フタゴハダカオビムシ
Polykrikos kofoidii
ポリクリコス コフォイディ

p.116

チャイロハダカオビムシ
Polykrikos hartmannii
ポリクリコス ハルトマーニ

p.117

ナガジタメダマムシ
Erythropsidinium agile
エリスロプシディニウム アギレ

p.118

モリメダマムシ
Nematodinium armatum
ネマトディニウム アルマータム

p.119

メダマムシ
Warnowia pulchra
ワルノヴィア プルクラ

p.119

ケイ藻類
BACILLARIOPHYCEAE

円心目 *CENTRALES*

ツミキケイソウ
Detonula pumila
デトヌラ プミラ

p.122

セボネケイソウの一種
Skeletonema sp.
スケレトネマ

p.123

ナンカイセボネケイソウ
Skeletonema tropicum
スケレトネマ トロピカム

p.123

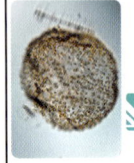

ダンゴゼニケイソウ
Thalassiosira diporocyclus
タラシオシラ ディポロキクラス

p.124

40

生物一覧 〜見た目から探してみよう〜

フトイトゼニケイソウ　Thalassiosira rotula　タラシオシラ ロツラ　p.124	**カサボネケイソウ**　Corethron criophilum　コレスロン クリオフィルム　p.125
ホソミドロケイソウ　Leptocylindrus danicus　レプトキリンドルス ダニクス　p.125	**オオクサリケイソウ**　Stephanopyxis palmeriana　ステファノピクシス パルメリアナ　p.126
タイココアミケイソウ　Coscinodiscus wailesii　コシノディスクス ワイレシィ　p.127	**オオコアミケイソウ**　Coscinodiscus gigas　コシノディスクス ギガス　p.127
ホシモンケイソウ　Asteromphalus heptactis　アステロムファルス ヘプタクティス　p.128	**カザグルマケイソウ**　Actinoptychus senarius　アクティノプティクス セナリウス　p.128
タケヅツケイソウ　Guinardia flaccida　グイナルディア フラシダ　p.129	**ウロコツツガタケイソウ**　Rhizosolenia imbricata　リゾソレニア インブリカータ　p.130
ナガトゲツツガタケイソウ　Rhizosolenia setigela　リゾソレニア セチゲラ　p.130	**マガリツツガタケイソウ**　Rhizosolenia stolterfothii　リゾソレニア ストレステルフォシィ　p.131

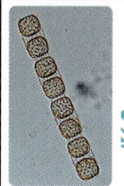

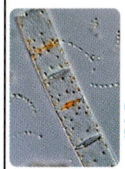

41

ヒメツツガタケイソウ *Dactyliosolen fragilissimus* ダクチリオソレン フラギリッシムス p.131	**オオツツガタケイソウ** *Rhizosolenia robusta* リゾソレニア ロブスタ p.132
ハシゴケイソウ *Eucampia zodiacus* ユーカンピア ゾディアクス p.133	**サキワレトゲケイソウの一種** *Bacteriastrum* sp. バクテリアストルム p.134
シダレツノケイソウ *Chaetoceros coarctatus* キートセロス コアクタータス p.136	**サスマタツノケイソウ** *Chaetoceros affinis* キートセロス アフィニス p.137
フタコブツノケイソウ *Chaetoceros didymus* キートセロス ディディムス p.137	**ムレツノケイソウ** *Chaetoceros socialis* キートセロス ソシアリス p.138
ミギマキツノケイソウ *Chaetoceros curvisetus* キートセロス クルビセタス p.138	**ヒダリマキツノケイソウ** *Chaetoceros debilis* キートセロス デビリス p.138
リボンケイソウ *Streptotheca thamensis* ストレプトテカ タメンシス p.139	**チョウチンケイソウ** *Ditylum brightwellii* ディチルム ブライトウェリィ p.140

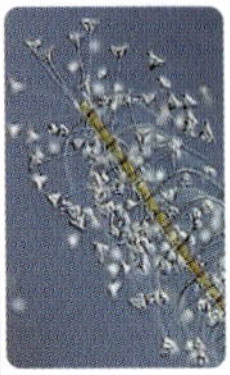

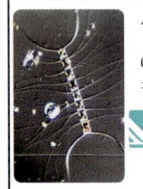

生物一覧 ～見た目から探してみよう～

レンダコケイソウ
Odontella longicruris
オドンテラ ロンギクルリス

p.140

カクダコケイソウ
Odontella sinensis
オドンテラ シネンシス

p.141

羽状目　　　　　　　　　　　　　　　　　PENNALES

オリジャクケイソウ
Thalassionema nitzschioides
タラシオネマ ニッチオイデス

p.142

ニチリンケイソウ
Thalassiothrix frauenfeldii
タラシオスリックス フラウエンフェルディ

p.142

オウギケイソウの仲間
Licmophora spp.
リクモフォラ

p.143

クチビルケイソウの一種
Cymbella sp.
キンベラ

p.143

ホシガタケイソウ
Asterionellopsis gracialis
アステリオネロプシス グラシアリス

p.144

フナガタケイソウの一種
Navicula sp.
ナビキュラ

p.144

メガネケイソウの一種
Pleurosigma sp.
プレウロシグマ

p.145

ヒョウタンケイソウ
Diploneis splendida
ディプロネイス スプレンディカ

p.145

クビレケイソウの一種
Amphiprora sp.
アンフィプローラ

p.146

イカダケイソウ
Bacillaria paxillifer
バキラリア パクシリファー

p.147

43

ハリササノハケイソウ
Nitzschia longissima
ニッチア ロンギッシマ

p.148

ササノハケイソウの一種
Pseudo-nitzschia sp.
シュードニッチア

p.148

ラフィド藻類
RAPHIDOPHYCEAE

ラフィドモナス目
RAPHIDOMONADALES

オオチャヒゲムシ
Chattonella marina var. *antiqua*
シャトネラ マリナ バラエティー アンティカ

p.151

ナンカイチャヒゲムシ
Chattonella marina var. *marina*
シャトネラ マリナ バラエティー マリナ

p.152

ワラジチャヒゲムシ
Chattonella marina var. *ovata*
シャトネラ マリナ バラエティー オバータ

p.153

アカシオヒゲムシ
Heterosigma akashiwo
ヘテロシグマ アカシオ

p.155

ウミイトカクシ
Fibrocapsa japonica
フィブロカプサ ジャポニカ

p.157

生物一覧 〜見た目から探してみよう〜

ケイ質鞭毛藻類
SILICOFLAGELLATES

ディクチオカ藻の仲間
DICTYOCHALES

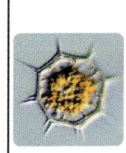

シリカヒゲムシ
Dictyocha speculum
ディクチオカ スペキュラム
p.159

ヒシシリカヒゲムシ
Dictyocha fibula
ディクチオカ フィビュラ
p.159

ヒシシリカヒゲムシ
（骨格のない時期）
p.160

イガグリヒゲムシ
Pseudochattonella verruculosa
シュードシャトネラ ベルクローサ
p.161

エブリアの仲間
EBRIA

ミツワシリカヒゲムシ
Ebria tripartita
エブリア トリパルティタ
p.162

ハプト藻類
HAPTOPHYCEAE

プリムネシウム目
PRYMNESIALES

ヨツゲオウゴンモ
Chrysochromulina quadrikonta
クリソクロムリナ クアドリコンタ
p.163

45

ミドリムシ類

EUGLENOPHYCEAE

ウミミドリムシの仲間

EUTREPTIALES

ウミミドリムシ
Eutreptia pertyi
ユートレプティア ペルティ
p.167

ヒゲチガイミドリムシの一種
Eutreptiella sp.
ユートレプティエラ
p.167

繊毛虫類

CILIOPHORA

殻をもたない仲間

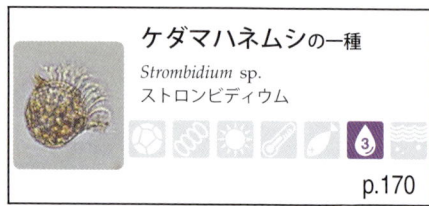

アカシオウズムシ
Myrionecta rubra
ミリオネクタ ルブラ
p.169

ケダマハネムシの一種
Strombidium sp.
ストロンビディウム
p.170

ヘチマムシ
Tiarina fusus
ティアリナ フスス
p.170

殻をもつ仲間（有鐘繊毛虫）

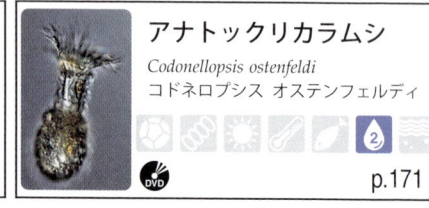

コクダカラムシ
Eutintinnus tubulosus
ユーチンチヌス チュブロサス
p.171

アナトックリカラムシ
Codonellopsis ostenfeldi
コドネロプシス オステンフェルディ
p.171

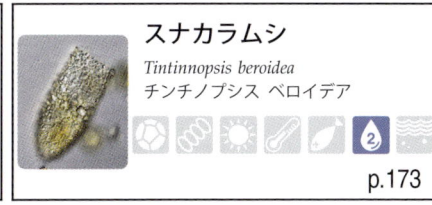

生物一覧 〜見た目から探してみよう〜

オオビンガタカラムシ
Favella ehrenbergi
ファベラ アーレンバーギ
p.172

スナカラムシ
Tintinnopsis beroidea
チンチノプシス ベロイデア
p.173

ツノガタスナカラムシ
Tintinnopsis corniger
チンチノプシス コーニガー
p.173

放散虫類　RADIOLARIA

スプメラリア目　SPUMELLARIA

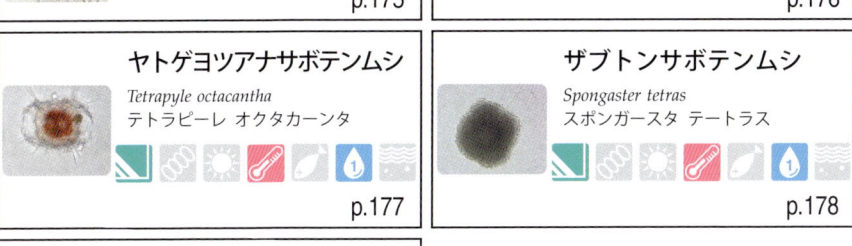

スポンジマルサボテンムシ
Spongosphaera streptacantha
スポンゴスフェーラ ストレプタカーンタ
p.175

ワダイコサボテンムシ
Didymocyrtis tetrathalamus
ディディモキールティス テトラタラームス
p.176

ヤトゲヨツアナサボテンムシ
Tetrapyle octacantha
テトラピーレ オクタカーンタ
p.177

ザブトンサボテンムシ
Spongaster tetras
スポンガースタ テートラス
p.178

アカイロミツウデサボテンムシ
Dictyocoryne profunda
ディクティオコリーネ プロフーンダ
p.178

コロダリア目 COLLODARIA

グンタイマルサボテンムシ
Collosphaera huxleyi
コロスフェーラ ハクスレーイ
p.180

ナセラリア目 NASSELLARIA

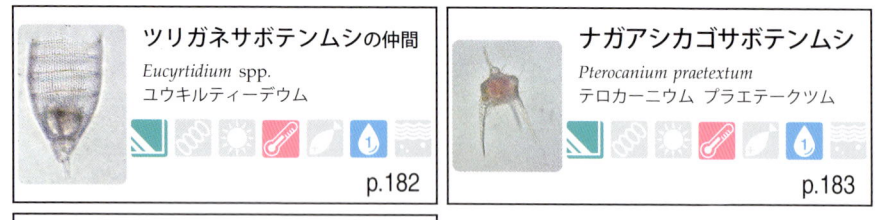

ツリガネサボテンムシの仲間
Eucyrtidium spp.
ユウキルティーデウム
p.182

ナガアシカゴサボテンムシ
Pterocanium praetextum
テロカーニウム プラエテークツム
p.183

オオアタマサボテンムシの仲間
Lophophaenidae genn. et spp. indet.
ロフォパアエニーダエ
p.183

アカンタリア目 ACANTHARIA

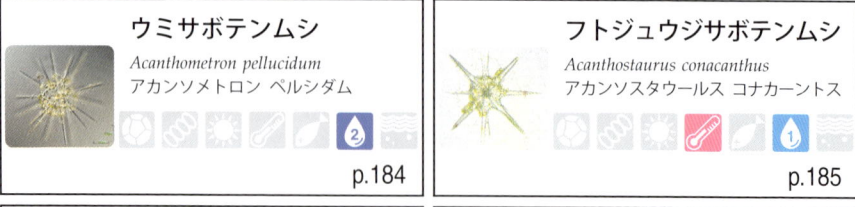

ウミサボテンムシ
Acanthometron pellucidum
アカンソメトロン ペルシダム
p.184

フトジュウジサボテンムシ
Acanthostaurus conacanthus
アカンソスタウールス コナカーントス
p.185

フトヅツサボテンムシ
Diploconus faces
ディプロコーヌス ファーケス
p.186

アンテナサボテンムシ
Lithoptera muelleri
リトテーラ ミューレリ
p.186

生物一覧 〜見た目から探してみよう〜

タクソポディア目　　　　　　　　　　　　　　　TAXOPODIA

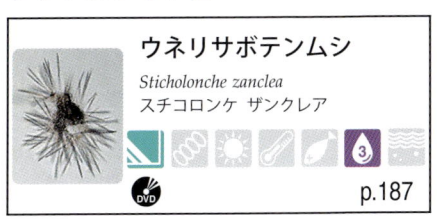

ウネリサボテンムシ
Sticholonche zanclea
スチコロンケ ザンクレア
p.187

有孔虫類　　　　　　　　　　　　　　　FORAMINIFERA

タマウキガイ
Globigerina bulloides
グロビゲリナ ブロイデス
p.188

スズウキガイ
Globigerinoides ruber
グロビゲリノイデス ルベール
p.189

マルウキガイ
Orbulina universa
オーブリナ ユニバーサ
p.189

フクレウキガイ
Globorotalia inflate
グロボロタリア インフラータ
p.190

ミジンコ類（枝角類）　　　　　　　　　　　　CLADOCERA

ノルドマンエボシミジンコ
Evadne nordmanni
エバドネ ノルドマニ
p.196

トゲナシエボシミジンコ
Evadne tergestina
エバドネ タージェスティナ
p.197

49

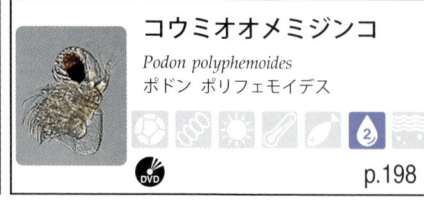

ウスカワミジンコ
Penilia avirostris
ペニリア アヴィロストリス
p.197

コウミオオメミジンコ
Podon polyphemoides
ポドン ポリフェモイデス
p.198

カイムシ類　　　OSTRACODA

ウミホタル
Vargula hilgendorfii
バーギュラ ヒルゲンドルフィ
p.199

カイアシ類　　　COPEPODA

ヒゲミジンコの仲間　　　CALANOIDA

ミナミヒゲミジンコ
Calanus sinicus
カラヌス シニカス
p.201

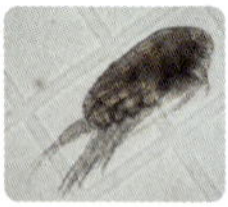

コヒゲミジンコ
Paracalanus parvus s. l.
パラカラヌス パーバス
p.202

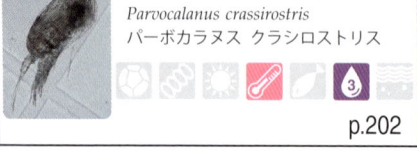

ヒメコヒゲミジンコ
Parvocalanus crassirostris
パーボカラヌス クラシロストリス
p.202

ホソヒゲミジンコ
Acartia omorii
アカルチア オオモリィ
p.203

生物一覧 〜見た目から探してみよう〜

ケンミジンコの仲間
CYCLOPOIDA

ウミケンミジンコ
Oithona similis
オイトナ シミリス
p.205

ナイワンケンミジンコ
Oithona davisae
オイトナ デービセ
p.205

ツブムシの仲間
POECILOSTOMATOIDA

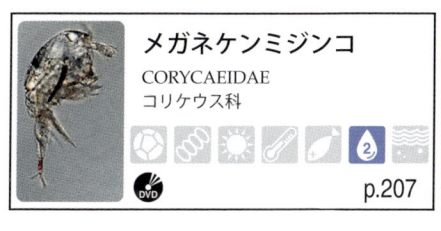

メガネケンミジンコ
CORYCAEIDAE
コリケウス科
p.207

カギアシケンミジンコ
ONCAEIDAE
オンケア科
p.207

ソコミジンコの仲間
HARPACTICOIDA

オヨギソコミジンコ
Microsetella norvegica
ミクロセテラ ノルベジカ
p.209

シオダマリミジンコ
Tigriopus japonicus
チグリオプス ジャポニクス
※潮だまり
p.209

ワムシ類
ROTATORIA

ヒトツユビフサワムシ
Synchaeta triophthalma
シンキータ トリオフタルマ
p.212

51

翼足類
PTEROPODA

ツメウキヅノガイ
Creseis virgule
クレセイス ヴァーグラ
p.214

ヤムシ類
SAGITTOIDEA

ヤムシの一種
p.215

ウミタル類
DOLIOLIDA

ウミタルの一種
p.215

生物一覧 ～見た目から探してみよう～

オタマボヤ類　APPENDICULARIA

ワカレオタマボヤ
Oikopleura dioica
オイコプルーラ ディオイカ
p.216

オナガオタマボヤ
Oikopleura longicauda
オイコプルーラ ロンジコーダ
p.217

サイヅチボヤ
Fritillaria pellucida
フリチラリア ペルシーダ
p.217

ヒドロクラゲ類（刺胞動物：しほうどうぶつ）　HYDROZOA

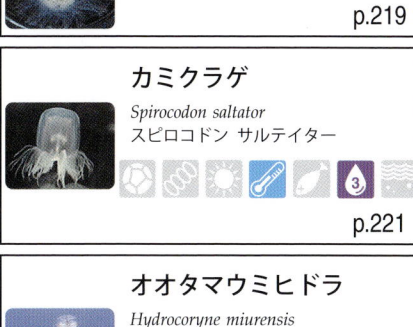

ギンカクラゲ
Porpita porpita
ポルピタ ポルピタ
p.219

カラカサクラゲ
Liriope tetraphylla
リリオペ テトラフィラ
p.220

カミクラゲ
Spirocodon saltator
スピロコドン サルテイター
p.221

ドフラインクラゲ
Nemopsis dofleini
ネモプシス ドフレイニ
p.221

オオタマウミヒドラ
Hydrocoryne miurensis
ヒドロコライネ ミウレンシス
p.222

シミコクラゲ
Rathkea octopunctata
ラスケア オクトプンクタタ
p.223

53

ベニクラゲの一種
Turritopsis sp.
ツッリトプシス
p.224

カイヤドリヒドラクラゲ
Eugymnanthea japonica
エウギムナンテア ジャポニカ
p.225

ハナガサクラゲ
Olindias formosa
オリンディアス フォルモサ
p.225

オベリアクラゲの一種
Obelia sp.
オベリア
p.226

立方クラゲ類 （刺胞動物：しほうどうぶつ） CUBOZOA

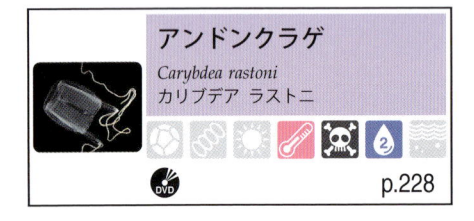

アンドンクラゲ
Carybdea rastoni
カリブデア ラストニ
p.228

鉢クラゲ類 （刺胞動物：しほうどうぶつ） SCYPHOZOA

ミズクラゲ
Aurelia aurita
オウレリア オウリタ
p.231

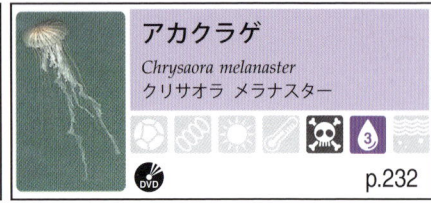

アカクラゲ
Chrysaora melanaster
クリサオラ メラナスター
p.232

生物一覧 〜見た目から探してみよう〜

オキクラゲ *Pelagia Noctiluca* ペラギア ノクチルカ p.233	**ユウレイクラゲ** *Cyanea nozakii* シアネア ノザキイ p.234
ビゼンクラゲ *Rhopilema esculenta* ロピレマ エスキュレンタ p.234	

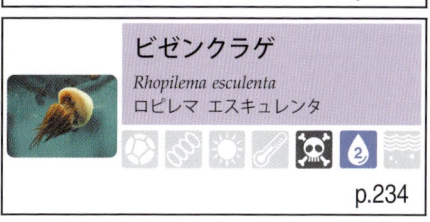

クシクラゲ類（有櫛動物：ゆうしつどうぶつ）
CTENOPHORA

カブトクラゲ *Bolinopsis mikado* ボリノプシス ミカド p.237	**ウリクラゲ** *Beroe cucumis* ベロエ キュキュミス p.238

幼生
LARVA

鉢クラゲ類
SCYPHOZOA

ミズクラゲの プラヌラ幼生 PLANULA LARVA p.240	**ミズクラゲの エフィラ幼生** EPHYRA LARVA 撮影：河村真理子博士 p.240

ホウキムシ類 *PHORONID*

アクチノトロカ幼生
ACTINOTROCHA LARVA
p.241

二枚貝類 *BIVALVIA*

アサリのD型幼生
D-SHAPED LARVA
p.241

カキのD型幼生
D-SHAPED LARVA
p.241

巻貝類 *GASTROPODA*

ベリジャー幼生
VELIGER LARVA
p.242

ゴカイ類 *POLYCHAETA*

ネクトケータ幼生
NECTOCHAETA LARVA
p.242

カイアシ類 *COPEPODA*

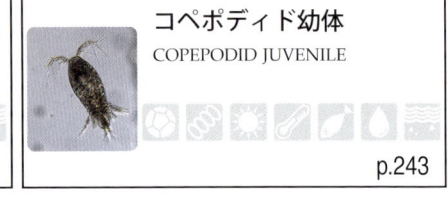

ノープリウス幼生
NAUPLIUS LARVA
p.243

コペポディド幼体
COPEPODID JUVENILE
p.243

生物一覧 ～見た目から探してみよう～

フジツボ類　　　　　　　　　　　　　　　　　BALANINA

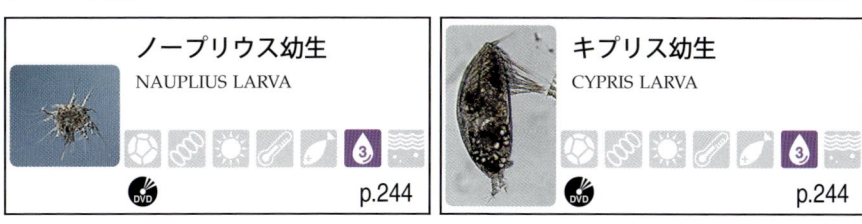

ノープリウス幼生
NAUPLIUS LARVA
p.244

キプリス幼生
CYPRIS LARVA
p.244

エビ類　　　　　　　　　　　　　　　　　　DECAPODA

**クルマエビの
ノープリウス幼生**
NAUPLIUS LARVA
p.245

**クルマエビの
ゾエア幼生**
ZOEA LARVA
p.245

カニ類　　　　　　　　　　　　　　　　　BRACHYURA

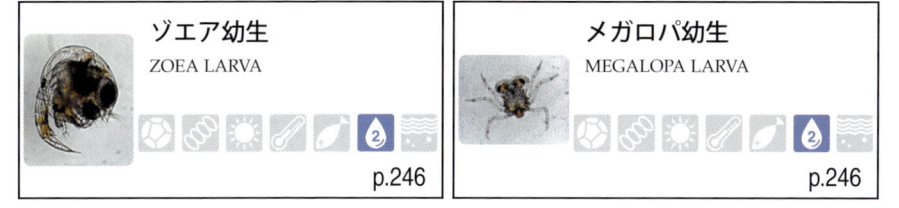

ゾエア幼生
ZOEA LARVA
p.246

メガロパ幼生
MEGALOPA LARVA
p.246

クモヒトデ類　　　　　　　　　　　　　OPHIUROIDEA

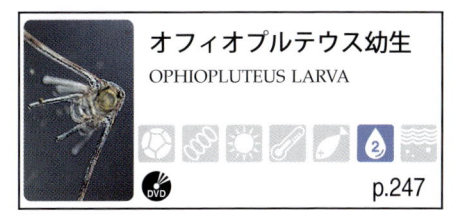

オフィオプルテウス幼生
OPHIOPLUTEUS LARVA
p.247

ウニ類　　　　　　　　　　　　　　　　ECHINOIDEA

**ブンブクの
エキノプルテウス幼生**
ECHINOPLUTEUS LARVA
p.247

57

ナマコ類 　　　　　　　　　　　　　　　　　　　　　　　　　*HOLOTHUROIDEA*

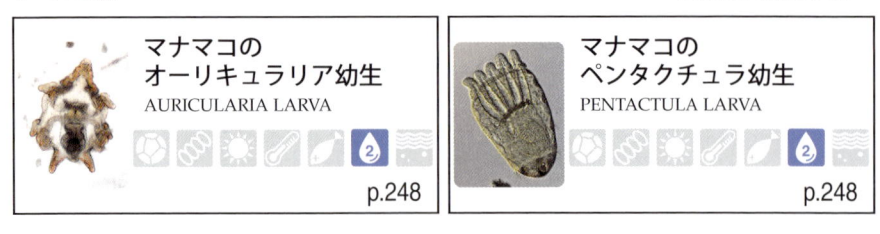

マナマコの　オーリキュラリア幼生
AURICULARIA LARVA
p.248

マナマコの　ペンタクチュラ幼生
PENTACTULA LARVA
p.248

ホヤ類 　　　　　　　　　　　　　　　　　　　　　　　　　　*ASCIDIACEA*

オタマジャクシ型幼生
APPENDICULARIA LARVA
p.249

ナメクジウオ類 　　　　　　　　　　　　　　　　　　　　　　*LEPTOCARDIA*

ナメクジウオの幼生
AMPHIOXUS LARVA
p.249

生物検索表 〜特徴から探してみよう〜

　ひとえにプランクトンといっても，大きさ，形，動きは実にさまざまで，初めて観察する人には，見ている生物がどのグループに属しているかを判断することは難しいでしょう。そこで，初めてでも区別しやすい「形」や「動き」などの特徴を追いかけることで，どのグループに属する生物か知ることができる表を用意しました。

注1) この表は必ずしも生物の分類学的な特徴に基づいたものではありません。
注2) 単細胞のプランクトンは生きた細胞を対象にしています。死んだ細胞の動きや鞭毛は観察できなくなり，葉緑体の色も変わります。鞭毛の観察には高倍率（できれば400倍）の顕微鏡が必要です。
注3) この表は淡水の単細胞プランクトンには対応しません。
注4) 生物と思って追いかけていたものが，実は気泡やガラスの傷だったりすることもあります。この表に全く当てはまらない場合は，192ページのコラムもご一読ください。
注5) 検索表中に登場する用語については63ページの「用語について」や253ページの「用語解説」をご覧ください。

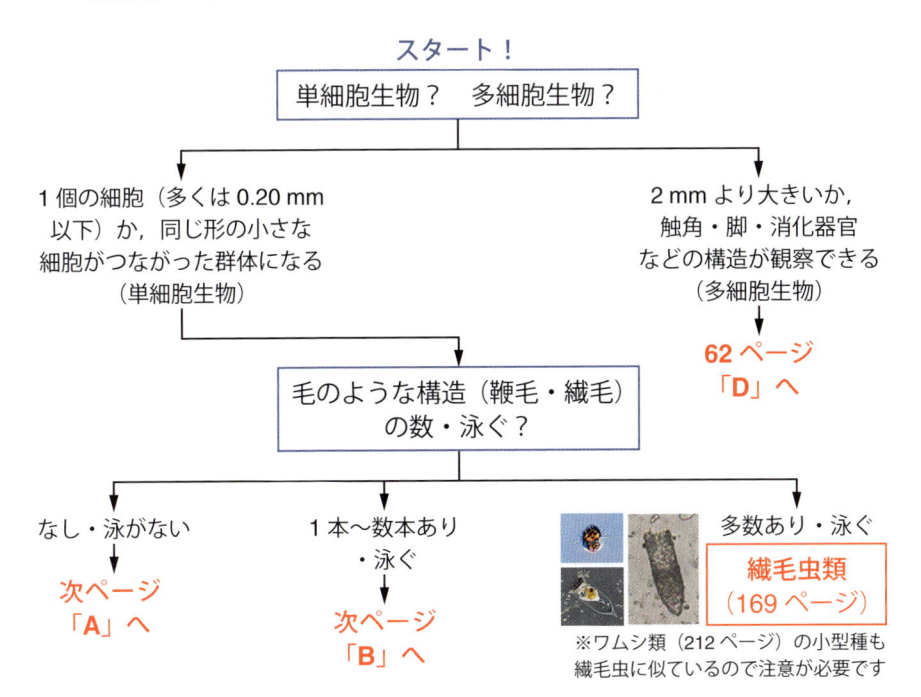

スタート！

【単細胞生物？　多細胞生物？】

- 1個の細胞（多くは0.20 mm以下）か，同じ形の小さな細胞がつながった群体になる（単細胞生物）
- 2 mmより大きいか，触角・脚・消化器官などの構造が観察できる（多細胞生物）
  → **62ページ「D」へ**

【毛のような構造（鞭毛・繊毛）の数・泳ぐ？】

- なし・泳がない
  → **次ページ「A」へ**
- 1本〜数本あり・泳ぐ
  → **次ページ「B」へ**
- 多数あり・泳ぐ
  → **繊毛虫類（169ページ）**
  ※ワムシ類（212ページ）の小型種も繊毛虫に似ているので注意が必要です

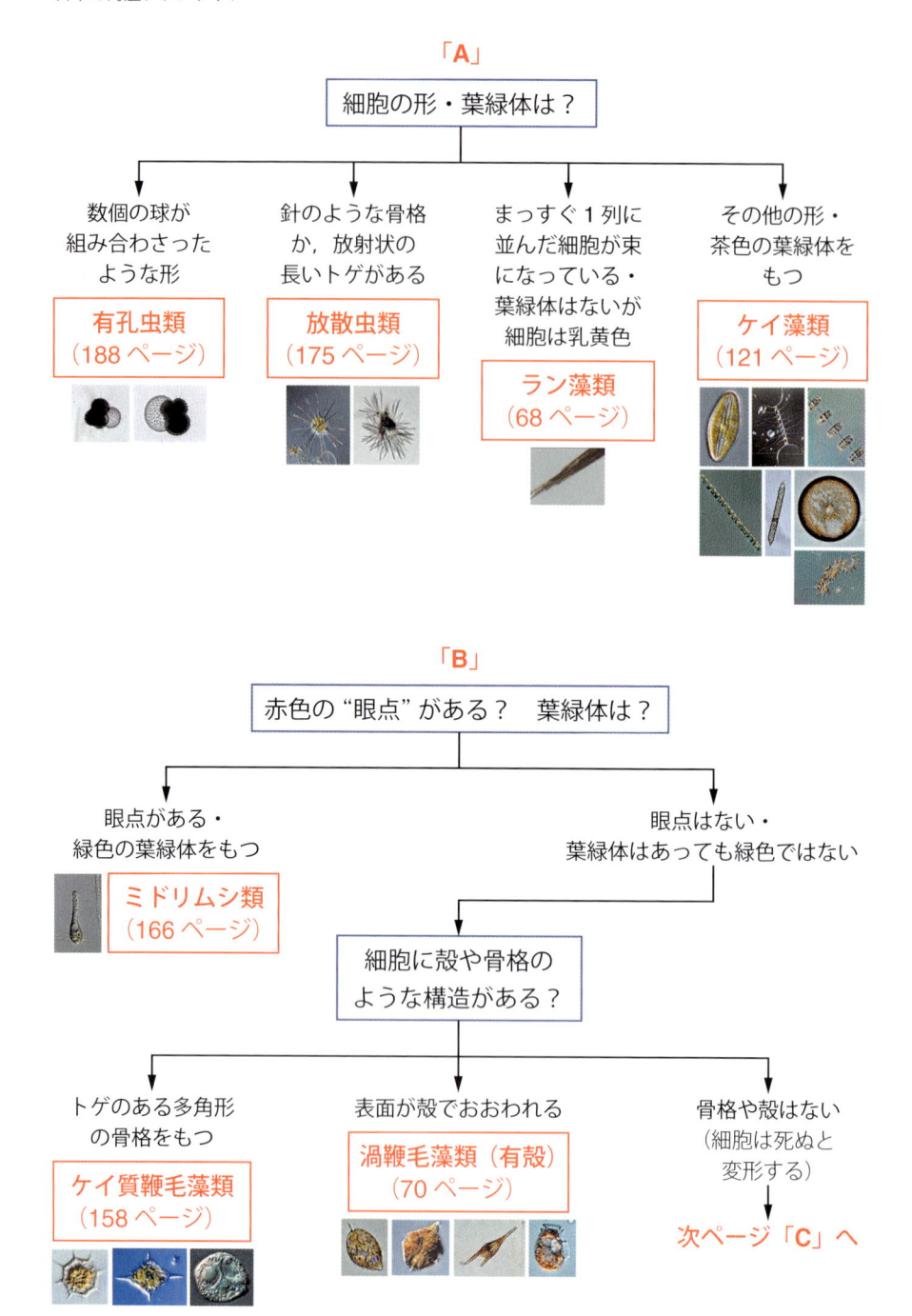

日本の海産プランクトン

「A」
細胞の形・葉緑体は？

- 数個の球が組み合わさったような形
  有孔虫類
  （188 ページ）

- 針のような骨格か，放射状の長いトゲがある
  放散虫類
  （175 ページ）

- まっすぐ1列に並んだ細胞が束になっている・葉緑体はないが細胞は乳黄色
  ラン藻類
  （68 ページ）

- その他の形・茶色の葉緑体をもつ
  ケイ藻類
  （121 ページ）

「B」
赤色の"眼点"がある？　葉緑体は？

- 眼点がある・緑色の葉緑体をもつ
  ミドリムシ類
  （166 ページ）

- 眼点はない・葉緑体はあっても緑色ではない
  → 細胞に殻や骨格のような構造がある？

  - トゲのある多角形の骨格をもつ
    ケイ質鞭毛藻類
    （158 ページ）

  - 表面が殻でおおわれる
    渦鞭毛藻類（有殻）
    （70 ページ）

  - 骨格や殻はない（細胞は死ぬと変形する）
    次ページ「C」へ

60

生物検索表 ～特徴から探してみよう～

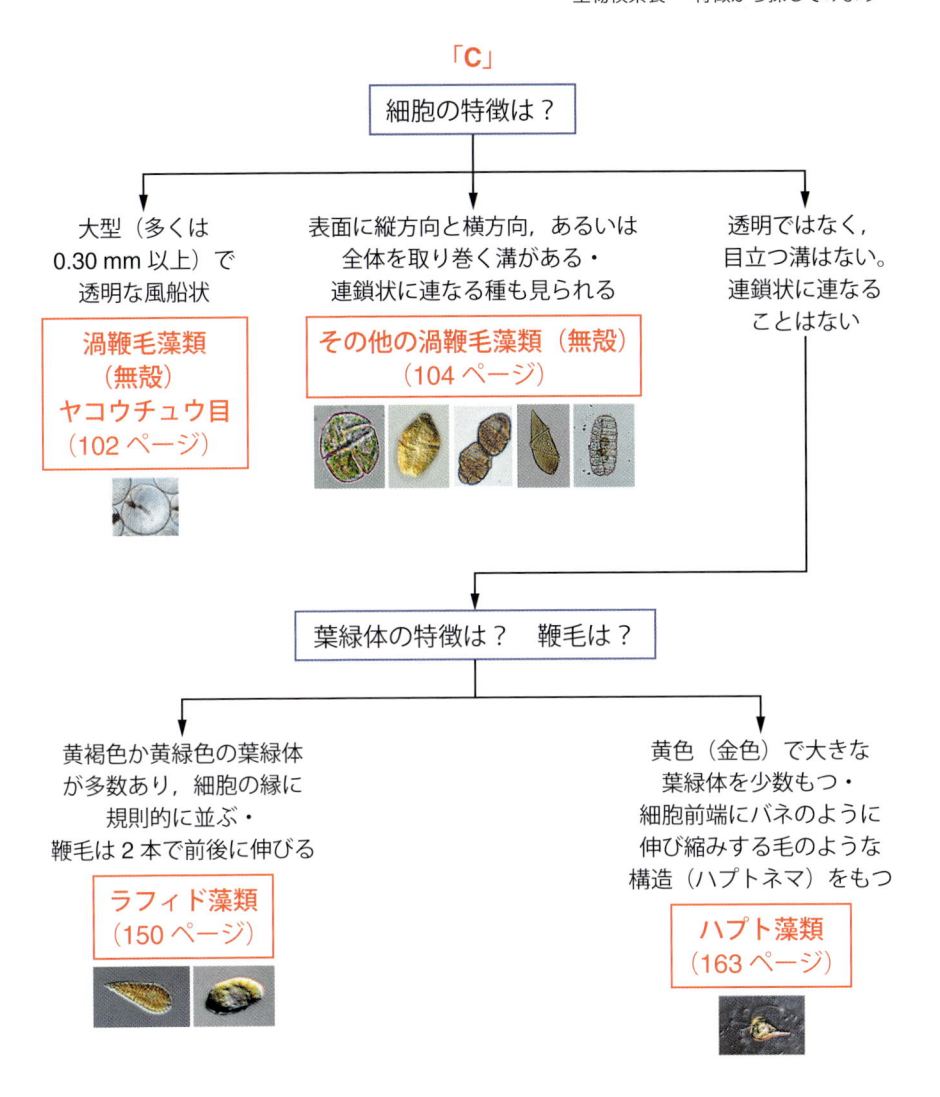

「C」
細胞の特徴は？

- 大型（多くは0.30 mm以上）で透明な風船状
  → **渦鞭毛藻類（無殻）ヤコウチュウ目（102ページ）**

- 表面に縦方向と横方向，あるいは全体を取り巻く溝がある・連鎖状に連なる種も見られる
  → **その他の渦鞭毛藻類（無殻）（104ページ）**

- 透明ではなく，目立つ溝はない。連鎖状に連なることはない
  → **葉緑体の特徴は？　鞭毛は？**

    - 黄褐色か黄緑色の葉緑体が多数あり，細胞の縁に規則的に並ぶ・鞭毛は2本で前後に伸びる
      → **ラフィド藻類（150ページ）**

    - 黄色（金色）で大きな葉緑体を少数もつ・細胞前端にバネのように伸び縮みする毛のような構造（ハプトネマ）をもつ
      → **ハプト藻類（163ページ）**

61

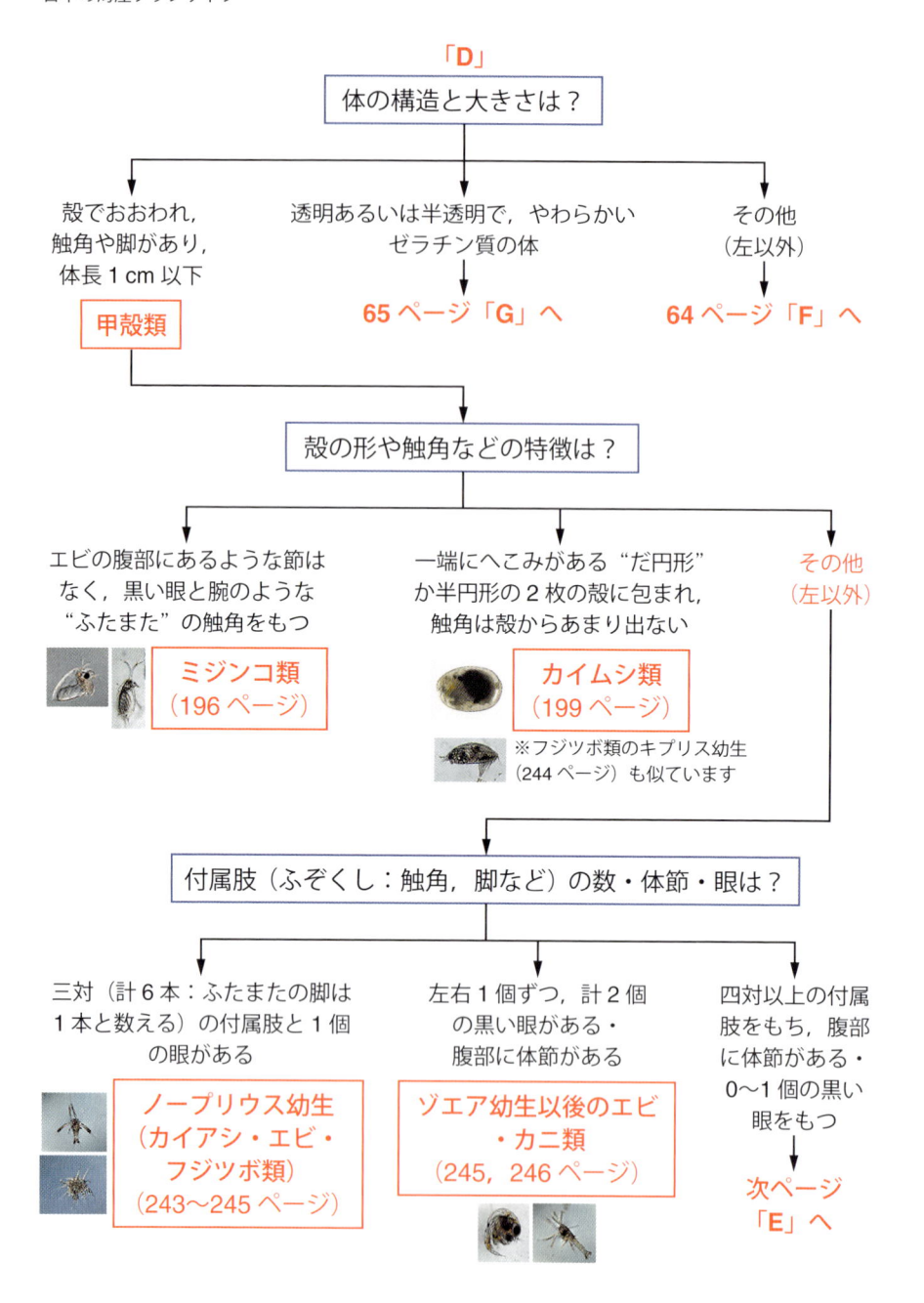

日本の海産プランクトン

「D」
体の構造と大きさは？

- 殻でおおわれ，触角や脚があり，体長1cm以下 → **甲殻類**
- 透明あるいは半透明で，やわらかいゼラチン質の体 → **65ページ「G」へ**
- その他（左以外） → **64ページ「F」へ**

↓（甲殻類から）

殻の形や触角などの特徴は？

- エビの腹部にあるような節はなく，黒い眼と腕のような"ふたまた"の触角をもつ → **ミジンコ類（196ページ）**
- 一端にへこみがある"だ円形"か半円形の2枚の殻に包まれ，触角は殻からあまり出ない → **カイムシ類（199ページ）**
  ※フジツボ類のキプリス幼生（244ページ）も似ています
- その他（左以外）

↓

付属肢（ふぞくし：触角，脚など）の数・体節・眼は？

- 三対（計6本：ふたまたの脚は1本と数える）の付属肢と1個の眼がある → **ノープリウス幼生（カイアシ・エビ・フジツボ類）（243～245ページ）**
- 左右1個ずつ，計2個の黒い眼がある・腹部に体節がある → **ゾエア幼生以後のエビ・カニ類（245, 246ページ）**
- 四対以上の付属肢をもち，腹部に体節がある・0～1個の黒い眼をもつ → **次ページ「E」へ**

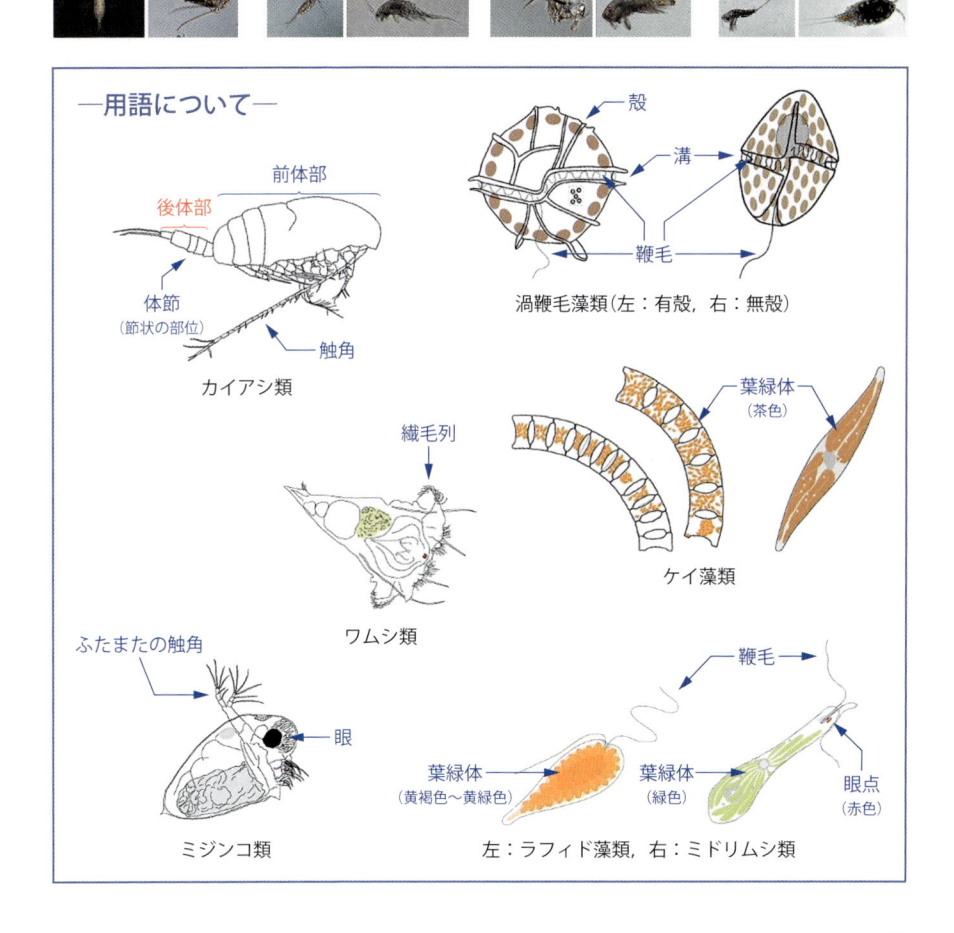

生物検索表 〜特徴から探してみよう〜

「E」

カイアシ類（200 ページ）

体の構造と触角の長さは？（200 ページ参照）

後体部は前体部の半分より短く，触角は長い	後体部は前体部と同程度の長さで，触角は長い	後体部は前体部よりやや短く，触角は短い	前体部と後体部の区別がつかず，触角は短い
ヒゲミジンコ（201 ページ）	ケンミジンコ（205 ページ）	ツブムシ（207 ページ）	ソコミジンコ（209 ページ）

―用語について―

カイアシ類
- 前体部
- 後体部
- 体節（節状の部位）
- 触角

渦鞭毛藻類（左：有殻，右：無殻）
- 殻
- 溝
- 鞭毛

ワムシ類
- 繊毛列

ケイ藻類
- 葉緑体（茶色）

ミジンコ類
- ふたまたの触角
- 眼

左：ラフィド藻類，右：ミドリムシ類
- 葉緑体（黄褐色〜黄緑色）
- 葉緑体（緑色）
- 鞭毛
- 眼点（赤色）

63

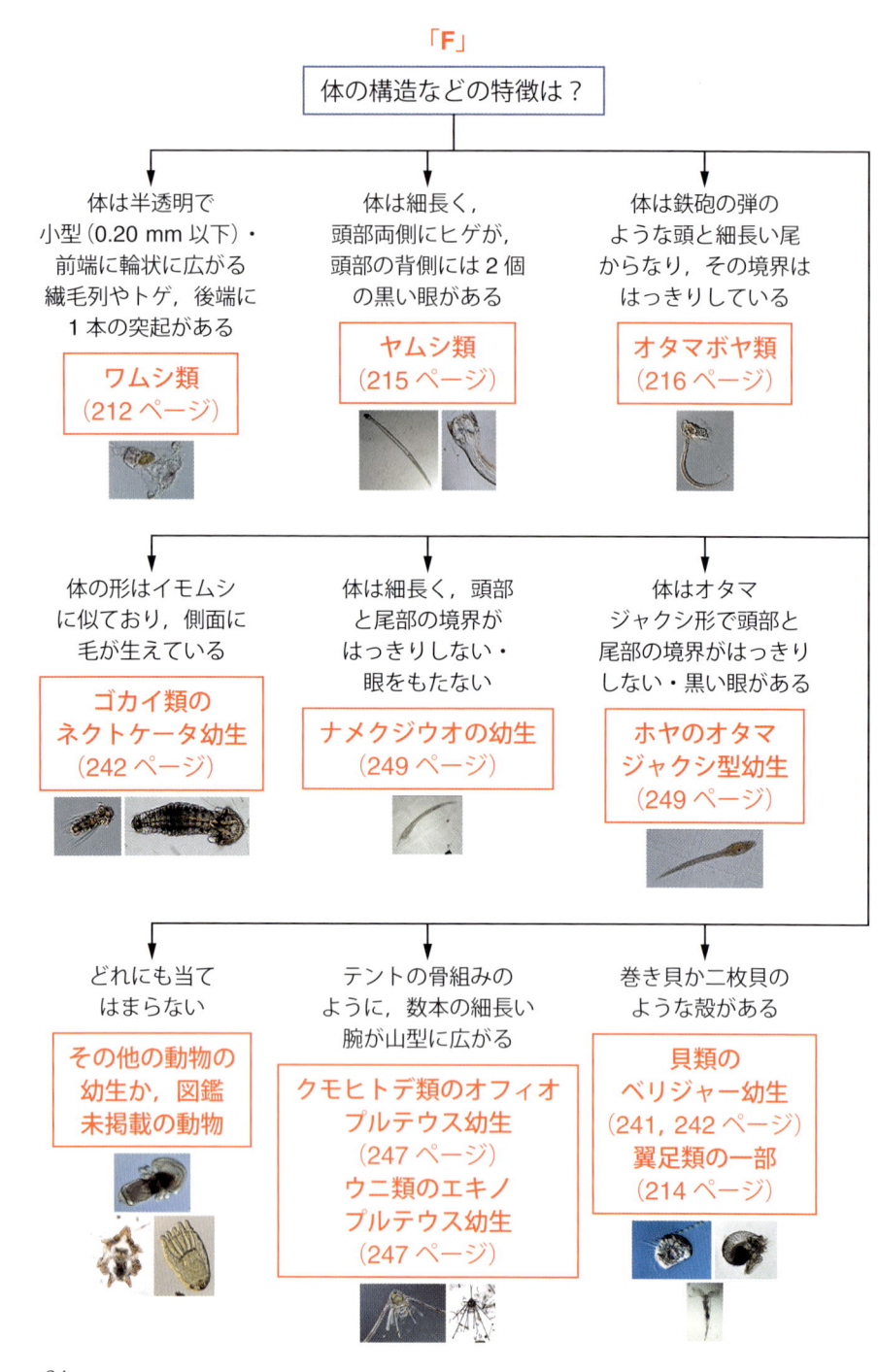

日本の海産プランクトン

「F」
体の構造などの特徴は？

― 体は半透明で小型（0.20 mm 以下）・前端に輪状に広がる繊毛列やトゲ，後端に1本の突起がある
　　ワムシ類（212ページ）

― 体は細長く，頭部両側にヒゲが，頭部の背側には2個の黒い眼がある
　　ヤムシ類（215ページ）

― 体は鉄砲の弾のような頭と細長い尾からなり，その境界ははっきりしている
　　オタマボヤ類（216ページ）

― 体の形はイモムシに似ており，側面に毛が生えている
　　ゴカイ類のネクトケータ幼生（242ページ）

― 体は細長く，頭部と尾部の境界がはっきりしない・眼をもたない
　　ナメクジウオの幼生（249ページ）

― 体はオタマジャクシ形で頭部と尾部の境界がはっきりしない・黒い眼がある
　　ホヤのオタマジャクシ型幼生（249ページ）

― どれにも当てはまらない
　　その他の動物の幼生か，図鑑未掲載の動物

― テントの骨組みのように，数本の細長い腕が山型に広がる
　　クモヒトデ類のオフィオプルテウス幼生（247ページ）
　　ウニ類のエキノプルテウス幼生（247ページ）

― 巻き貝か二枚貝のような殻がある
　　貝類のベリジャー幼生（241, 242ページ）
　　翼足類の一部（214ページ）

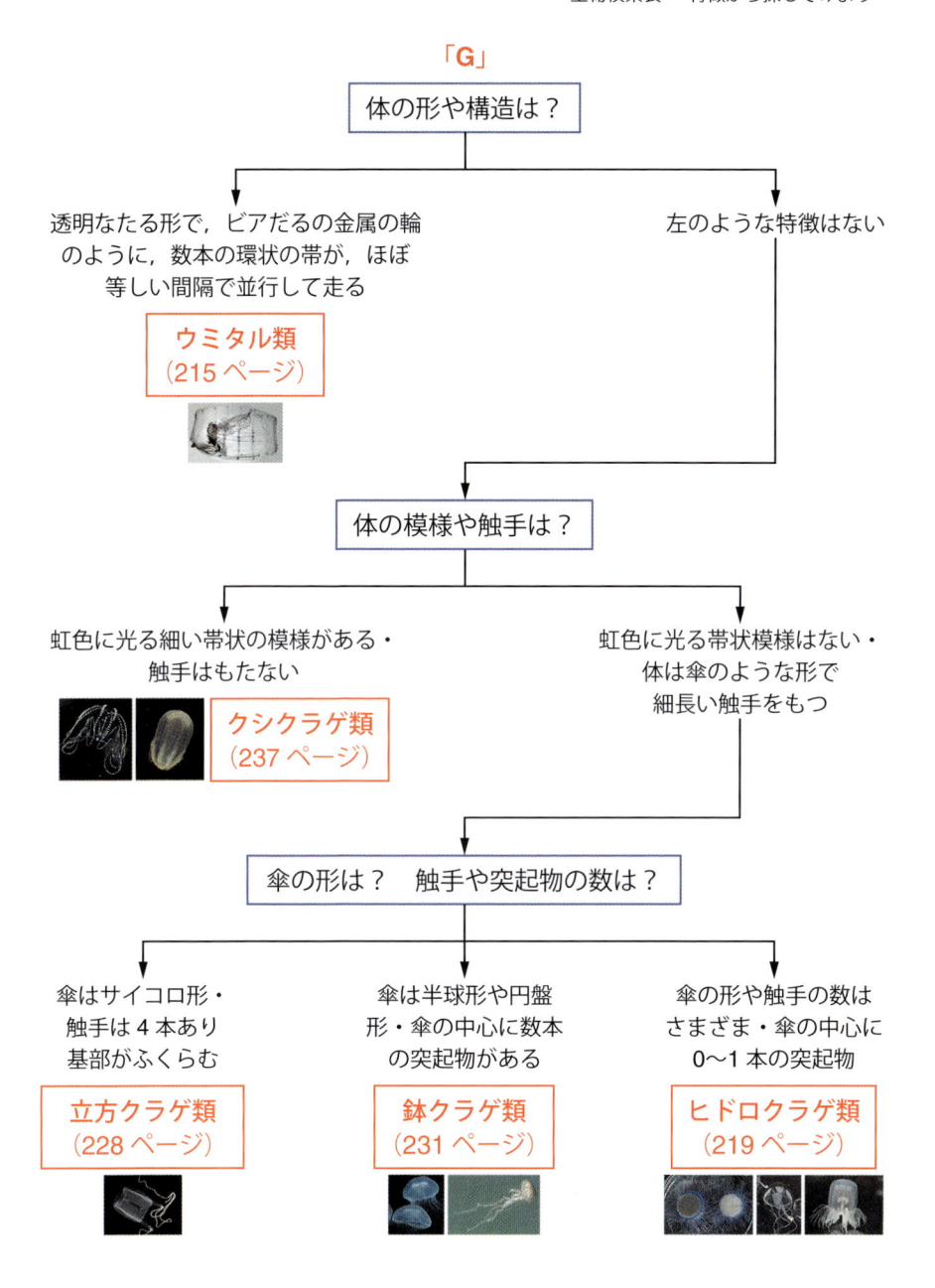

生物検索表 〜特徴から探してみよう〜

「G」

体の形や構造は？

- 透明なたる形で，ビアだるの金属の輪のように，数本の環状の帯が，ほぼ等しい間隔で並行して走る
  → **ウミタル類**（215 ページ）

- 左のような特徴はない
  → **体の模様や触手は？**

  - 虹色に光る細い帯状の模様がある・触手はもたない
    → **クシクラゲ類**（237 ページ）

  - 虹色に光る帯状模様はない・体は傘のような形で細長い触手をもつ
    → **傘の形は？ 触手や突起物の数は？**

      - 傘はサイコロ形・触手は4本あり基部がふくらむ
        → **立方クラゲ類**（228 ページ）

      - 傘は半球形や円盤形・傘の中心に数本の突起物がある
        → **鉢クラゲ類**（231 ページ）

      - 傘の形や触手の数はさまざま・傘の中心に0〜1本の突起物
        → **ヒドロクラゲ類**（219 ページ）

単細胞生物
Unicellular Organism

ラン藻類
CYANOPHYCEAE

　ラン藻（らんそう）は"シアノバクテリア"とも呼ばれ，光合成によって酸素を作るバクテリア（細菌）の仲間です。細胞には"核"や"葉緑体"，"ミトコンドリア"などがなく，ヒトや他の多く（本図鑑ではラン藻類以外すべて）の生物と細胞そのものの構造が大きく異なる"原核生物（げんかくせいぶつ）"です。細胞の色は"あい色"や緑色，茶色などが多く，単細胞性ですが，種によって連鎖したり，寒天状の物質に包まれることで群体を作るものなど，さまざまな特徴が見られます。ほとんどの種は運動しませんが，ユレモの仲間は群体の長軸方向に滑るように動くことが，また，一部の種では線毛（せんもう：繊毛ではない）をもち，泳ぎ回ることが知られています。

　ときに大量発生し，赤潮（湖沼ではアオコや水の華（みずのはな）と呼ばれる）を形成します。特に一部のラン藻類（ミクロキスティスやアナベナ）は，肝臓毒のミクロキスティンや神経毒のアナトキシンを作り出すので注意が必要です。ちなみに，高級な会席料理などで出されるスイゼンジノリは，淡水産ラン藻類の仲間です。

オキイカダユレモ【新称】

Trichodesmium erythraeum
トリコデスミウム エリスラエウム

細胞の直径 0.01〜0.02 mm　群体長 0.06〜1.00 mm

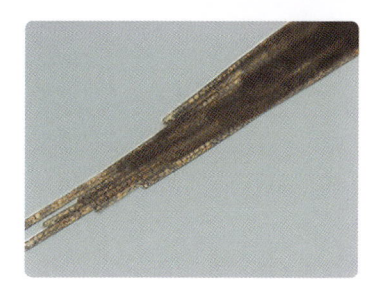

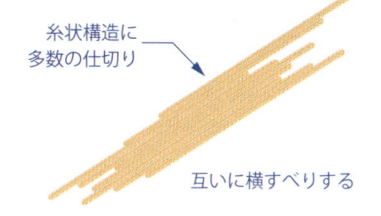

糸状構造に多数の仕切り

互いに横すべりする

　ユレモの仲間です。小さな細胞が多数つながり合うことで細長い糸のような姿（トリコーム）になり，さらに並行に数 10 本並ぶことで，イカダのような姿になります。トリコームどうしが「南京玉すだれ」のように横すべりしあう姿はイカダケイソウ（147 ページ）に似ていますが，本種の場合，糸状の構造に多数の仕切りが見られることから容易に判別できます。色は黄白色ですが，枯死すると暗緑色になります。

　世界各地の熱帯，亜熱帯の海に出現し，日本でも黒潮や対馬暖流に乗って，沖縄から九州，和歌山，伊豆半島にかけて出現し，黄白色の赤潮を引き起こすことがあります。

渦鞭毛藻類
DINOPHYCEAE

　渦鞭毛藻（うずべんもうそう）の仲間は単細胞性で，2本の鞭毛をもっています。このうち1本は細胞表面にある縦溝（たてみぞ）に，もう1本は横溝（よこみぞ）に沿って伸び，これらを動かして水中を回転しながら泳ぎ回ります。種によって，葉緑体をもつもの，水に溶けない糖でできた硬い殻（鎧板：よろいばん）で細胞全体がおおわれているもの，細胞が連鎖して群体を作るものなど，さまざまな特徴が見られます。茶色の葉緑体をもち，光合成を行うものや，他の生物を捕食するものなど，生活様式もさまざまです。

　普通は細胞を2つに分裂させて仲間を増やしますが，有性生殖（異なる遺伝情報をもった個体どうしが合体し，その遺伝子を交換すること）を行うこともあります。また，シストと呼ばれる"タネ"のような状態になることで，長期間，低温に耐える種もいます（コラム14：120ページ参照）。有害な赤潮や貝毒の原因となるプランクトンのほとんどが渦鞭毛藻の仲間に含まれます。

渦鞭毛藻の基本構造

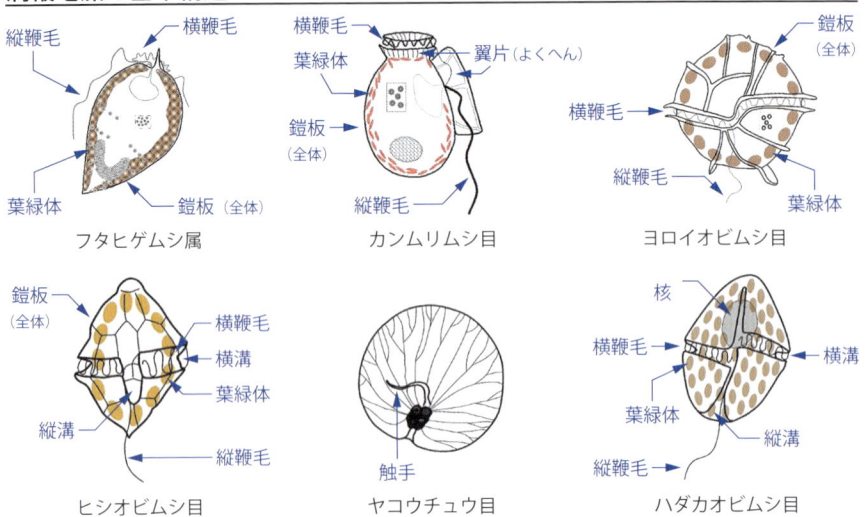

フタヒゲムシ属　　カンムリムシ目　　ヨロイオビムシ目

ヒシオビムシ目　　ヤコウチュウ目　　ハダカオビムシ目

フタヒゲムシ【新称】属の見分け方

　フタヒゲムシ属は海水を取るとよく見つかる渦鞭毛藻ですが，形態が似ているものが多く，種の区別には多少の苦労がともないます。そこで以下に，日本沿岸でよく見られる本属の見分け方をまとめました。

		突起	細胞の形	細胞の長さ
	ツノフタヒゲムシ（72 ページ）	有	細長い卵またはハート	0.04～0.07 mm
	ハガタフタヒゲムシ（73 ページ）	**無**	犬歯	0.02～0.03 mm
	ヒメフタヒゲムシ（73 ページ）	**ほぼ無**	丸みを帯びた三角またはハート	約 0.02 mm
	エスジツノフタヒゲムシ（74 ページ）	有	ゆるやかなＳ字	0.07～0.08 mm
	コメツブフタヒゲムシ（74 ページ）	有	やりの先	約 0.02 mm
	コバンフタヒゲムシ（75 ページ）	有（短小）	だ円	約 0.04 mm

> **コラム 5**　最も原始的な渦鞭毛藻 "フタヒゲムシ"
>
> 　フタヒゲムシ属は，他の渦鞭毛藻と違い，細胞の周りに溝をもっていません。細胞の周りに溝と横鞭毛をもつ渦鞭毛藻は高い遊泳能力をもち，潮流に対応することができると考えられていますが，対する本属は細胞の前端から2本の鞭毛が生えているものの，遊泳能力が低く，潮の流れが弱いところを好む傾向がみられます。このほかにも，細胞の構造などから，本属が最も原始的な渦鞭毛藻であると考えられています。

ツノフタヒゲムシ

Prorocentrum micans
プロロセントラム マイカンス

細胞の長さ 0.04〜0.07 mm　幅 0.02〜0.05 mm

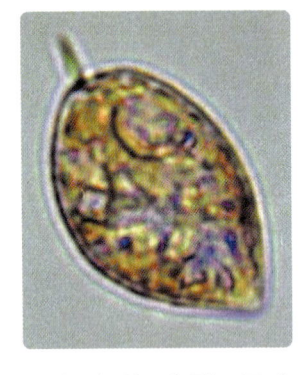

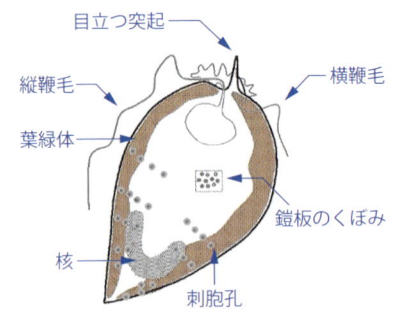

図中ラベル：目立つ突起／縦鞭毛／葉緑体／核／刺胞孔／横鞭毛／鎧板のくぼみ

　形は細長い卵形で平べったく，細胞前端には三角形の突起があります。細胞の色は茶色です。また，細胞全体をおおう鎧板には，非常に小さな丸いくぼみが分布しています（光学顕微鏡での確認は困難です）。また，外部から刺激を受けると，刺胞（しほう）と呼ばれる針状の構造が細胞外に飛び出します（右の写真）。

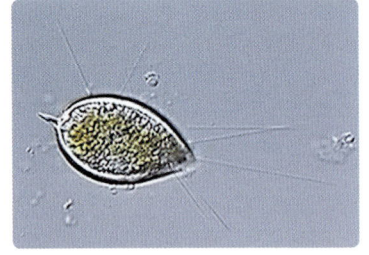

細胞から放射状に飛び出した針状の刺胞

　富栄養化した環境を好み，6〜7月にかけて，内湾部で黄褐色の赤潮を引き起こします。本種の赤潮は魚介類に害を及ぼしませんが，周囲を貧酸素状態にし，結果として魚介類を弱らせてしまうことがあるので注意が必要です。また，カキなどの体内に本種が蓄積すると，貝の色が赤く染まってしまうことが知られています（食べても害はありません）。

ハガタフタヒゲムシ【新称】

Prorocentrum dentatum
プロロセントラム デンタタム

細胞の長さ 0.02〜0.03 mm　幅 0.01〜0.02 mm

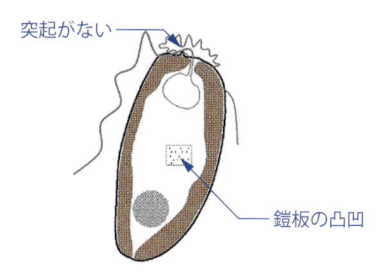

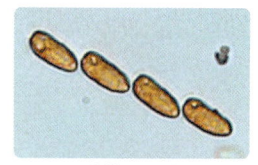

突起がない
鎧板の凸凹

4連鎖した群体

　口のなかの犬歯のように先のとがった形をしており，色は黄緑〜茶色です。細胞全体は少し凸凹した2枚の鎧板でおおわれていますが，本種には，ツノフタヒゲムシやエスジツノフタヒゲムシに見られるような突起がありません。また，他のフタヒゲムシと異なり，個体どうしが鎖状につながり，群体となることがあります。世界中に広く分布し，夏頃に内湾部で黄褐色の赤潮を引き起こすことがありますが，魚介類やヒトへの影響はないとされています。

ヒメフタヒゲムシ【新称】

Prorocentrum minimum
プロロセントラム ミニマム

細胞の長さ・幅　約 0.02 mm

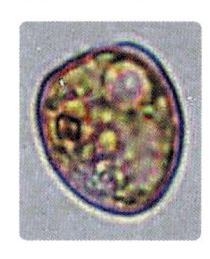

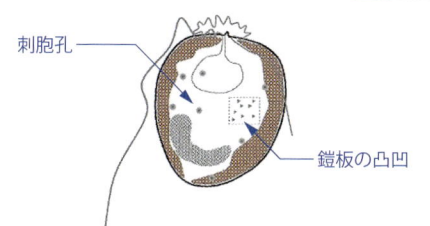

刺胞孔
鎧板の凸凹

　細胞は小型で，丸みを帯びた三角形，またはハート形をしています。色は黄緑〜茶色です。細胞をおおう2枚の鎧板は少し凸凹していて，刺胞孔（しほうこう：刺胞が飛び出す穴）が散在しています。世界各地の汚染度の高い海域，内湾部や汽水域に広く分布し，内湾部で黄褐色の赤潮を形成することがありますが，基本的に無害とされています。

エスジツノフタヒゲムシ【新称】

Prorocentrum sigmoides
プロロセントラム シグモイデス

細胞の長さ 0.07〜0.08 mm　幅 0.03〜0.04 mm

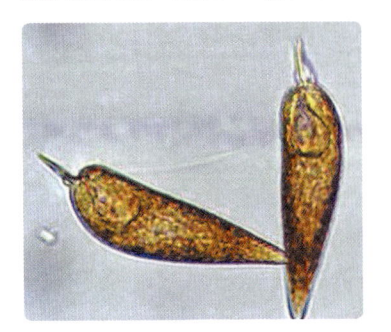

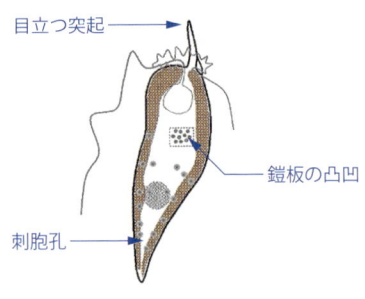

目立つ突起
鎧板の凸凹
刺胞孔

　細胞はゆるやかなＳ字形をしており，色は茶色です。他のフタヒゲムシ属の仲間と比べると大型で，細胞の前端に目立つ突起があります。暖かい南の海で多く見られる種です。日本沿岸では夏から秋にかけて，内湾部などで黄褐色の赤潮を引き起こします。基本的に魚介類には無害ですが，周囲を貧酸素状態にし，結果として魚介類を弱らせてしまうことがあるので注意が必要です。

コメツブフタヒゲムシ【新称】

Prorocentrum triestinum
プロロセントラム トリエスティナム

細胞の長さ 約 0.02 mm　幅 約 0.01 mm

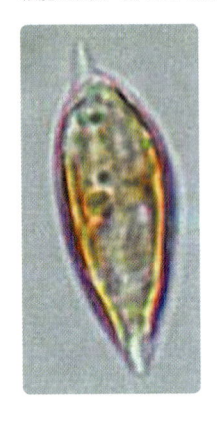

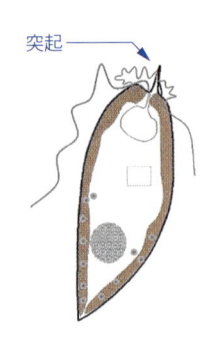

突起

　小型で細長く，やりの先のような形をしています。色は黄緑〜茶色です。日本各地の沿岸で広く見られ，水温が20℃から24℃になる時期（初夏や初秋）の富栄養化した内湾部などで黄褐色の赤潮を引き起こしますが，基本的に魚介類等には無害とされています。ハガタフタヒゲムシと細胞の長さがほぼ同じで，2種が混ざった赤潮をよく形成しますが，本種にはトゲがあり，連鎖しないため，ハガタフタヒゲムシと区別することができます。

コバンフタヒゲムシ【新称】

Prorocentrum mexicanum
プロロセントラム メキシカナム

細胞の長さ 約 0.04 mm　幅 0.02〜0.03 mm

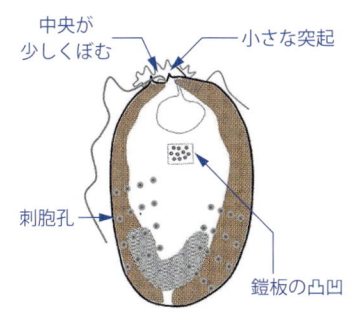

（図中ラベル）
- 中央が少しくぼむ
- 小さな突起
- 刺胞孔
- 鎧板の凸凹

　細胞はだ円形で，細胞前端のほぼ中央が少しくぼみ，小さな突起があります。細胞の色は茶色です。細胞全体をおおう鎧板の表面は滑らかですが，多数の刺胞孔が見られます。過去にプロロセントラム ラティマム（*Prorocentrum rhathymum*）と報告されたものは本種と同一種です。日本全国に広く分布しますが，赤潮被害の報告はまだありません。ただ，本種から毒性物質が分離されたという報告（Yasumoto ほか，1980，サンゴ礁に生育する付着性渦鞭毛藻の毒性，日本水産学会誌）があるため，注意が必要です。海藻に付着していることもあります。

コラム 6　サンゴ礁を支える渦鞭毛藻

　生物多様性の宝庫であるサンゴ礁は，造礁（ぞうしょう）サンゴによって支えられていますが，その造礁サンゴを支えているのは褐虫藻（かっちゅうそう）と呼ばれる渦鞭毛藻です。褐虫藻はサンゴの細胞のなかで生活（共生）し，その密度はサンゴの表面積 $1 cm^2$ あたり，10万〜100万細胞にも及びます。熱帯のきれいな（貧栄養な）海にもかかわらず，褐虫藻が高密度に存在できるのは，サンゴが褐虫藻に対し，生存に必須となる栄養塩や炭酸塩などを十分に供給しているためです。一方，サンゴは褐虫藻が光合成によって作り出した栄養分を受け取ることで生存できます。褐虫藻はサンゴ以外にも，イソギンチャクや一部の鉢クラゲ（コラム 48 参照），シャコガイなどの動物，さらには放散虫や有孔虫などの単細胞生物にも共生しています。

　褐虫藻はシンビオディニウム（*Symbiodinium*）属に属する，大きさ 0.01 mm ほどの小型の渦鞭毛藻です。共生時は鞭毛をもたず，常に球形を保っていますが，多くが共生しなくても単独で生存可能で，単独状態では，昼間は 2 本の鞭毛を使って遊泳し（図 1 a），夜間は鞭毛をもたない球状の形態に変化します（図 1 b）。

　褐虫藻はサンゴの生存に不可欠な存在ですが，近年，環境ストレスによってサンゴが褐虫藻を失う（あるいは褐虫藻の色素が失われる）「サンゴの白化」（図 2）が世界各地で発生しています。サンゴの白化による影響は深刻で，1998 年に起きた大規模な白化では，世界のサンゴの実に 16% が死滅したといわれています。こうした問題を受けて，褐虫藻と造礁サンゴとの関係に注目が集まり，研究が盛んになりつつあります。

　外見での区別が難しい褐虫藻では，遺伝子の違いを利用してタイプ分けする手法が多用されます。この遺伝子別タイプ（クレード）と共生関係にある生物との間には，ある程度の相関関係が見られます。例えば，クレード A はさまざまな動物と共生でき，クレード C や D は沖縄などの造礁サンゴに共生している場合が多い，といった具合です。また，水温上昇による白化の後に生き残ったサンゴにはクレード D の褐虫藻が多くなるという現象がよく知られています。褐虫藻によって環境ストレス耐性には違いがあり，その違いがサンゴの生存を左右することさえあるのです。

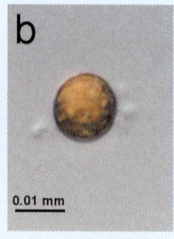

図 1　動物と共生していないときの褐虫藻
　　a：遊泳する形態　b：球状の形態

図 2　白化した造礁サンゴ

カンムリムシ【新称】目の見分け方

　カンムリムシの仲間は渦鞭毛藻のなかでも比較的見つかりやすく，貝毒の原因になる毒素を作るものも多いのですが，形態が似ているものが多く，多少見分けにくいところがあります。そこで以下に，日本沿岸でよく見られる種の見分け方をまとめました。

		葉緑体	細胞の特徴	細胞の長さ
	カンムリムシ ☠ (78ページ)	有	平たい卵形	0.04～0.05 mm
	オオカンムリムシ ☠ (78ページ)	有	平たい卵形・後部がふっくら	0.06～0.08 mm
	オナガカンムリムシ ☠ (79ページ)	有	後部に太くて長い突起	0.07～0.11 mm
	マルカンムリムシ (79ページ)	**無**	だ円形	0.04～0.06 mm
	オキカンムリムシ (80ページ)	有	五角形・大きな上殻	0.06～0.07 mm
	キタカンムリムシ ☠ (80ページ)	有	五角形・目立たない上殻	0.05～0.07 mm
	カクヒレカンムリムシ (81ページ)	有	大きくて角張った縦溝翼片	0.05～0.07 mm
	ミツカドヒレカンムリムシ (81ページ)	有	大きくて凸凹した縦溝翼片	0.04～0.05 mm
	トガリカンムリムシ (82ページ)	**無**	ヘチマのような形	0.05～0.07 mm

単細胞生物　渦鞭毛藻類

カンムリムシ【新称】

Dinophysis acuminata
ディノフィシス アキュミナータ

細胞の長さ 0.04〜0.05 mm　幅 0.03〜0.04 mm

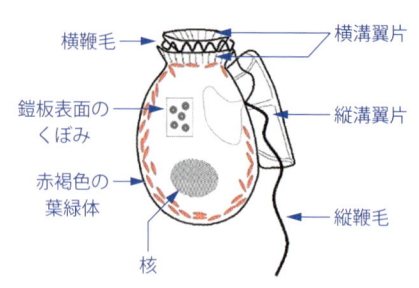

横鞭毛　横溝翼片
鎧板表面のくぼみ　縦溝翼片
赤褐色の葉緑体　縦鞭毛
核

　細胞は平たい卵形で，赤褐色の葉緑体が細胞内の表層に多数見られます。横溝翼片（よこみぞよくへん）は上から見るとロウト状で，その周りに横鞭毛があります。縦鞭毛は縦溝翼片（たてみぞよくへん）に沿って伸びています。鎧板は厚く，高倍率の顕微鏡で観察すると，表面に多数の小さなくぼみを確認できます。ゲリ性貝毒を引き起こす毒成分を作るとされ，世界各地の暖かい海域や日本の沿岸で多く出現しますが，日本ではこれまでに本種が原因で貝が毒化したという報告はありません。13〜25℃の水温を好み，特に冬から春にかけて多く出現します。

オオカンムリムシ【新称】

Dinophysis fortii
ディノフィシス フォルティ

細胞の長さ 0.06〜0.08 mm　幅 0.04〜0.06 mm

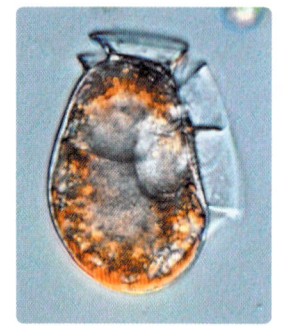

赤褐色の葉緑体
ふっくらした後部

　細胞の形はカンムリムシに似ていますが，本種のほうがやや大型で後部がふっくらしています。ゲリ性貝毒の原因種で，海水1ℓあたり100細胞程度でも貝毒が発生することがあるため，注意が必要です。世界中の暖かい地域に分布し，北海道や東北地方ではこの種による貝の毒化が発生しています。2月から夏，および秋に多く見られます。

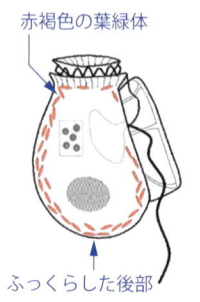

オナガカンムリムシ【新称】

Dinophysis caudata
ディノフィシス カウダータ

細胞の長さ 0.07〜0.11 mm　幅 0.03〜0.06 mm

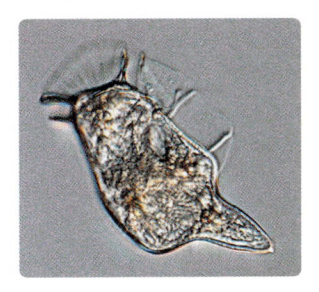

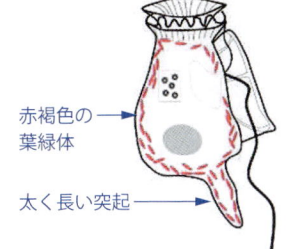

赤褐色の葉緑体
太く長い突起

分裂直後の細胞

　細胞は赤褐色で平たく，後ろに太く長い突起が伸びています。サイズが大きいので見つけやすい種です。朝方に分裂するため，午前中は分裂直後の２細胞（右上の写真）がよく見られます。ゲリ性貝毒の毒成分であるオカダ酸の生成量がごくわずかであるため，かつては貝の毒化には影響がないとされていましたが，最近の研究でオカダ酸以外の毒成分を高濃度で作ることがわかり，警戒が必要な種となっています。世界中の暖かい海に広く分布し，日本では西日本の沿岸で夏に多く見られます。過去に瀬戸内海の香川県で赤潮を形成したことがあり，貝毒はもちろんのこと，ハマチなど魚介類の大量へい死を引き起こすこともあるので注意が必要です。古い文献では，ディノフィシス ホムンクルス（*Dinophysis homunculus*）と記載されていることもあります。

マルカンムリムシ【新称】

Dinophysis rotundata
ディノフィシス ロツンダータ

細胞の長さ 0.04〜0.06 mm　幅 0.03〜0.05 mm

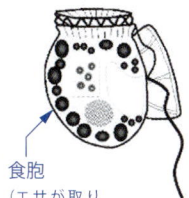

食胞
（エサが取り込まれ，消化される袋状の器官）

　細胞は横から見るとだ円形で，平たい形をしています。葉緑体をもたないため半透明で，繊毛虫など他のプランクトンを食べて栄養を得ています。細胞内にはエサを消化するための袋状構造である"食胞（しょくほう）"が多数確認できます。暖かい時期に多く見られます。

オキカンムリムシ【新称】

Dinophysis mitra
ディノフィシス ミトラ

細胞の長さ 0.06〜0.07 mm　幅 0.05〜0.06 mm

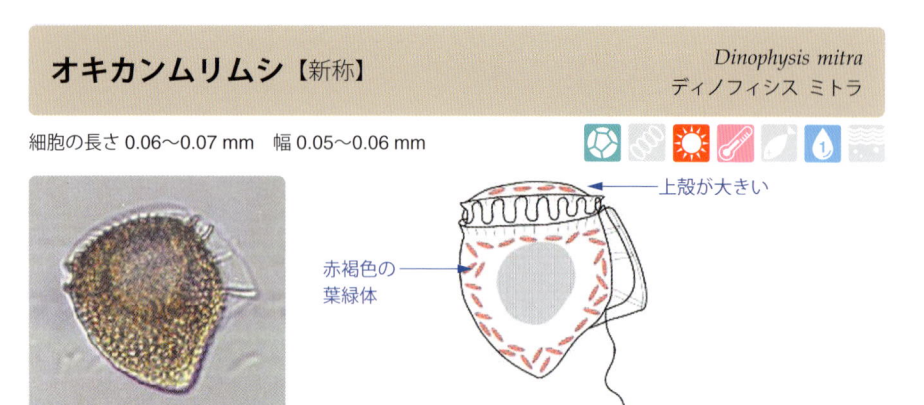

上殻が大きい
赤褐色の葉緑体

　細胞は横から見ると角の丸い五角形で，野球のホームベースのような形をしています。赤褐色の葉緑体を多数もつため，細胞全体は赤茶色に見えます。キタカンムリムシに似ていますが，上殻（じょうかく）が比較的大きい点で区別できます。暖かい海に出現し，日本では西日本や関東地方より南の太平洋沿岸の外洋域に多く見られますが，対馬暖流の影響を受ける青森県でも観察されることがあります。

キタカンムリムシ【新称】

Dinophysis norvegica
ディノフィシス ノルベジカ

細胞の長さ 0.05〜0.07 mm　幅 0.03〜0.05 mm

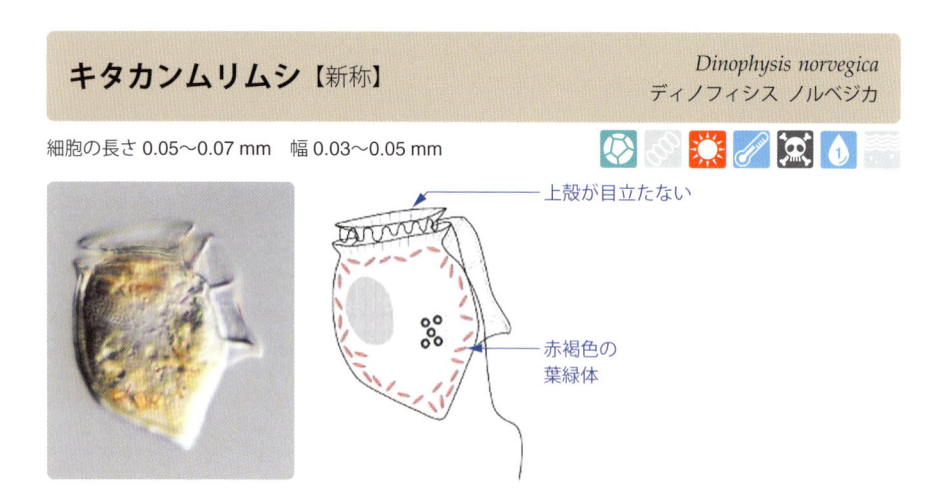

上殻が目立たない
赤褐色の葉緑体

　赤褐色の細胞は横から見ると五角形で，ミナミカンムリムシに似た形をしていますが，本種の上殻は非常に目立たないため，容易に区別が可能です。鎧板は厚く，表面には深いくぼみが多数見られます。冷たい海を好み，北海道や宮城県，福島県など，親潮の影響を強く受ける高緯度地方を中心に出現します。ゲリ性貝毒の原因プランクトンです。

カクヒレカンムリムシ【新称】

Ornithocercus quadratus
オルニソセルクス クアドラタス

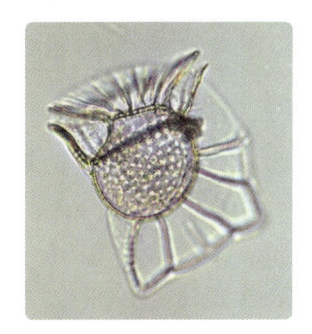

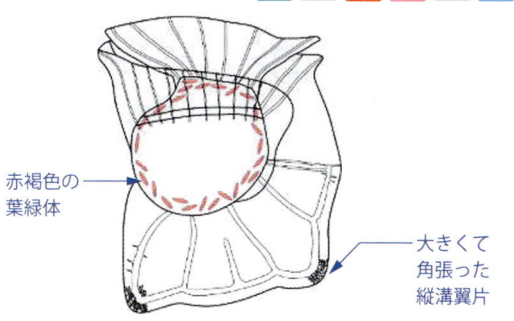

細胞の長さ・幅 0.05〜0.07 mm

赤褐色の葉緑体

大きくて角張った縦溝翼片

　細胞には"出目金（でめきん）"のような大きなヒレ状の翼片があり，とても目立ちます。ミツカドヒレカンムリムシに似ていますが，本種の縦溝翼片は角張っているため，容易に区別できます。暖かい海域に多く，日本でも西日本から沖縄にかけて見られますが，外洋性のため，内湾ではあまり見つかりません。貝毒の原因にはなりません。

ミツカドヒレカンムリムシ【新称】

Ornithocercus magnificus
オルニソセルクス マグニフィクス

細胞の長さ・幅 0.04〜0.05 mm

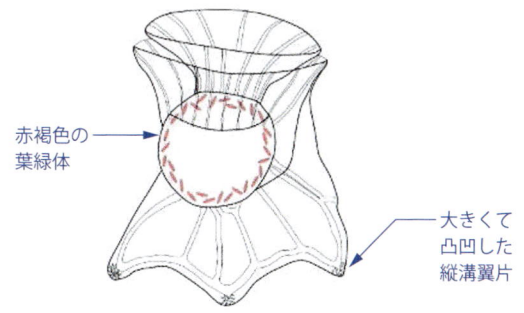

赤褐色の葉緑体

大きくて凸凹した縦溝翼片

　カクヒレカンムリムシと同じく，とても大きくてよく目立つ翼片をもちますが，本種の縦溝翼片は細胞後端部が凸凹しているため両者の区別は容易です。暖かい海域で見られ，日本では西日本や沖縄を中心に分布しますが，外洋性のため，内湾で見つかることはあまりありません。貝毒の原因にはならないとされています。

トガリカンムリムシ【新称】

Oxyphysis oxytoxoides
オキシフィシス オキシトゾイデス

細胞の長さ 0.05〜0.07 mm　幅 0.01〜0.02 mm

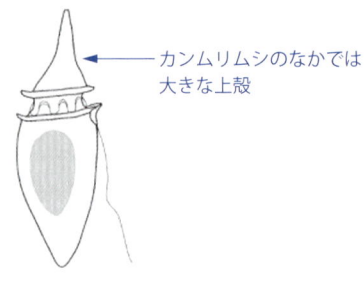

カンムリムシのなかでは大きな上殻

　細胞は左右方向にやや平たいヘチマ形です。上殻はカンムリムシの仲間では大きいほうで，下殻の3分の2ほどの大きさがあり，前端部に小さなトゲが見られます。カンムリムシの仲間としては翼片が小さく，鎧板の表面には小さな孔が多数開いています。葉緑体はもたず，有鐘繊毛虫など，他の生物を食べて暮らしています。世界中の暖かい海に広く分布しており，日本各地の沿岸でも特に内湾でよく見られますが，赤潮を形成するほど高密度に増殖することはまずありません。

コラム 7　別の生物の葉緑体を盗む!?　カンムリムシ

　カンムリムシの仲間に属する種のいくつかは，葉緑体をもち，光合成によって栄養を作り出すことができます。通常，光合成を行える生物の培養は，そうでない生物と比べるとかなり簡単であることが多いのですが，なぜかカンムリムシの場合，単体ではうまく培養できず，培養を試みる研究者を悩ませてきました。ところが最近，意外なところからこの謎が解明されたのです。

　カンムリムシの葉緑体は，他の渦鞭毛藻とは異なり赤みがかった茶色をしているのですが，実はこの葉緑体，繊毛虫のアカシオウズムシ（169ページ）がもつ"クリプト藻を起源とする葉緑体"を"盗み取った"ものだったのです。つまり，カンムリムシはエサとしてアカシオウズムシを与えてやることで，はじめて葉緑体を確保できるようになり，それによって増殖できるだけの栄養を，光合成により作り出せるようになるのです。だからカンムリムシ単体では培養がうまくいかなかったのですね。

　本コラムとセットで168ページのコラム"葉緑体の起源もいろいろ"を読めば，さらに理解を深めることができます。

ジュズオビムシ【新称】属の見分け方

　シビレジュズオビムシ，キタシビレジュズオビムシ，ミナミシビレジュズオビムシの3種は，大きさや形がよく似ています。しかし，群体を作る細胞の数や出現時期などで大まかに区別することができます。

※より正確に見分けるためには，鎧板の形や穴（腹孔）の有無をたしかめる必要があります。

	シビレ ジュズオビムシ	キタシビレ ジュズオビムシ	ミナミシビレ ジュズオビムシ	ナガ ジュズオビムシ	ニセナガ ジュズオビムシ
群体	2〜8 細胞	1〜2 細胞	8〜16 細胞	2〜68 細胞	2〜16 細胞
最適水温	20℃ 前後	15℃ 以下	25℃ 以上	20℃ 以上	20℃ 以上
その他	腹孔がない		鞭毛基部に△形の板がある		

　ジュズオビムシ属の渦鞭毛藻は細胞のサイズが小さく，連鎖していないと目立ちませんが，和名に"シビレ"がつく3種は，フグ毒と同じようにヒトの神経をマヒさせる毒を作り出す有毒プランクトンです。シビレジュズオビムシが少し混ざった海水を飲んでしまうなど，少量の混入であれば私たちの口の中に入っても影響はありませんが，シビレジュズオビムシをたくさん食べた貝の場合，毒素が濃縮されるので，私たちが間違ってその貝を食べてしまうと食中毒を起こすことがあります。このように貝が毒化することを「貝毒」といいます（詳しくは87ページのコラム"マヒ性貝毒とゲリ性貝毒"を参照）。

シビレジュズオビムシ【新称】

Alexandrium catenella
アレキサンドリウム カテネラ

細胞の長さ・幅 0.02〜0.05 mm

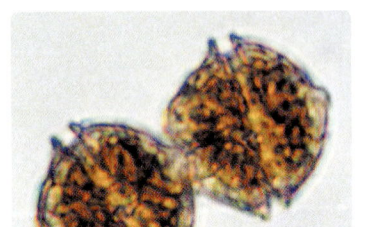

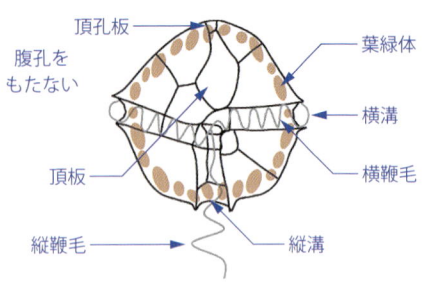

図の各部名称：頂孔板、葉緑体、腹孔をもたない、横溝、頂板、横鞭毛、縦鞭毛、縦溝

細胞は横幅が少し広い球形で，全体的に褐色をしています。細胞が球形に近く，薄い鎧板をもち，横溝の位置が細胞のほぼ中央である点は，ジュズオビムシ属共通の特徴です。光学顕微鏡での確認は困難ですが，本種はキタシビレジュズオビムシやミナミシビレジュズオビムシに見られるような，腹孔（ふくこう）がなく，区別する際の基準となっています。1細胞よりも2，4，8つの細胞が1列に連なった群体のほうが多く見られます。ヒトにとって有害なマヒ性の貝毒を引き起こす原因種として知られており，海水1 mℓあたり500細胞まで増加すると，貝毒発生の危険性があるとされています。加えて，魚に対して有害な毒素も生産すると考えられており，漁業者にとって，特に重点的に監視が必要な生物です。20℃前後の水温を好み，西日本を中心に4〜7月や10〜12月に増加し，赤潮を形成することがあります。また，ヤコウチュウ（102ページ）と同様に，外部から刺激を受けると青白く光ることが知られています（右写真）。

青白い光を放つシビレジュズオビムシ

単細胞生物　渦鞭毛藻類

キタシビレジュズオビムシ【新称】

Alexandrium tamarense
アレキサンドリウム タマレンセ

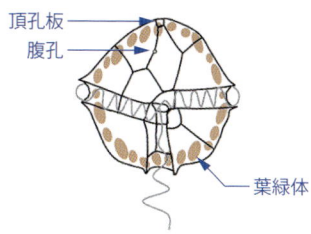

細胞の長さ・幅 0.03〜0.04 mm

　細胞は茶褐色の球形で，普通は1細胞で，たまに2細胞の群体が見られます。シビレジュズオビムシと同じように，マヒ性貝毒の原因となる毒を作りだす有毒プランクトンです。この種はシビレジュズオビムシよりも毒性が強く，1 mℓ の海水あたりわずか5細胞で貝が毒化する可能性があるとされています。サイズや形だけではシビレジュズオビムシとほとんど区別がつきませんが，出現する季節は異なります。この種は15℃以下の低い水温を好み，冬から春先にかけてよく出現します。

ミナミシビレジュズオビムシ【新称】

Alexandrium tamiyavanichii
アレキサンドリウム タミヤバニッチィ

細胞の長さ・幅 0.03〜0.05 mm

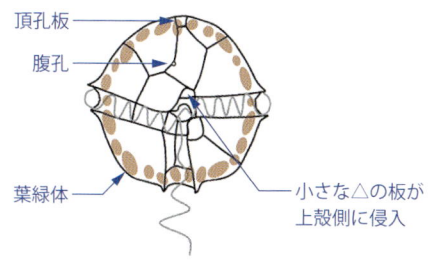

　細胞は茶褐色の球形で，8〜16細胞以上の長い群体になることが多い種です。特徴は鞭毛基部にある小さな△の板が上殻側に侵入している点です。マヒ性貝毒の原因毒を作りますが，二枚貝の生息していない沖合いで増殖しやすいため，貝毒の発生頻度は高くありません。熱帯性の種であるため，27.5〜30℃の高い水温を好み，真夏に増加し始めます。15℃以下では増殖できないため，冬はシスト（120ページのコラム参照）の状態で休眠します。

単細胞生物 — 渦鞭毛藻類

ナガジュズオビムシ【新称】

Alexandrium fraterculus
アレキサンドリウム フラテルキュラス

細胞の長さ・幅 0.03〜0.04 mm

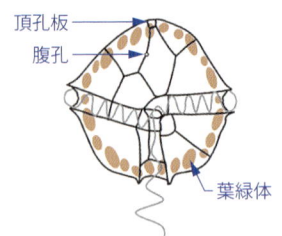

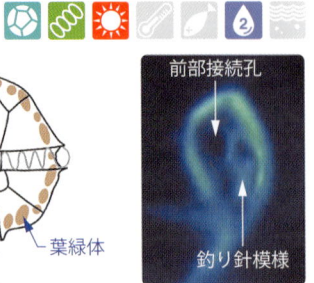

頂孔板／腹孔／葉緑体

前部接続孔／釣り針模様
頂孔板の形態

　細胞はゆるやかな五角形で，全体的に黄褐色ですが，細胞中央部は核があるため帯状に透明に見えます。少しゴツゴツした薄い鎧板には，さらに表層に膜があります。ニセナガジュズオビムシと見た目がほぼ同じで，容易に区別することはできず，鎧板前端部にある頂孔板（ちょうこうばん）の釣り針模様の左側に，前部接続孔（ぜんぶせつぞくこう）があるのが本種です。細胞は最大で 68 連鎖し，夏から晩秋にかけて暖かい地域で出現しますが，マヒ性の毒素は作りません。

ニセナガジュズオビムシ【新称】

Alexandrium affine
アレキサンドリウム アフィーネ

細胞の長さ 0.02〜0.07 mm　幅 0.02〜0.06 mm

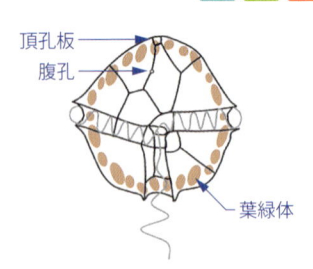

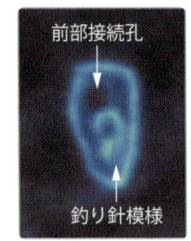

頂孔板／腹孔／葉緑体

前部接続孔／釣り針模様
頂孔板の形態

　見た目はナガジュズオビムシと非常によく似ていますが，頂孔板の釣り針模様の上側に前部接続孔があるのが本種です。細胞は連鎖し，ときに 16 細胞を超える群体を形成することがあります。日本各地で夏から秋にかけて出現し，赤潮を形成することがありますが，シビレジュズオビムシの仲間と異なり，マヒ性の毒素は作らないとされています。

コラム 8　マヒ性貝毒とゲリ性貝毒

　日本で発生する貝毒には，体のしびれや発熱を引き起こす「マヒ性貝毒」と，ゲリや吐き気を引き起こす「ゲリ性貝毒」があります。どちらも貝の毒化の原理は同じで，カキやアサリなどの"二枚貝"が水中の有毒プランクトンをこし取って食べ，プランクトンに含まれる毒素を体内にため込むことで毒化します。これら毒化した貝を人間が食べることで中毒症状が起こるわけです。貝毒は貝類による食中毒のうち全体の 10% 弱を占めるにすぎませんが，加熱によっても毒性がほとんど失われない点など，ノロウイルスやビブリオ腸炎にはない危険性をもつため注意が必要です。特にマヒ性貝毒は，食後わずか 30 分ほどで発症するうえ特効薬がないなど，その危険性の高さは相当なものです。2 種類の貝毒の原因や症状は以下のとおりです。

マヒ性貝毒（Paralytic Shellfish Poisoning）
　原因プランクトン＞
　　キタシビレジュズオビムシ，シビレジュズオビムシ，
　　ミナミシビレジュズオビムシ，クサリハダカオビムシ
　症状＞
　　食後 10〜30 分で舌，くちびる，顔などがしびれ，手足が熱く感じられるようになり，重傷になると手足のマヒや呼吸困難を引き起こします。毒素は食後数時間で体外に排泄（はいせつ）されますが，死亡例もあるので注意が必要です。
　対処法＞
　　治療薬はありません。フグ毒中毒の場合と同じ方法をとります。

ゲリ性貝毒（Diarrhetic Shellfish Poisoning）
　原因プランクトン＞
　　オオカンムリムシ，カンムリムシ，キタカンムリムシ　他
　症状＞
　　腸の粘膜などを傷つけ，食後 4 時間以内でゲリ，吐き気，腹痛などを引き起こします。3 日ほどで回復します。

　この他にも記憶喪失を引き起こす貝毒（149 ページのコラムを参照）など，数種類の貝毒が知られています。なお，サザエやアワビのような"巻貝"は，肉食性の種を除き，水中のプランクトンではなく海藻や石の表面に付着した生物を削るようにして食べるため，基本的に貝毒の心配はないとされています。

イカリツノモ【新称】

Ceratium tripos
セラチウム トリポス

細胞の幅 0.06〜0.09 mm

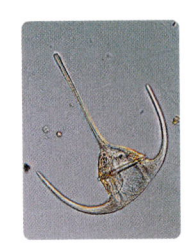

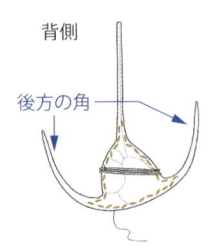

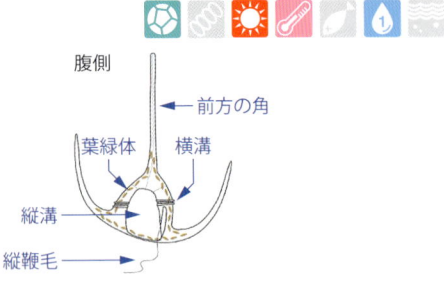

背側／腹側
後方の角／前方の角
葉緑体／横溝
縦溝
縦鞭毛

前方に伸びる1本の長い角と後部から前へ大きく曲がって伸びる2本の角が特徴で，船のイカリのような姿をしています。通常は1細胞で出現しますが，数細胞がつらなって群体を作ることもあります（右写真）。暖かい海域に広く分布し，外洋で多く見られますが，沿岸部でも特に夏の時期，多く観察されます。本種による赤潮被害はこれまでに報告されていません。

4連鎖した群体

ホソツノモ【新称】

Ceratium trichoceros
セラチウム トリコセロス

細胞の幅 0.04〜0.05 mm

角の長さは本体の2倍超
本体から離れて曲がる
背側／腹側

イカリツノモに似ていますが，本種は前方に伸びる角の長さが細胞の本体（角以外の部分）の長さの2倍を超える点で区別できます。後部から伸びる角は，2本とも本体から離れた位置でゆるやかにカーブしています。赤潮の形成による漁業被害等はこれまでに報告されていません。

日本の海産プランクトン図鑑

フタマタツノモ【新称】

Ceratium furca
セラチウム フルカ

細胞の幅 0.03〜0.05 mm

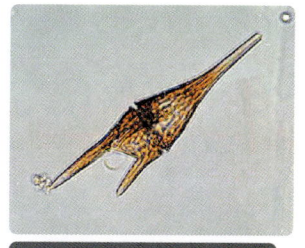

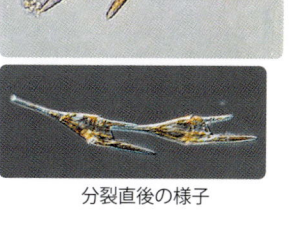

図の凡例：細長い角（短いこともある）／角と本体の境目がはっきりしない／縦溝／葉緑体／横溝／縦鞭毛／後部の角の長さの比は 2：1／腹側／背側／分裂直後の様子

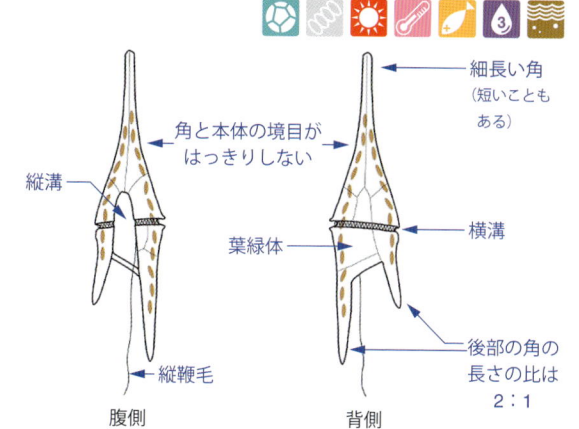

　細胞は黄褐色で厚い鎧板をもち，1本の長い角が前へ，2本の短い角が後ろに伸びています。後ろに伸びる2本の角の長さの比は約2：1になります。前に伸びる角は自ら切り離すことがあるため，極端に短い場合もあります。明け方に分裂することが多いため，午前中に観察すると分裂後の2細胞がつながっている姿を見ることができます。暑い地域から寒い地域まで，世界的に広く分布します。日本でも夏から秋に赤潮を引き起こし，ときにカキの変色を引き起こしたり，魚のエラに突き刺さったりするやっかいな種です。

ホソサスマタツノモ【新称】

Ceratium kofoidii
セラチウム コフォイディ

細胞の幅 0.02〜0.03 mm

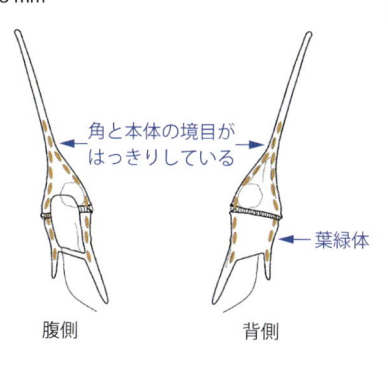

図の凡例：角と本体の境目がはっきりしている／葉緑体／腹側／背側

　フタマタツノモによく似ていますが，本種は背腹方向の細胞の厚さが薄く，前方に伸びる角と本体の境目がよりはっきりしている点で区別できます。赤潮は引き起こさないとされています。

単細胞生物　渦鞭毛藻類

89

ユミツノモ【新称】

Ceratium fusus
セラチウム フスス

細胞の幅 0.02〜0.03 mm

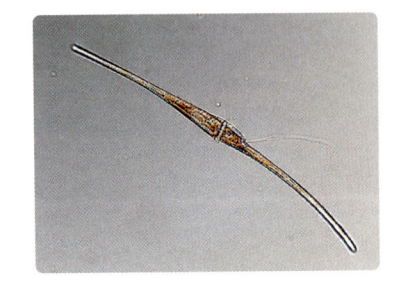

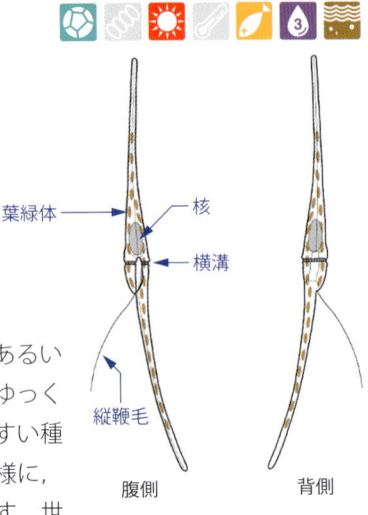

葉緑体
核
横溝
縦鞭毛

腹側　　背側

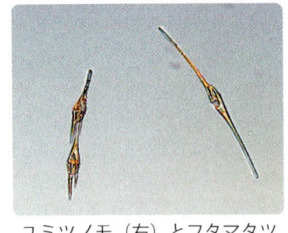

ユミツノモ（右）とフタマタツノモ（左）

細胞は黄褐色で前後に細長く，まっすぐか，あるいは弓のように少しそっています。大型で泳ぎもゆっくりなため，顕微鏡下でもよく目立ち，観察しやすい種です。鎧板は厚いですが，フタマタツノモと同様に，自ら角を切り離して短くなった個体も見られます。世界中の寒い海から暖かい海まで幅広く分布し，日本各地では春から秋にかけて多く見られます。ときに内湾部で赤潮を形成することがあり，その細長い形態ゆえに魚のエラに突き刺さり，呼吸困難を引き起こしますが，これまでのところ，大きな被害は報告されていません。

コラム 9　昔から高かった！　日本のミクロ生物研究レベル

顕微鏡下でしかその細部を知ることができないミクロ生物は，顕微鏡を発明したヨーロッパの研究者たちによって，実にたくさんの種が発見されました。ですが，日本も負けてはいません。明治末期から昭和初期，西欧の社会に追い付け追い越せと勢いのあった当時は，産業の発展もそうですが，研究レベルの発展もめざましいものがあり，本図鑑で紹介しているアカシオオビムシ（104 ページ）やミキモトヒラオビムシ（113 ページ）など，さまざまなミクロ生物が，世界に先駆けて日本人によって発見されました。戦争で研究が中断していなければ，さらに多くの新種が日本人により発見されていたことでしょう。ちなみに，"アカシオ"という言葉も，"ツナミ"と同じく，世界中で意味が伝わる日本語です。

ウスヨロイオビムシ【新称】

Fragilidium mexicanum
フラギリディウム メキシカナム

細胞の長さ・幅 0.04〜0.08 mm

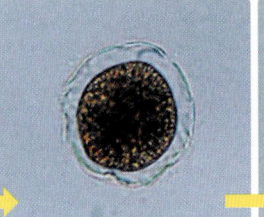

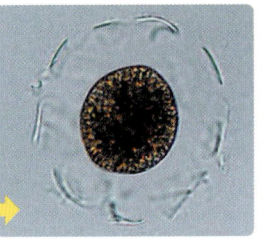

鎧板を脱ぎ捨てるようす

葉緑体
横溝
縦溝
縦鞭毛

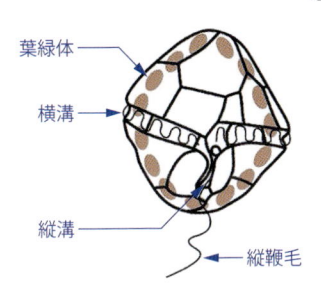

　細胞は黄褐色で少し角のある球形で，一見すると鎧板をもたない渦鞭毛藻のように見えますが，実は薄い鎧板をもっており，物理的な衝撃を与えると，上の写真のように，鎧板を脱ぎ捨てるようすが観察できます。失った鎧板は，数時間もあれば再生されます。日本各地の沿岸に分布しますが，赤潮を形成することは少なく，害もないとされています。

マルヨロイオビムシ【新称】

Goniodoma polyedricum
ゴニオドマ ポリエドリカム

細胞の長さ・幅 0.05〜0.07 mm

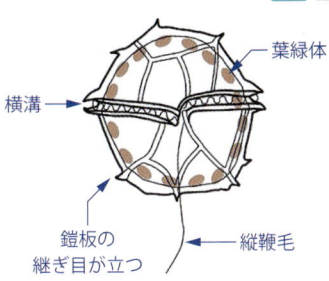

葉緑体
横溝
鎧板の継ぎ目が立つ
縦鞭毛

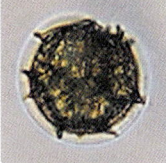

上から見た細胞

厚い鎧板

　細胞は丸く黄褐色で，厚い鎧板の継ぎ目がカミソリのように立っているのが特徴です。黒潮の影響のある暖かい地方に分布し，外洋に面する西日本の沿岸部などで見られますが，ときに海流に乗って瀬戸内海にまぎれ込むこともあります。

単細胞生物　渦鞭毛藻類

スジメヨロイオビムシ【新称】

Gonyaulax polygramma
ゴニオラックス ポリグラマ

細胞の長さ 0.04〜0.07 mm　幅 0.03〜0.06 mm

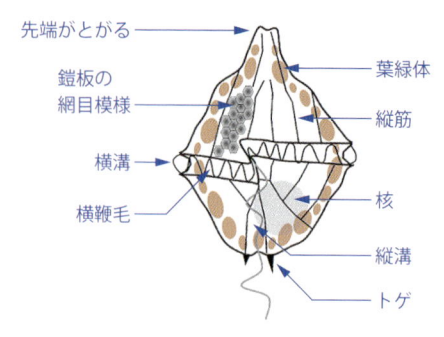

図中ラベル：先端がとがる／鎧板の網目模様／横溝／横鞭毛／葉緑体／縦筋／核／縦溝／トゲ

　細胞の先端はとがり，後部には数本のトゲが出ています。また，鎧板の表面には複数の縦筋が見られます（右下写真）。海水温が高い熱帯域から暖温帯で多く見られ，25〜28℃の水温で最もよく増殖し，夏にかけて，黄褐色の赤潮を形成することがあります。本種の赤潮は増殖と消滅を繰り返しながら長引くため，一度発生するとしばらくの間，注意が必要です。毒素はもっていないと考えられていますが，本種の死がいが分解されるときに海水中の酸素が消費され，魚介類が酸欠になって大量死してしまうことがあると考えられており，日本でも1962年に九州の大村湾でアカガイやナマコ等にかなりの水産被害を及ぼしました。夜間はヤコウチュウ（102ページ）と同様に青白く光ります。

1998年に宇和海で発生した赤潮

先端が割れて中身がなくなった抜け殻

ヒカリヨロイオビムシ【新称】

Lingulodinium polyedrum
リンギロディニウム ポリエドラム

細胞の長さ・幅 0.04〜0.05 mm

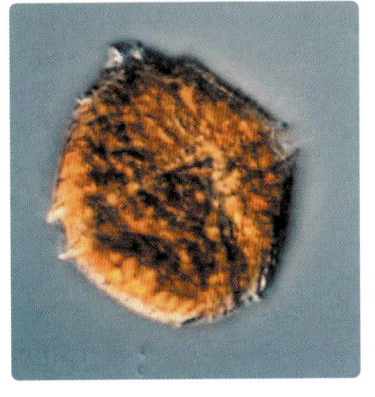

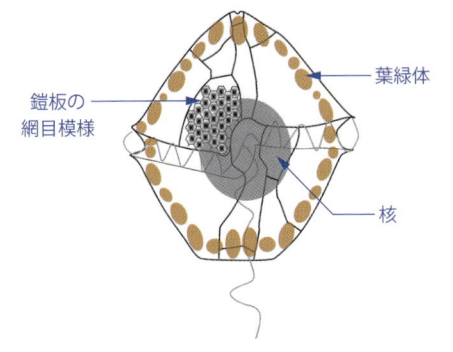

ゴツゴツした殻には網目模様が見られ，鎧板が合わさる部分は盛り上がっています。色は黄褐色です。1989 年以前はゴニオラックス ポリエドラ（*Gonyaulax polyedra*）と呼ばれていました。また，ヤコウチュウ（102 ページ）と同様に，物理的な刺激で青白く発光します。このため，生物発光の研究にも活用されています。海水温が高い熱帯域から暖温帯のあまり富栄養化していない海域で多く見られ，日本の沿岸や内湾でもたびたび出現します。三重県の英虞（あご）湾では，過去に赤潮を起こしたことがあります。

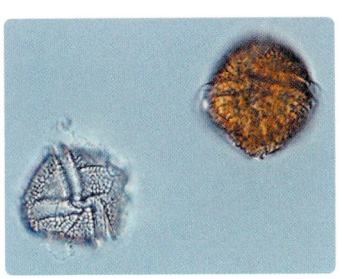

殻（左）と真横から見た細胞（右）

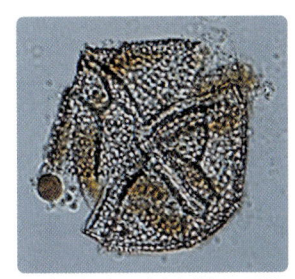

細胞を軽くつぶすと鎧板の形がよくわかります

ミナミドクヨロイオビムシ【新称】

Pyrodinium bahamense var. *compressum*
パイロディニウム バハメンセ
バラエティー コンプレッサム

細胞の長さ 0.03〜0.05 mm　幅 0.04〜0.05 mm

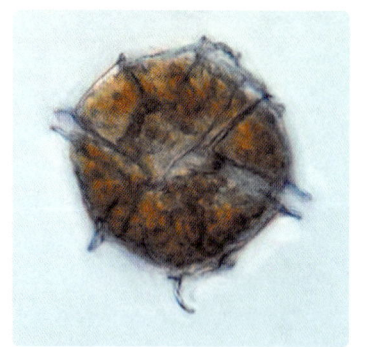

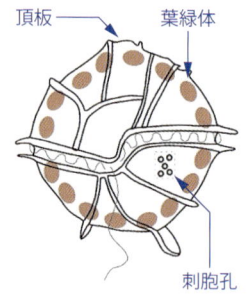

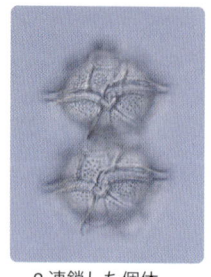

頂板　葉緑体

刺胞孔

2連鎖した個体
写真提供：吉田誠博士

　細胞の形は少し扁平なだ円形で，色は黄褐色です。連鎖していることが多く，通常は2〜8細胞，ときに30細胞以上からなる群体を形成します。他のヨロイオビムシの仲間と同様に厚くゴツゴツした鎧板の表面には，顕微鏡でも観察可能な多数の刺胞孔（しほうこう）が存在します（右上写真に見える多数の点）。細胞の前端部にある"頂板（ちょうばん）"を，細胞を押しつぶすなどして観察すると，右下写真のように，勾玉（まがたま）のような模様が見られることも特徴です。熱帯や亜熱帯など暑い地方の海に分布し，フィリピンなどでは赤潮となり，多数の死者を出す貝毒原因種として知られています。日本でも沖縄など南方の地域で見られますが，今のところ，赤潮の発生は報告されていません。今後，温暖化にともなって分布域が北上する可能性があるため，警戒が必要な種です。

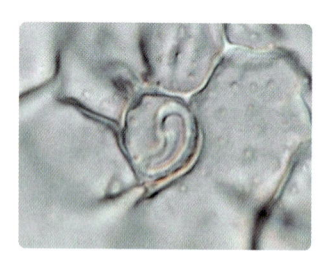

頂板には勾玉模様が見られる

アミメオビムシ【新称】

Protoceratium reticulatum
プロトセラチウム レティキュラタム

細胞の長さ 0.03〜0.05 mm　幅 0.03〜0.04 mm

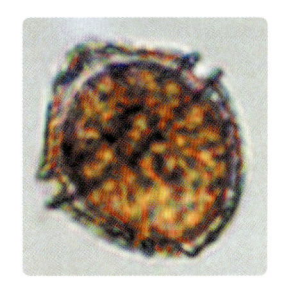

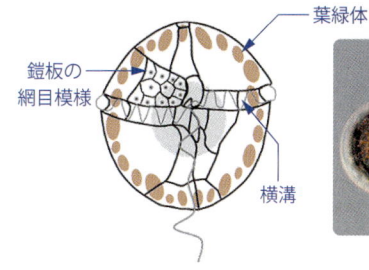

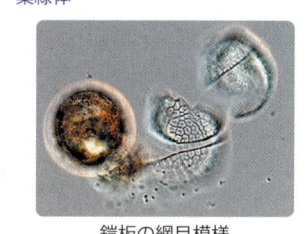

葉緑体
鎧板の網目模様
横溝

鎧板の網目模様

　細胞の形は卵形〜多角形，色は黄褐色です。見た目がジュズオビムシ属（83ページ）に似ていますが，本種は横溝が中央よりやや上側に位置している点で区別できます。細胞の周りをおおっている鎧板は厚く，網目状になっており，細胞を押しつぶし，鎧板と中の細胞を分離するとはっきりと確認できます（右上写真）。日本沿岸に広く分布し，イェッソトキシン（yessotoxin）と呼ばれる毒素を作るとされていますが，日本での赤潮形成の報告は今のところありません。

ヒラタオビムシ【新称】

Pyrophacus steinii
パイロファークス ステイニィ

細胞の長さ 0.04〜0.06 mm　幅 0.08〜0.19 mm

横溝
腹側
葉緑体
鎧板の網目模様
下の殻

殻の網目模様

　細胞は非常に平たく，ドラ焼きのような形をしています。そのため，光学顕微鏡でプレパラートを観察すると，上下方向から見た円形の姿ばかり見られます。鎧板には細かい網目模様があり，死んで細胞の中身が抜けると容易に観察できます（右写真）。日本各地の沿岸に広く分布しますが，赤潮を引き起こすことはないとされています。

マルウロコヒシオビムシ【新称】

Heterocapsa circularisquama
ヘテロカプサ サーキュラリスカーマ

細胞の長さ 0.02〜0.03 mm　幅 約 0.02 mm

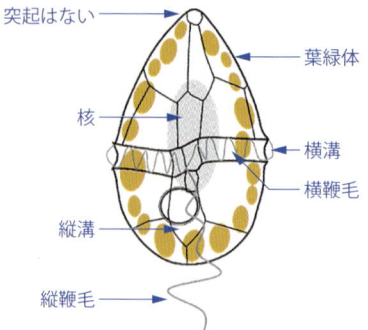

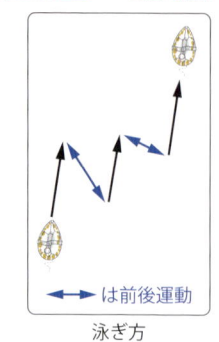

細胞の色は黄褐色でドングリ形をしており，横溝が細胞の中央をほぼ一周しています。また，顕微鏡での観察は困難ですが，細胞の表面には多数の小さなウロコ状構造が見られます。コブウロコヒシオビムシ（次ページ）やヤジリヒシオビムシ（98ページ），マルスズオビムシ（100ページ）に見た目が似ていますが，コブウロコヒシオビムシ，マルスズオビムシにはある突起が本種にはなく，また，ヤジリヒシオビムシとは細胞の大きさの違いで区別がつきます。世界で初めて報告されたのは1988年と，比較的最近になって見られるようになった生物です。顕微鏡下では回転しながら直線的に素早く泳ぎ，キツツキが木をつつくような前後運動を繰り返すようすが観察できます（右上の図）。たくさん集まると，茶色がかった赤潮となり，貝類の大量死を引き起こします。毒性は強く，海水 1ml あたり 50 細胞ほどの密度でも貝類を弱らせてしまいます。ただし，魚やエビ・カニ類に対しては無害とされています。

本種の赤潮は，年間最高水温を過ぎたあたり（夏の終わりから秋のはじめ頃）によく発生します。赤潮の発生は西日本全域で確認されており，近年は佐渡島の加茂湖にも分布を拡げています。三重県では過去に真珠貝（アコヤガイ）の大量死を引き起こしましたが，近年は減少傾向にあります。一時的にシスト（休眠細胞のこと：120ページのコラム参照）になり，環境変化に耐えることができるため，養殖用の貝の体内にシストの状態で生き残っていた本種が輸送先で発生し，被害を拡大させることがあります。

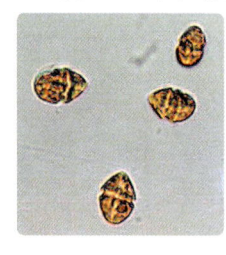

日本の海産プランクトン図鑑

赤潮（1992年・英虞湾）　　へい死したマガキ（広島湾）

単細胞生物　渦鞭毛藻類

コブウロコヒシオビムシ【新称】

Heterocapsa triquetra
ヘテロカプサ　トリケトラ

細胞の長さ 0.02〜0.03 mm　幅 約 0.02 mm

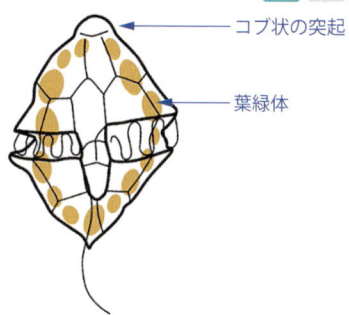

コブ状の突起
葉緑体

　細胞の形はマルウロコヒシオビムシやヤジリヒシオビムシによく似ていますが，前端にコブ状の突起がある点で両者と区別することが可能です。鎧板は薄いため，顕微鏡ではっきり観察することは難しいでしょう。他のヒシオビムシと同じく，細胞の表面には多数の小さなウロコ状構造が見られますが，観察には電子顕微鏡が必要です。冷水性のプランクトンのため，水温の低い12〜5月に出現します。赤潮になっても害はありません。

ヤジリヒシオビムシ【新称】

Heterocapsa lanceolata
ヘテロカプサ ランセオラータ

細胞の長さ 0.01～0.02 mm　幅 約 0.01 mm

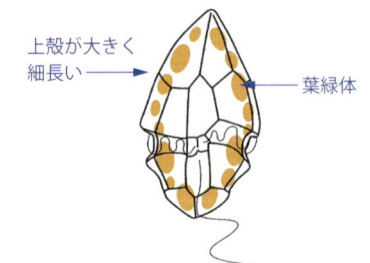

上殻が大きく細長い　葉緑体

赤潮状態の海水
写真提供：浮田諭志氏

　細胞の形も泳ぎ方もマルウロコヒシオビムシによく似ていますが，全体的に小型で上殻が大きく，かつ細長いことや，泳いでいる最中にキュッキュッとスピードを上げる動作が見られる点で区別することが可能です。水温が高い時期に有機物の多い内湾で出現し，赤潮を形成することもあります。しかし，マルウロコヒシオビムシと異なり，貝類に対する毒性はありません。

スケオビムシ属【新称】

Protoperidinium
プロトペリディニウム

　細胞の大きさや形は種によってさまざまですが，鎧板をもち，横溝があり，葉緑体をもたないため透明感があり，ケイ藻などを捕食して栄養を得ているという点で共通しています。また，多くの種で前方に1本，後方に2本の突起が見られます。その姿は，まるで玉ねぎのようです。細胞の周囲にピンク色や紫色の色素をもつ種もいます。日本各地の海水中から見つかる，ごく一般的な渦鞭毛藻です。単独で赤潮を形成したという報告はなく，無害とされています。

オオスケオビムシ【新称】

Protoperidinium depressum
プロトペリディニウム ディプレッサム

細胞の幅 0.12～0.14 mm

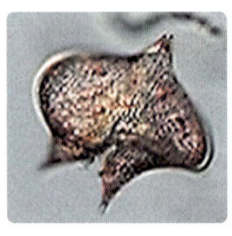

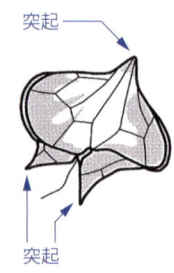

突起
突起

　スケオビムシ属のなかでは大型の種です。

ヒメトゲスケオビムシ【新称】
Protoperidinium bipes
プロトペリディニウム バイペス

細胞の幅 約 0.02 mm

細胞は小型で，はっきりとしたトゲをもちます。

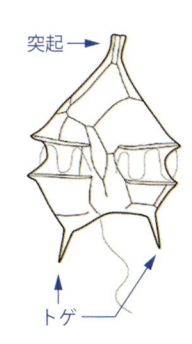

ゴカクスケオビムシ【新称】
Protoperidinium pentagonum
プロトペリディニウム ペンタゴナム

細胞の幅 0.08〜0.10 mm

細胞は横から見ると五角形です。

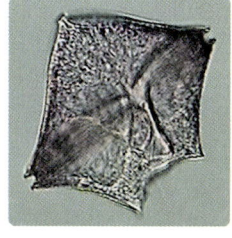

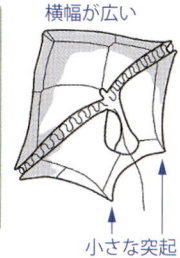

マルトゲスケオビムシ【新称】
Protoperidinium pallidum
プロトペリディニウム パリダム

細胞の幅 0.07〜0.09 mm

細胞は丸みがあり，はっきりとしたトゲをもちます。

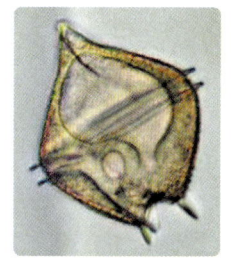

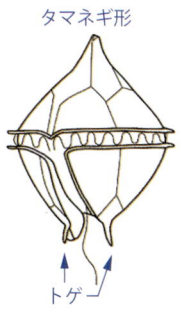

オオナガスケオビムシ【新称】
Protoperidinium oceanicum
プロトペリディニウム オセアニカム

細胞の幅 0.14〜0.16 mm

細胞は大きくて少し細長い形をしています。

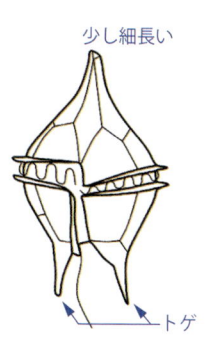

マルスズオビムシ【新称】

Scrippsiella trochoidea
スクリプシエラ トロコイデア

細胞の長さ 0.02〜0.04 mm　幅 0.02〜0.03 mm

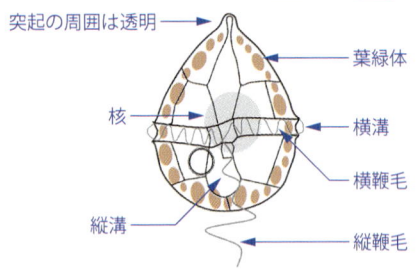

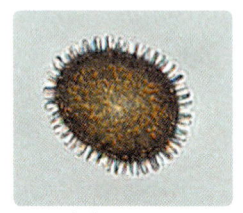

突起の周囲は透明
葉緑体
核
横溝
横鞭毛
縦溝
縦鞭毛

イガグリ形のシスト

　細胞は洋ナシ形，色は黄褐色ですが，先端部の突起の部分には葉緑体がないため，この部分だけ透明に見えます。本種も他のいくつかの渦鞭毛藻と同様，環境が悪くなるとシストになって休眠します。石灰質の殻でおおわれたシスト（120 ページ，コラム参照）はイガグリ形で特徴的です（右写真）。全国の内湾部に広く分布し，夏から秋にかけて赤潮を形成することがありますが，基本的に無害とされています。

トゲスズオビムシ【新称】

Peridinium quinquecorne
ペリディニウム クインクエコルネ

細胞の長さ・幅 0.02〜0.04 mm

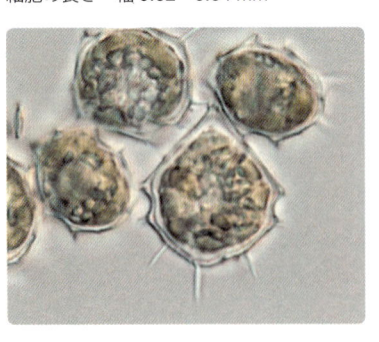

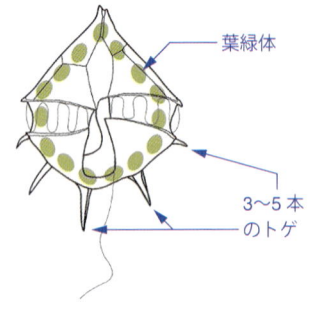

葉緑体
3〜5 本のトゲ

　細胞の殻は横から見るとヒシ形に近く，前端部に 1 本の突起が，後部に 3〜5 本の目立つトゲが見られます。葉緑体は黄褐色で，細胞の表面近くに約 10 個あります。暖かい海の沿岸部に広く分布しています。

コラム 10　ヨロイをまとったプランクトン

渦鞭毛藻には，細胞の表面を「鎧板（よろいばん）」と呼ばれる薄い板状の殻でおおっている種がいます。この鎧板は陸上植物の細胞壁と同様に，主成分としてセルロース（水に溶けない糖・紙の原料と同じ）を含んでおり，形の異なる数枚のパーツがパズルのように組み合わさることで，全体を形作っています。この形や配置のされ方は種によって決まっており，細胞の形態だけでは区別がつきにくい種でも，鎧板の配置から正確に種を特定することができます。通常の顕微鏡では，カバーグラスの上から細胞を軽く押しつぶすことで，鎧板の構造を確認することが可能です（左の写真）。

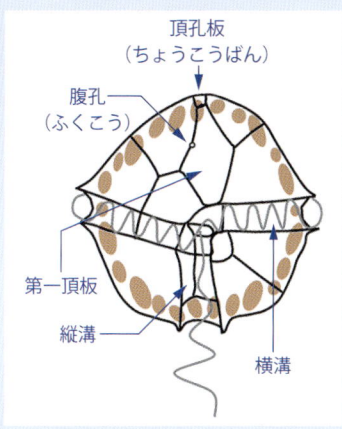

キタシビレジュズオビムシの鎧板

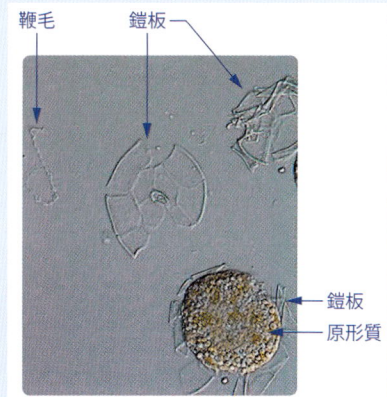

カバーグラスを押しつけて鎧板をはがしたところ

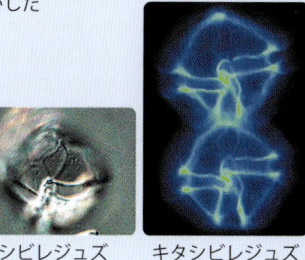

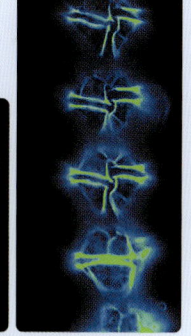

シビレジュズオビムシ　キタシビレジュズオビムシ　ミナミシビレジュズオビムシ

シビレジュズオビムシ属各種の鎧板

ヤコウチュウ

Noctiluca scintillans
ノクチルカ シンチランス

細胞の直径 0.15〜2.00 mm

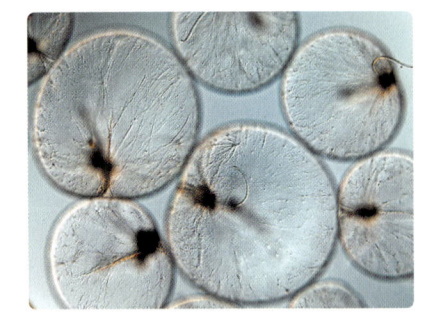

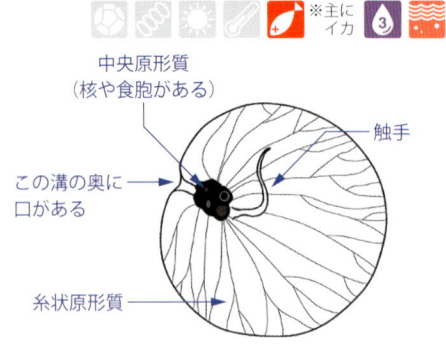

中央原形質（核や食胞がある）
触手
この溝の奥に口がある
糸状原形質

　細胞は丸く，風船のような形をしています。渦鞭毛藻のなかでは特に大型で，肉眼でも確認でき，目の粗いプランクトンネットでも容易に集められます。鎧板や葉緑体はもっておらず，色はほぼ透明ですが，一部が薄いピンク色をしているため，たくさん（1ℓの海水に 10,000 細胞以上）集まると赤みがかった赤潮となります。水に浮きやすい性質があり，海水面をただよいながら，潮の流れにのって移動します。このため，湾の奥まったところなど海水がとどまりやすい場所では，本種の赤潮が頻繁に見られます。細胞の中央にある大きな溝からブタのしっぽのような触手が伸びており，これをゆっくり動かすことでエサをとらえ，溝の奥にある口に運びます。ヤコウチュウはどん欲で，ケイ藻，有鐘繊毛虫，魚の卵，花粉など，さまざまな種類・大きさの生物を捕食します。

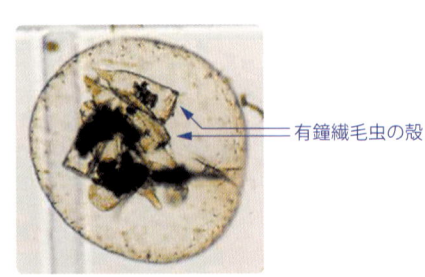

赤潮　　　　　有鐘繊毛虫を飲み込んだところ（有鐘繊毛虫の殻）

　あまりに小さくてほとんど見えませんが，触手の根元付近には，縦鞭毛があります。核などが存在し，ヤコウチュウの本体とも呼べる場所は"中央原形質（ちゅうおうげんけいしつ）"で，その周りに多数の"糸状原形質（しじょうげんけいしつ）"が放射状に伸び，風船のような姿を形作っています。古い文献では，ノクチルカミ

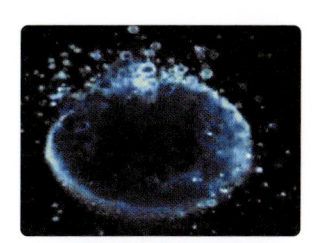

夜，赤潮状態の海面に石を投げ入れると，波紋の刺激で発光します

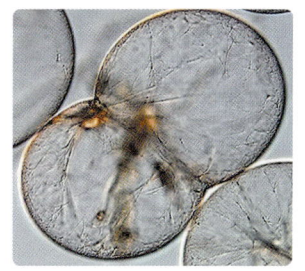

分裂のようす

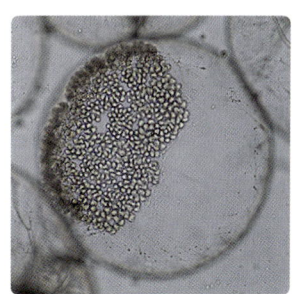

配偶子（粒状）を形成したヤコウチュウ

リアリス（*Noctiluca miliaris*）と掲載されていることもあります。

　また，外部から刺激を受けると"夜光虫"の名のとおり，細胞全体が青白く光り輝きます。夏の夜，波打ちぎわがキラキラと青く光り輝くのは，ほとんどがヤコウチュウのしわざです（同様に青白く光るウミホタルの場合，流れ星のような光の筋を体外に出すので簡単に見分けがつきます）。他の多くの渦鞭毛藻と同様に，ふだんは分裂によって仲間を増やしますが，配偶子（はいぐうし：ヒトの精子・卵にあたるもの）を1つの細胞につき数100個作り，接合（せつごう）させることで，一気に数を増やすこともあります。

　世界中の暖かい海の沿岸や内湾部に広く分布し，日本でも各地で見ることができます。顕微鏡下で発見しやすいプランクトンの代表格です。春から秋にかけて，瀬戸内海や内湾部の各所で目にするピンク色や濃い赤色の赤潮のほとんどは，本種によるものです。増殖に最適な水温は16〜22℃で，地域によっては冬期でもまれに赤潮を引き起こすことがあります。細胞内に大量のアンモニアをたくわえているため，本種の赤潮が発生すると海水がアンモニア臭くなってしまいますが，ヒトや魚に対する被害は少ないとされています。ただし，アンモニアに弱いイカなどの軟体動物にとってはきわめて有害で，イカの養殖場などで発生した場合は注意が必要です。ちなみに，熱帯の地域で見られるヤコウチュウは，プラシノ藻ペディノモナス ノクチルカエ（*Pedinomonas noctilucae*）と呼ばれる別の種類の生物が細胞内で共生しているため，緑色をしています。

単細胞生物　渦鞭毛藻類

アカシオオビムシ【新称】

Akashiwo sanguinea
アカシオ サングイネア

細胞の長さ 0.05〜0.08 mm　幅 0.04〜0.07 mm

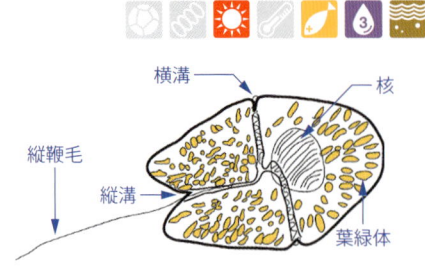

（図中ラベル：横溝、核、縦鞭毛、縦溝、葉緑体）

弱った細胞

　木の葉のように平たく，五角形に近い姿をしています。また，元気のよい細胞はやや細長く，弱った細胞は少し丸みを帯びる傾向があります。鎧板はもたず，多数の茶色の葉緑体があります。核がある部位は透明に抜けて見えるため，位置が容易に確認できます。光合成に加えて，縦溝から他の渦鞭毛藻を取り込んで食べることが知られています（下のコラム参照）。日本各地の沿岸部で常に観察され，春から晩秋にかけて赤潮を形成します。晩秋に赤潮を起こすとノリの色落ち被害などを与えます。90 年ほど前に，世界に先駆けて，日本の平坂恭介博士によって新種記載されました。

コラム 11　植物なの？ 動物なの？

　渦鞭毛藻には，植物のように光合成を行いつつ，動物のようにエサを食べる種が見られます。例えば，カンムリムシ（78 ページ），オオカンムリムシ（78 ページ），フタマタツノモ（89 ページ），スジメヨロイオビムシ（92 ページ），アカシオオビムシ（104 ページ），クサリタスキムシ（107 ページ）など多くが知られています。ミクロの世界は，植物とも動物ともいえる生物に満ちあふれているのです。

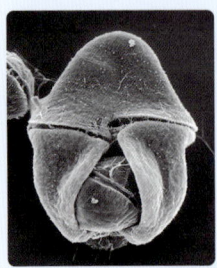

アカシオオビムシが他の渦鞭毛藻を捕食しているところ（電子顕微鏡写真）　写真撮影・提供：高山晴義博士

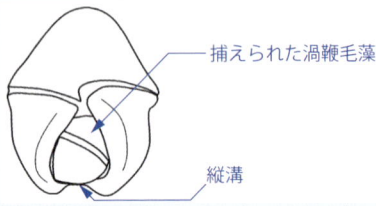

（図中ラベル：捕えられた渦鞭毛藻、縦溝）

ハマキタスキムシ【新称】

Cochlodinium convolutum
コクロディニウム コンボルタム

細胞の長さ 約 0.05 mm　幅 0.03〜0.04 mm

縦溝
核
横溝は1.5周
多数の葉緑体
縦溝
腹側　背側

　細胞は先の少しとがった卵形で，深い横溝が細胞の周りを約 1.5 周しています。鎧板はもちません。細胞の中心にはナスビ形の大きな核があり，その部分は色が抜けて見えます。水温が 20℃ 以下になると増殖できず，90 年代までは沖縄や九州の南部など亜熱帯の海に分布が限られていましたが，2000 年以降は九州北部や三重県などでも報告されるようになっています。瀬戸内海では 2007 年 10 月に，山口県岩国市沿岸で初めて確認されました。この分布の拡大について，近年問題になっている温暖化による海水温上昇の影響が心配されています。水温が低下すると，細胞の周りに透明な膜を作って休眠状態となり，再び水温が上がるときを待ちます。現在はコクロディニウム属（クサリタスキムシの仲間）に分類されていますが，遺伝子レベルでの解析の結果，他のコクロディニウム属とのつながりは薄く，前ページのアカシオオビムシに近いことが明らかにされたため，近く，属名が変更されることが予想されます。

休眠状態の細胞

単細胞生物

渦鞭毛藻類

クサリタスキムシ【新称】属の見分け方

　クサリタスキムシ，ニセクサリタスキムシ，ユレクサリタスキムシの3種は，形や連鎖する点などがよく似ています。しかし，群体を作る細胞の数や泳ぎ方に以下のような違いが見られるため，顕微鏡観察のみで大まかに見分けることが可能です。

泳ぎ方の違い

- クサリタスキムシ（1〜16連鎖）　直線的
- ニセクサリタスキムシ（1〜4連鎖）　直線的 → 停止 → 直線的
- ユレクサリタスキムシ（1〜2連鎖）　波形にゆれる

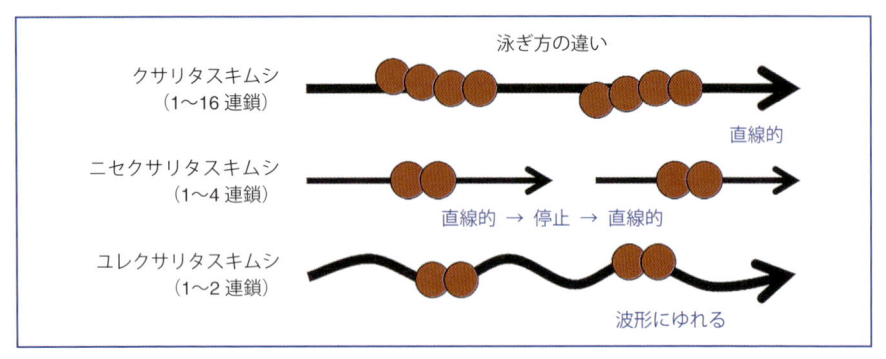

　クサリタスキムシ属は，ジュズオビムシ属のようにヒトの健康に害を及ぼすことはありませんが，赤潮発生件数が多く，魚介類に深刻なダメージを与える種が多いため，重点的に警戒が必要な生物です。

　また，クサリタスキムシの仲間は，マヒ性貝毒の原因種であるクサリハダカオビムシ（109ページ）とも外見に似ていますが，下に示したように，"横溝のずれ"の違いで見分けることが可能です。

クサリハダカオビムシ：横溝は細胞の横軸に対し平行

クサリタスキムシ：駅伝の"タスキ"のように，横溝にずれが見られる

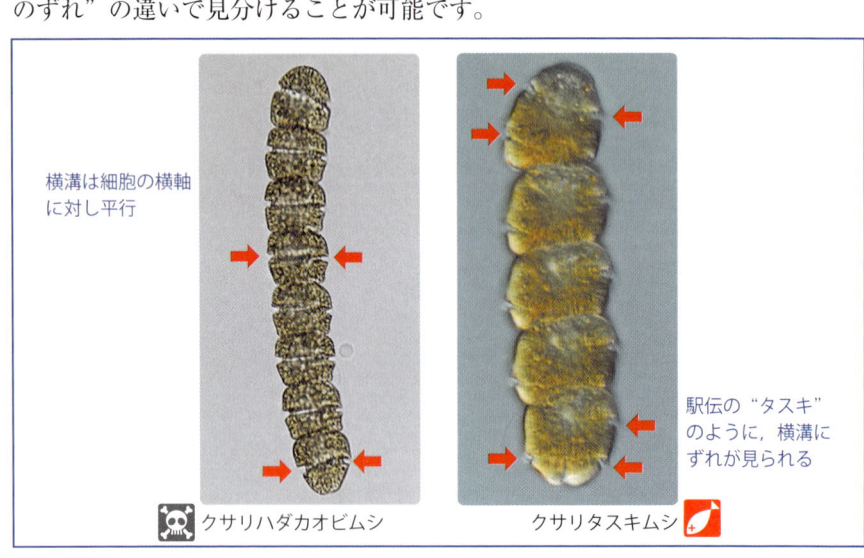

クサリタスキムシ【新称】

Cochlodinium polykrikoides
コクロディニウム ポリクリコイデス

細胞の長さ 0.03〜0.04 mm　幅 0.02〜0.03 mm

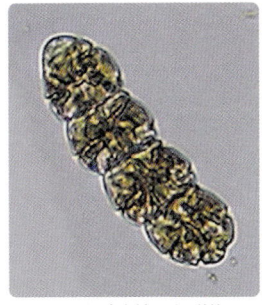

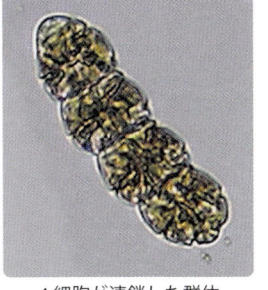

4 細胞が連鎖した群体

8 細胞が連鎖した群体

　細胞は茶褐色のだ円形，後端はゆるい W 字をしています。横溝は細胞の周りを約 2 周しています。通常は 2〜8 つの細胞が連なり，回転しながら泳ぎます。21〜28℃ の水温を好み，15℃ 以下では増殖できません。

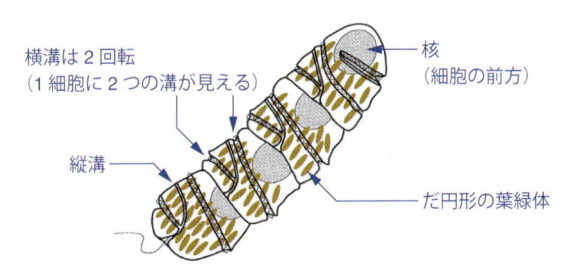

横溝は 2 回転
(1 細胞に 2 つの溝が見える)

縦溝

核
（細胞の前方）

だ円形の葉緑体

漁港で発生した赤潮

　中部から西日本にかけて分布し，各地で夏にたびたび赤潮を形成しますが，粘液を放出して魚のエラを傷つけるため，魚の大量死など，深刻な漁業被害を引き起こしています。近年，他国沿岸で赤潮を形成した本種が潮流に乗って大きく移動し，日本沿岸に漂着するようすが観測されており（下図），国境を越えた赤潮対策が求められています。

写真：
宇宙航空研究開発機構（JAXA）
／東海大学（TSIC/TRIC）提供

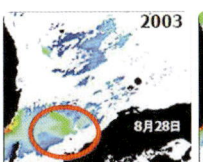

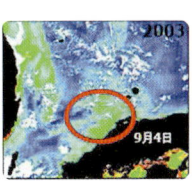

2003　8月22日
2003　8月28日
2003　9月4日

日本海西部のクロロフィル量の変化（衛星画像）
〇は高密度な場所が移動するようすを示しています。

単細胞生物　渦鞭毛藻類

日本の海産プランクトン図鑑

ニセクサリタスキムシ【新称】

Cochlodinium fulvescens
コクロディニウム フルベッセンス

細胞の長さ 0.04〜0.05 mm　幅 0.02〜0.03 mm

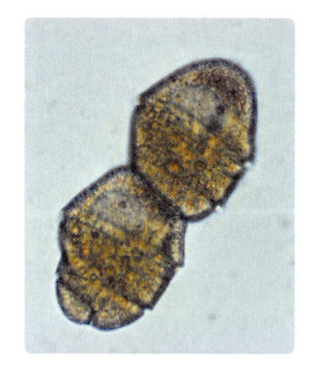

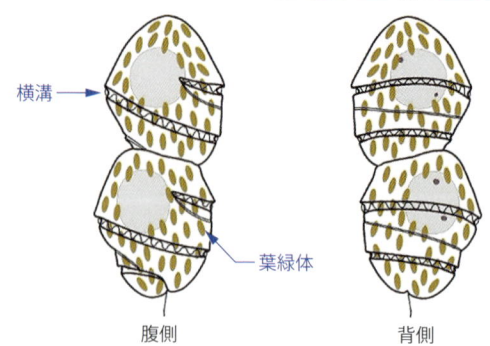

横溝
葉緑体
腹側　背側

　細胞の形態はクサリタスキムシによく似ていますが，直線的に進んでは止まるを繰り返す泳ぎ方（106ページ）や，4細胞までしか連鎖しない点などから区別できます。12〜22℃と，他のクサリタスキムシ属と比べて少し低めの海水温で出現します。2007年に新種記載されました。過去にカナダでサーモンをへい死させた記録があります。

ユレクサリタスキムシ【新称】

Cochlodinium sp. Type-Kasasa
コクロディニウム タイプ カササ

細胞の長さ 0.03〜0.04 mm　幅 0.02〜0.03 mm

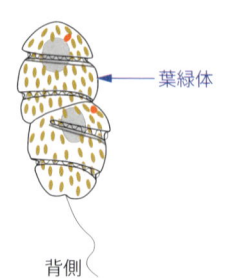

葉緑体
腹側　背側

　細胞の形態はクサリタスキムシとほぼ同じですが，波形にゆれるように泳ぐ点（106ページ）や，2細胞までしか連鎖しない点などで見分けることが可能です。横溝は細胞の周囲を1.75周しています。22〜28℃の海水温を好み，暖かい地域に分布し，九州ではたびたび赤潮被害が報告されています。魚に対する有害種です。

クサリハダカオビムシ

Gymnodinium catenatum
ギムノディニウム カテナータム

細胞の長さ 0.05〜0.07 mm　幅 0.03〜0.05 mm

細胞の形は，1細胞のときは卵形ですが，群体になると球形に近くなります。1細胞で見つかることはまれで，多いときには32細胞，ごくまれに64細胞にもなる長い群体を作り，大きく弧を描くようにらせん状に回転しながら泳ぎます。その姿はまるで泳ぐウミヘビのようです。

核（細胞の中央）
多数の葉緑体
横溝は1回転（1細胞に1つの溝が見える）
下端の細胞は角張っている

8細胞からなる群体

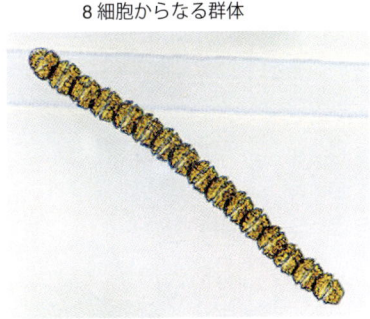

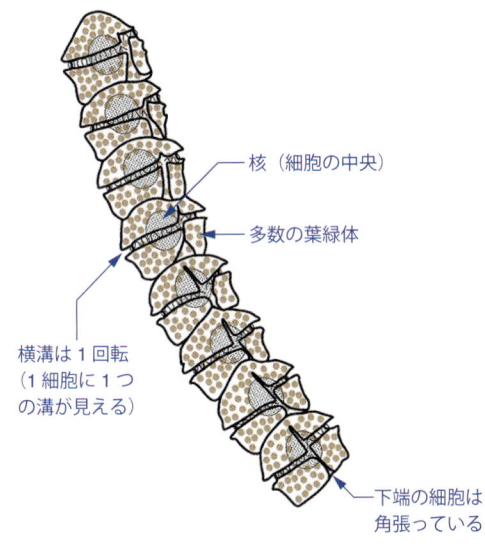

16細胞からなる群体

ジュズオビムシ属（83ページ）と同じく，マヒ性貝毒の原因となる有毒種です。とくにこの種は，10mℓの海水中にたった1細胞がまじっているだけでも貝が毒化する可能性があるほど毒性が高いとされています。世界中の暖かい海域に分布し，増殖に適した水温は15〜25℃とされています。日本では西日本の沿岸部を中心に広く分布し，瀬戸内海では春から秋に，九州などでは冬に発生することが多いようです。

単細胞生物　渦鞭毛藻類

アミメハダカオビムシ【新称】

Gymnodinium microreticulatum
ギムノディニウム ミクロレティキュラタム

細胞の長さ 0.02〜0.03 mm　幅 0.01〜0.03 mm

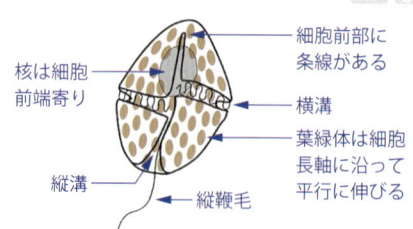

（図中ラベル）
- 核は細胞前端寄り
- 細胞前部に条線がある
- 横溝
- 葉緑体は細胞長軸に沿って平行に伸びる
- 縦溝
- 縦鞭毛

　クサリハダカオビムシと形が似ていますが，長さも幅も半分ほどしかなく，連鎖群体を形成しない点で区別できます。他にも，細胞前部に"条線（じょうせん）"と呼ばれるシワ状の筋が数本走っている点，核が細胞前端寄りである点，葉緑体が細胞長軸に沿って平行に伸びる点などが特徴です。また，休眠細胞（シスト）は球形で，特徴的な網目模様が見られます。近年，日本の沿岸でも存在が確認されました。

ヒメクサリハダカオビムシ【新称】

Gymnodinium impudicum
ギムノディニウム インプディカム

細胞の長さ・幅 0.01〜0.02 mm

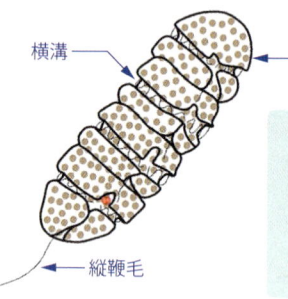

（図中ラベル）
- 両端の細胞は半球状でそれ以外の細胞は平べったい
- 横溝
- 多数の葉緑体
- 縦鞭毛

　通常は 4 細胞の群体からなり，ときに 8 細胞や 16 細胞になることもあります。群体の外見は前ページのクサリハダカオビムシに似ていますが，個々の細胞がより小型であること，末端以外の細胞が押しつぶされたように平たくなることや，両端の細胞がなめらかな半球形である点で区別できます。細胞は多数の葉緑体をもち，茶色く見えます。粘質性のある赤潮を形成することはありますが，魚介類やヒトへの害はないとされています。

エリタガエムシ【新称】

Gyrodinium instriatum
ジャイロディニウム インストリアタム

細胞の長さ 0.04〜0.07 mm　幅 0.02〜0.03 mm

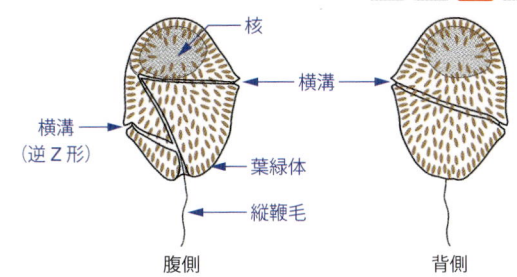

　細胞の上端部分が平たく，色は黄〜オレンジ色です。上端部分に核があり，その部分だけ透明に見えます。らせんを描く横溝は段差が大きく，細胞の長さの0.3〜0.7倍になります。富栄養化した環境を好むため，夏の汚染が進んだ沿岸部などで赤潮を引き起こすことがありますが，魚介類などへの悪影響は少ないとされています。

コメツブタテスジムシ【新称】

Gyrodinium dominans
ジャイロディニウム ドミナンス

細胞の長さ 0.02〜0.04 mm　幅 0.01〜0.02 mm

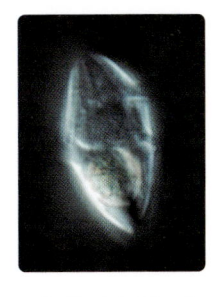

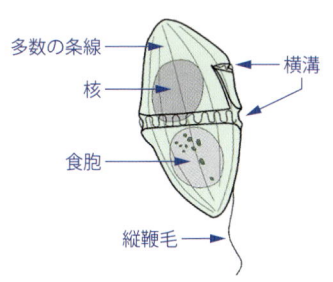

　細胞は卵形，あるいはだ円形で，かなり小型です。ゆるくらせんを描く横溝が細胞の中央付近を1周しています。また，表面には縦に走る細い筋（条線）が7〜10本存在します。葉緑体はもちませんが，全体が青緑色をしています。日本各地の湾部で春から夏にかけて観察されます。ミキモトヒラオビムシなどの赤潮原因プランクトンを積極的に捕食して増殖し，自身も赤潮レベルの密度になるまで増えることがあります。

オオタテスジムシ【新称】

Gyrodinium spirale
ジャイロディニウム スピラレ

細胞の長さ 0.06〜0.13 mm　幅 0.03〜0.05 mm

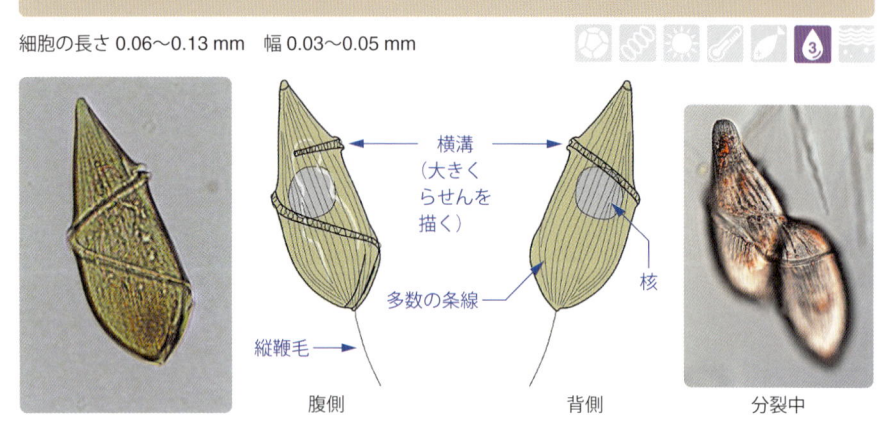

細胞はコメツブタテスジムシと比べると大型で細長く，上端はとがっています。また，横溝は後端より始まり，大きくらせんを描きながら細胞を1周しています。顕微鏡で観察すると，表面にたくさんの"たてすじ（条線）"を見ることができます。葉緑体はもたず，細胞は基本的に透明ですが，茶色やピンク色がかっていることもあります。日本各地の沿岸部で，春先に普通に見られ，赤潮原因プランクトンなどを捕食します。本種は死ぬと形がくずれるため，同定の際は注意が必要です。

ミカヅキオビムシ

Dissodinium pseudolunula
ディソディニウム シュードルヌラ

一次シストの直径 0.06〜0.13 mm

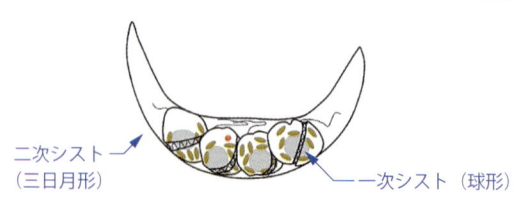

甲殻類（エビ・カニ・ミジンコ・カイアシ類など）やワムシ類の卵に付着して寄生する種ですが，プランクトンとして出現することがあります。寄生した状態で球形の"一次シスト"を作り，分裂を繰り返して三日月形の"二次シスト"を形成します。そこからさらに分裂を繰り返して"運動胞子"となり，泳ぎだして別の甲殻類に付着，寄生します。

ミキモトヒラオビムシ【新称】

Karenia mikimotoi
カレニア ミキモトイ

細胞の長さ 0.02〜0.04 mm　幅 0.01〜0.04 mm

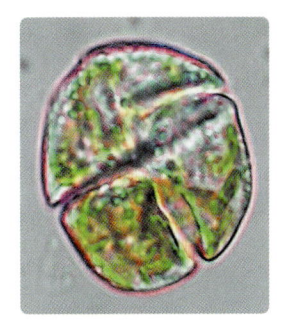

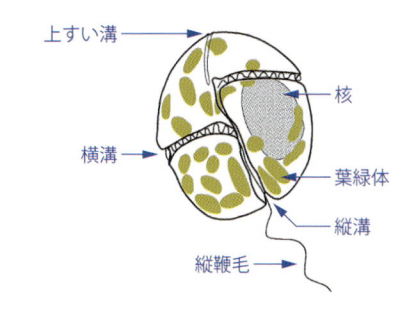

図中ラベル：上すい溝／横溝／縦鞭毛／核／葉緑体／縦溝

　細胞は茶色で平たく，正面から見ると円形，横から見ると細長いだ円形に見えます。木の葉が舞うように，ヒラヒラと回転しながら素早く泳ぎます。学名の"ミキモトイ"は，調査研究に尽力した，真珠王の御木本幸吉（みきもとこうきち）氏にささげられたものです。魚介類の大量死を引き起こすため，赤潮の重点監視対象種に指定されています。赤潮はたいてい1週間以内におさまりますが，水中の酸素を激しく消費するため，赤潮がおさまってからも注意が必要です。世界中で赤潮を引き起こすことが知られており，日本では西日本を中心に広く分布し，海水温が22〜27℃になる夏の終わり頃にたびたび赤潮を引き起こします。50ルクスほどの弱い光でも増殖するため，暖かい曇りの日が続くと大発生する傾向にあります。例は少ないですが，冬期に大発生することもあります。

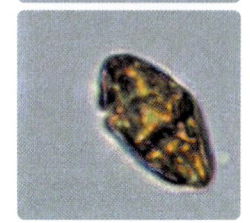

斜め前より（上）
真横より（下）

赤潮のようす

赤潮状態の海水

単細胞生物　渦鞭毛藻類

日本の海産プランクトン図鑑

チョウチョヒラオビムシ【新称】

Karenia papilionacea
カレニア パピリオナセア

細胞の長さ 0.02〜0.04 mm　幅 0.02〜0.07 mm

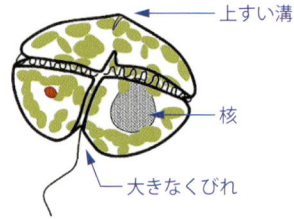

図中ラベル：上すい溝／核／大きなくびれ

　ミキモトヒラオビムシに似ていますが，より平たく横長で，中央が大きくくびれており，"ちょうちょ"のような姿をしています。日本各地の沿岸部に広く分布し，夏から秋に増加します。特に秋頃には魚介類の大量へい死をともなう赤潮を引き起こすことがあるので注意が必要です。

エスジミゾオビムシ【新称】

Takayama pulchellum
タカヤマ プルチェラム

細胞の長さ 0.01〜0.02 mm　幅 0.01〜0.02 mm

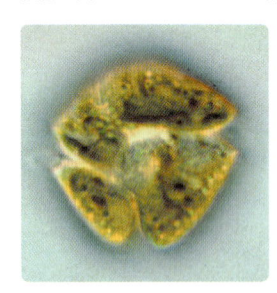

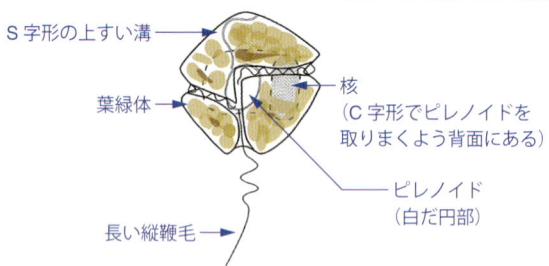

図中ラベル：S字形の上すい溝／葉緑体／核（C字形でピレノイドを取りまくよう背面にある）／ピレノイド（白だ円部）／長い縦鞭毛

　ミキモトヒラオビムシに似ていますが，細胞を回転させながら直線的に泳ぐ点で区別できます。また，上すい溝がS字状をしており，縦鞭毛が長いことも特徴です。ただし，小型のものは特に区別がつきにくいので，注意が必要です。近年までギムノディニウム タイプ84-k（*Gymnodinium* sp. Type 84-k）と呼ばれていました。本種は1984年に鹿児島湾で赤潮が発生して以来，瀬戸内海でも出現が確認されています。強い神経毒を作り，魚類をへい死させる有毒種です。

タマヒラオビムシ【新称】

Karenia digitata
カレニア ディジタータ

細胞の長さ 0.01〜0.03 mm　幅 0.01〜0.02 mm

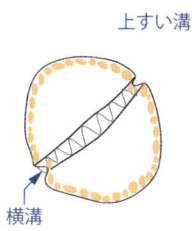

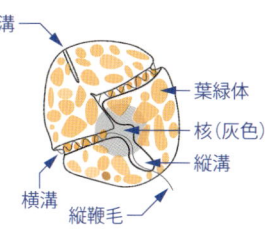

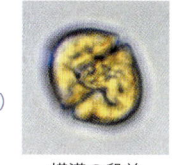

（図中ラベル：上すい溝、葉緑体、核（灰色）、縦溝、横溝、縦鞭毛、横溝の段差）

　ミキモトヒラオビムシに似ていますが，より球に近い形をしており，正面から見ても横から見ても円形に見えます。横溝の段差は細胞の長さの5分の1程度です。また，核は細胞の下側にあります。本種は九州の伊万里湾で初めて確認されたことから，かつては「*Gymnodinium*（ギムノディニウム）伊万里型」と呼ばれていました。瀬戸内海や九州沿岸での分布が確認されており，赤潮の発生頻度は低いものの，海水1mlあたり100〜300細胞という低密度でも魚類をへい死させるため，警戒が必要です。

コラム 12　本物そっくり！　赤潮・貝毒原因藻の木彫り模型

　微小なプランクトンたちの美しく多彩で機能美にあふれる姿は，写真やイラストなどの平面像だけではとても伝えきれません。そこで，有害藻類研究者の高山晴義博士は，本物を忠実に再現した木彫り模型（写真）の制作を通じて，立体像ならではの魅力を伝える活動を展開されています。博士の木彫り模型に興味をもたれた方はぜひ，博士のホームページ（http://www.geocities.jp/takayama_haruyoshi/japanese-contents/japanese-home.html）を参照ください。国際学会で採用された木彫り模型トロフィーなども展示されています。

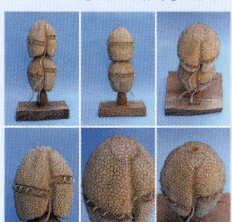

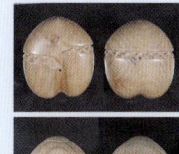

「フタゴハダカオビムシ」　「クサリハダカオビムシ」　「ミキモトヒラオビムシ（上）」「エスジミゾオビムシ（下）」

単細胞生物　渦鞭毛藻類

日本の海産プランクトン図鑑

ヨツゴハダカオビムシ【新称】   *Polykrikos schwartzii* ポリクリコス シュワルツィ

細胞の長さ 0.10〜0.15 mm　幅 0.06〜0.08 mm

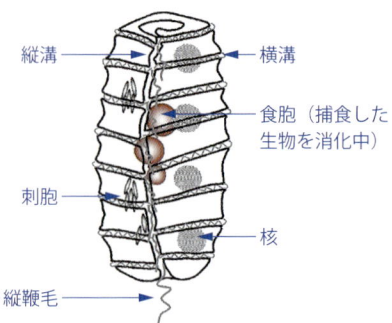

（図中ラベル：縦溝、横溝、食胞（捕食した生物を消化中）、刺胞、核、縦鞭毛）

　2〜8本（通常は8本）の横溝があり，それに沿って鞭毛が生えています。別々の細胞が連なっているように見えますが，これらが単独に分かれることはなく，これで1個体として生活しています。これを偽群体（pseudo-colony：シュードコロニー）といいます。核の数は横溝の数の半分です。細胞表層に刺胞をもっており，これをモリのようにうち出してエサを捕らえ，丸呑みするため，食べられたエサ生物が食胞内に観察できます。赤潮の原因となるプランクトンをよく捕食するため，考え方によっては"善玉（ぜんだま）プランクトン"ともいえます。

フタゴハダカオビムシ【新称】   *Polykrikos kofoidii* ポリクリコス コフォイディ

細胞の長さ 0.10〜0.15 mm　幅 0.05〜0.08 mm

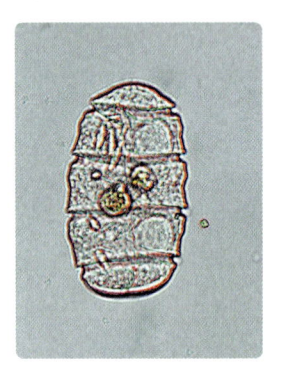

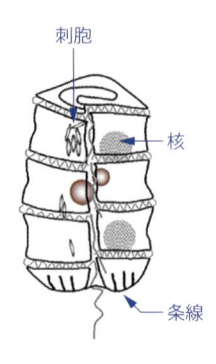

（図中ラベル：刺胞、核、条線）

　ヨツゴハダカオビムシとほとんどの特徴が一致しますが，本種には偽群体の最後部に細い線（条線：じょうせん）が数本見られます。また通常，横溝の数は4本，核は2個で，ヨツゴハダカオビムシの半分とされています。赤潮の原因にはならないとされています。

チャイロハダカオビムシ【新称】

Polykrikos hartmannii
ポリクリコス ハルトマーニ

細胞の長さ 0.06〜0.07 mm　幅約 0.04 mm

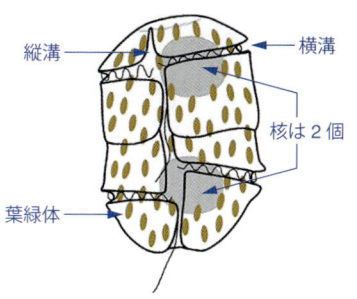

縦溝
横溝
核は2個
葉緑体

　黄褐色の葉緑体を多数もつため，細胞は茶色がかって見えます。前ページのヨツゴハダカオビムシ，フタゴハダカオビムシと同様に偽群体で，独立した横溝が2本走っており，2個の細胞が合体したような形態をしています。核は2個あり，細胞分裂時に分配され，一時的に1個となりますが，その後半日ほどで核分裂し，2個に戻ります。刺胞はもちません。西日本各地の内湾域で初夏を中心に見られます。以前はフェオポリクリコス ハルトマーニ（*Pheopolykrikos hartmannii*）と呼ばれていましたが，2010年に属名が変更されました。本種によく似るものとして，フェオポリクリコス バルネガテンシス（*Pheopolykrikos barnegatensis*）が知られていますが，こちらは核が1個しかないため区別できます。

2本の独立した横溝（矢印）

単細胞生物　渦鞭毛藻類

ナガジタメダマムシ【新称】

Erythropsidinium agile
エリスロプシディニウム アギレ

細胞の長さ 0.03〜0.10 mm　幅 0.02〜0.07 mm

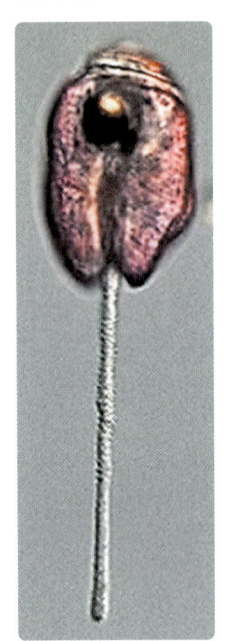

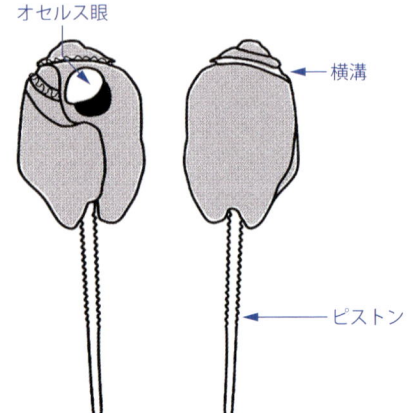

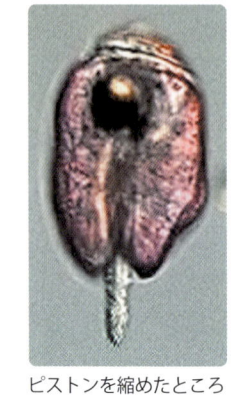

（単細胞生物　渦鞭毛藻類）

オセルス眼
横溝
ピストン

ピストンを縮めたところ

　細胞はだ円形で，葉緑体はありませんが赤みがかっています。後部に"ピストン"と呼ばれる構造をもち，これを細胞後方にまっすぐ伸ばしたり縮めたりします。ピストンの動きは，水中の移動に役立つと考えられていますが，くわしい役割はわかっていません。また，オセルス眼と呼ばれるレンズ状の眼をもっており，光の刺激に対し，敏感に反応します。赤潮を形成するほど大発生したという報告は今のところありませんが，独特の存在感を放つ渦鞭毛藻です。

コラム 13　レンズの眼をもつ渦鞭毛藻

　渦鞭毛藻のなかでも，メダマムシの仲間だけに見られるオセルス眼（ocellus）は，光を集束させるレンズ，黒い色素のかたまり，それに光を感受するセンサーが組み合わさった，いわゆる"レンズ眼"の構造をもっています。これにより，周囲のさまざまな光刺激を感じ取り，状況に応じた行動がとれると考えられています。単細胞の小さな小さな生き物が，私たちの眼に似た構造をもっているとは驚きですね。ちなみに，レンズはないものの，光の方向を感じ取る"眼"をもつ単細胞生物は，ミドリムシなど，さまざまなものが知られています。

モリメダマムシ【新称】

Nematodinium armatum
ネマトディニウム アルマータム

細胞の長さ 0.05〜0.10 mm　幅 0.02〜0.05 mm

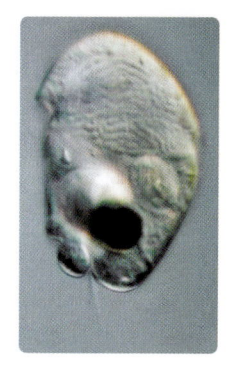

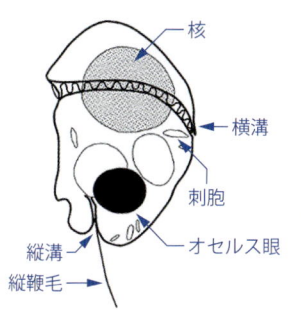

細胞の形は卵形で，後部にオセルス眼をもっています。葉緑体をもたないため，細胞は無色です。横溝は細胞の周りを1.5周しています。細胞の表層に，刺胞と呼ばれるモリのような構造があり，これをエサの生物に突き刺して捕まえます。
　水温が高くなる初夏から秋のはじめ頃によく見られ，季節が遅くなるほど，大型のものが増える傾向があるようです。ただし，赤潮を引き起こすほど増加することはないとされています。

メダマムシ【新称】

Warnowia pulchra
ワルノヴィア プルクラ

細胞の長さ 0.07〜0.09 mm　幅 0.03〜0.04 mm

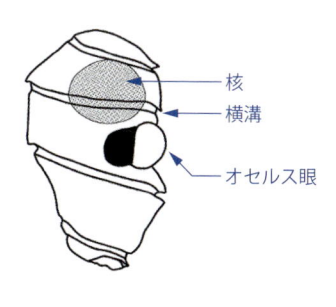

　細胞はやや細長く，無色か薄い紫色で，葉緑体はもたず，他の生物を捕らえて食べています。また，中央部にオセルス眼をもっており，横溝は細胞の周りを約3周しています。水温が高くなる初夏から秋のはじめ頃に見られますが，赤潮を引き起こすことはないとされています。

コラム 14 　プランクトンのタネ

　プランクトンには，それぞれに増殖しやすい水温や光の強さがあります。そのため，環境によって出現するプランクトンの種類や数は異なります。環境が変化して増殖できなくなると，大半のプランクトンは死んでしまいますが，実は一部のプランクトンは，「シスト」と呼ばれる状態に変化して，ひっそりと生きのびているのです。

　シストになったプランクトンは，体の表面を硬い殻でおおって休眠状態になり，海の底に沈みます。そして，ふたたび増殖しやすい環境になると，殻を破って水中に出てきます（発芽）。シストは，プランクトンが環境の変化に耐えて生き残るための戦略であり，まさに植物のタネと同じ働きをもっているのです。

　赤潮や貝毒の原因プランクトンの中にもシストに変化する種がいます。これらのプランクトンの発生を予測するためには，海水中のプランクトンだけでなく，海底に沈んでいるシストの数や分布を把握することが重要なのです。

クサリハダカオビムシのシスト

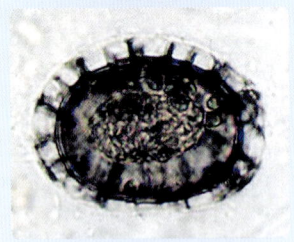

フタゴハダカオビムシのシスト

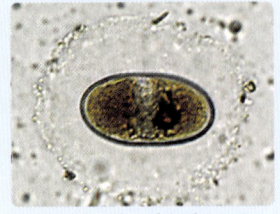

キタシビレジュズオビムシのシスト

接合中のアミメハダカオビムシ

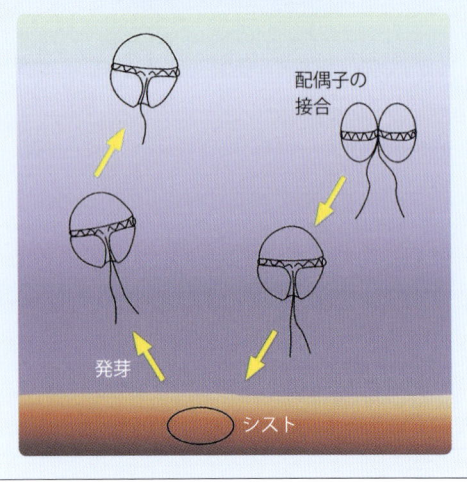

配偶子の接合

発芽　　シスト

ケイ藻類
BACILLARIOPHYCEAE

　ケイ藻の仲間は，地球上に10万種以上存在するといわれるほど種類の多いグループで，海水中に出現する量も多く，地球上のあらゆる海域，季節に観察することができます。茶色の葉緑体をもち，光合成を行います。別名「海の牧草」。春や夏に大量発生し赤潮を形成することがありますが，渦鞭毛藻やラフィド藻などのように魚介類や人間に対して毒性をもつものはほとんど知られていません。ケイ藻の多くは他の藻類が減少する秋や冬に増加するため，藻類を食べる生物たちにとって重要なエサとなり多くの生物の命を支えています。

ケイ藻の基本構造

　どの種も上殻（じょうかく）と下殻（げかく），2枚のガラス質でできた硬い殻に包まれており，殻の構造の違いから「円心目（えんしんもく）」（放射相称）と「羽状目（うじょうもく）」（1本の対称軸において左右相称）の2グループに分けられています。海水中を浮遊しながら生活するケイ藻のほとんどが円心目で，海藻や岩の表面など，さまざまな物に付着して生活するケイ藻の多くが羽状目に属しています。

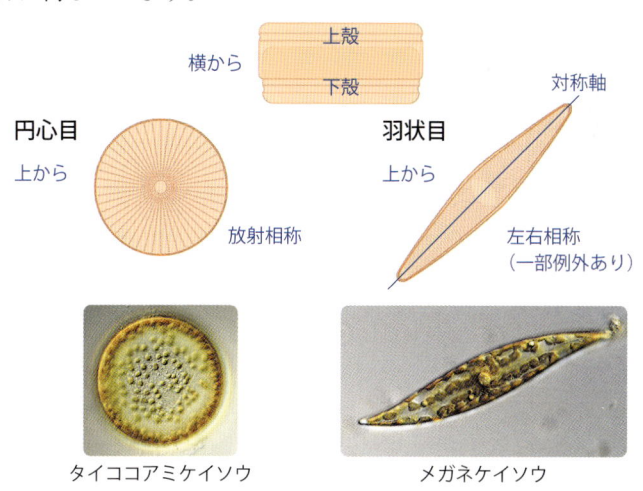

タイココアミケイソウ

メガネケイソウ

◆円心目◆

ツミキケイソウ【新称】

Detonula pumila
デトヌラ プミラ

細胞の直径 0.01～0.06 mm

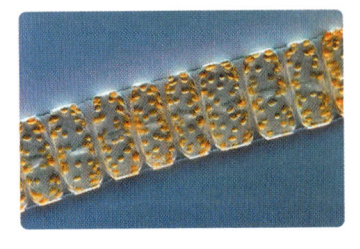

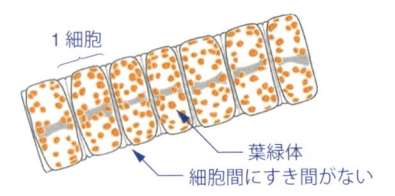

　円筒形の細胞がすき間なく粘液状の糸でつながり，積み木のような，まっすぐな群体を作ります。葉緑体は丸い粒状で細胞全体に分布しています。熱帯から温帯の沿岸に分布し，日本沿岸では水温が高くなる時期に出現します。

コラム 15　ケイ藻のサイズ回復

　ケイ藻の仲間は，分裂のときに上下それぞれの殻の内部に次の世代の殻を作ります。このため，細胞が分裂するたびに細胞をつつむ上下の殻が小さくなっていきます。あるサイズ以下まで小型化した細胞は，生理的な活性が低下して死んでしまいます。そこで，ケイ藻は「増大胞子（ぞうだいほうし）」と呼ばれる特別な細胞を作り，減少したサイズを回復させています。増大胞子は，細胞があるサイズ以下に小さくなったり，卵と精子が受精したときに，通常の硬い殻をもたない細胞が生じ，これが大きく膨張したものです。

　この増大胞子に再び硬い上下の殻が形成され，減少する前のサイズに戻った細胞が誕生します。

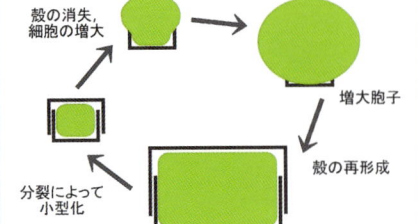

ツミキケイソウの増大胞子（中央の4細胞）

単細胞生物　ケイ藻類

セボネケイソウ【新称】の一種

Skeletonema sp.
スケレトネマ

細胞の直径 約 0.01 mm

　小さな円筒形の細胞どうしが小骨のような細い連結糸（れんけつし）でつながり合い，10細胞を超える，まっすぐで細長い群体を作ります。世界中の海で普通に見られるケイ藻です。増殖力が高く，河口域や都市部の沿岸では1mℓあたり数10,000細胞を超える赤潮をたびたび形成します。魚介類に対しては基本的に無害とされ，むしろ動物プランクトンであるカイアシ類などにとって，重要なエサとなっていることが知られています。

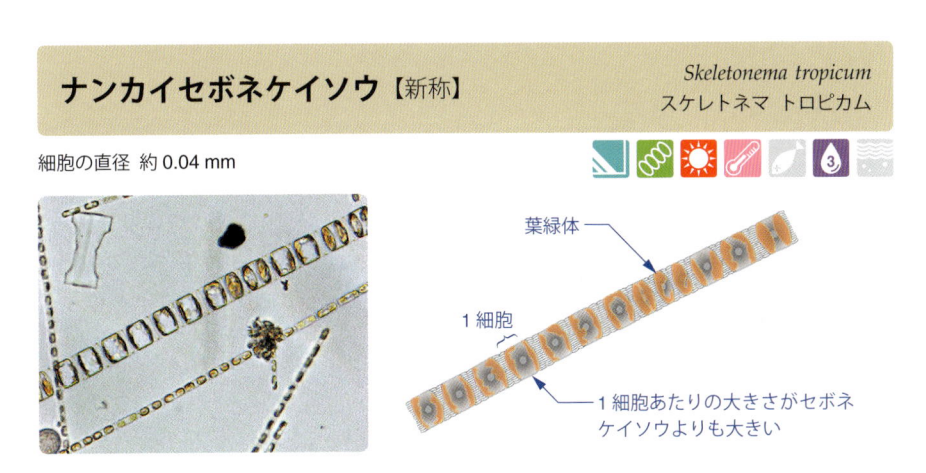

ナンカイセボネケイソウ【新称】

Skeletonema tropicum
スケレトネマ トロピカム

細胞の直径 約 0.04 mm

　他のセボネケイソウと比べると細胞が大きく，水温の高い時期に出現します。以前は熱帯域のみで見られた種ですが，日本沿岸でも普通に見られるようになりました。

ダンゴゼニケイソウ【新称】

Thalassiosira diporocyclus
タラシオシラ ディポロキクラス

細胞の直径 0.01〜0.02 mm

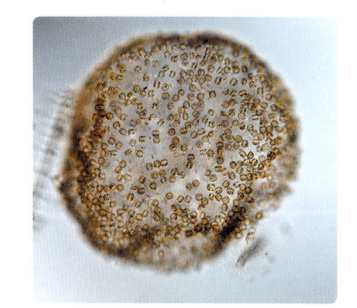

群体にまぎれる
ササノハケイソウ
（笹の葉状）

群体を拡大したところ

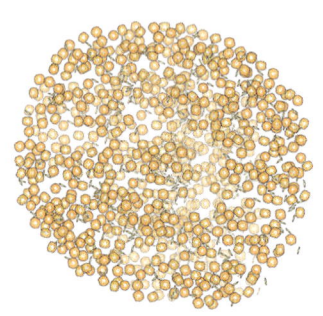

　0.02 mm 前後の茶色で小さな円筒形の細胞が粘液でつながり合い，肉眼で見えるほど大きな球状の群体を形成しています。たいていの群体のなかには，ササノハケイソウの仲間が多数まぎれています。日本沿岸では水温の低い時期に出現し，冬場の大型動物プランクトンにとって重要なエサになっています。晩秋から冬の海水中にたくさん見られる小さな茶色のかたまりの多くが本種です。

たくさんの細胞からなる "団子"

フトイトゼニケイソウ【新称】

Thalassiosira rotula
タラシオシラ ロツラ

細胞の直径 約 0.03 mm

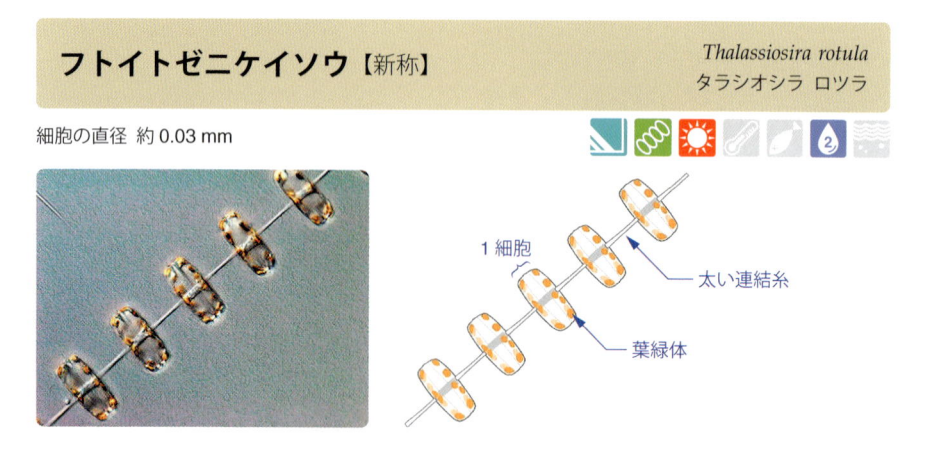

1 細胞
太い連結糸
葉緑体

　細胞は平らな円盤状で，粒状で茶色の葉緑体が観察できます。中心から伸びる太い連結糸で細胞どうしが連結し，串だんごのような群体を形成します。

カサボネケイソウ【新称】

Corethron criophilum
コレスロン クリオフィルム

細胞の直径 0.02〜0.03 mm

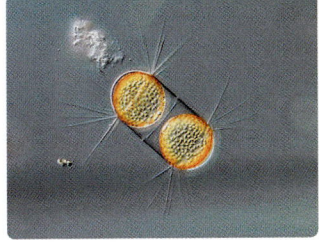

分裂後の細胞／多数の長いトゲ／長いトゲと粒状の葉緑体

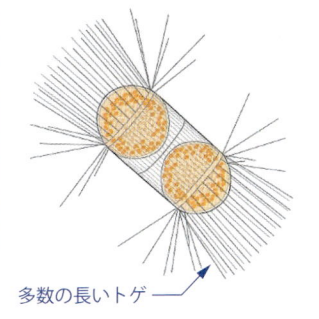

　細胞の両端は半球状で，この一帯から多数の長いトゲが放射状に伸びています。これらのトゲが魚のエラに突き刺さり，魚を弱らせてしまうこともあります。細胞のなかには粒状の葉緑体が多数見られます。水温の低い時期の沿岸部では本種がよく見られます。また，暖かい海の外洋では，よく似た形でずっと大型（直径0.09〜0.15 mm）のオオカサボネケイソウ（*Corethron pennatum*，コレスロン ペンナタム）が見られます。

ホソミドロケイソウ

Leptocylindrus danicus
レプトキリンドルス ダニクス

細胞の直径 約 0.01 mm

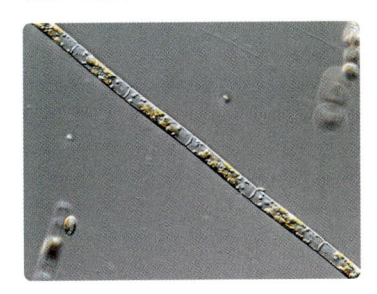

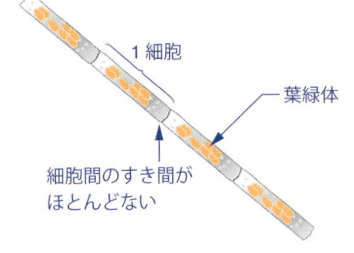

1細胞／葉緑体／細胞間のすき間がほとんどない

　細胞は細長い円筒形で，ふたの面で連結してまっすぐな群体を作ります。葉緑体は茶色・板状で細胞全体に分布していますが，写真のように中央にかたよることもあります。世界各地の暖かい海の沿岸部に広く分布し，内湾部の富栄養化した場所でもよく見られます。

オオクサリケイソウ【新称】

Stephanopyxis palmeriana
ステファノピクシス パルメリアナ

細胞の直径 0.04〜0.15 mm

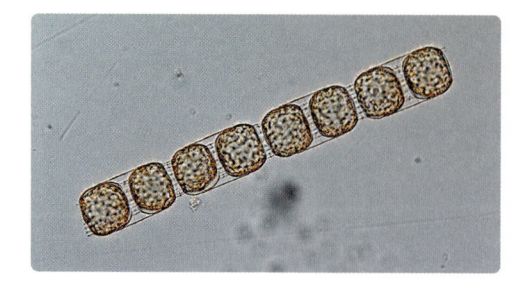

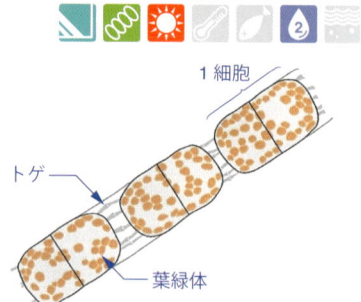

1 細胞
トゲ
葉緑体

細胞表面の網目模様

　細胞は丸みを帯びた円筒形で，細胞のふたの面から数本のトゲが伸び，隣の細胞のトゲと連結しあうことで群体を作ります。セボネケイソウ属の群体と似ていますが，この種は細胞が大きく，8細胞程度の短い群体であるため区別することができます。細胞内には茶色の粒状の葉緑体が多数確認できます。また，殻の表面には六角形の網目模様が見られますが，非常に小さな構造のため，普通の顕微鏡による観察は難しいでしょう。世界各地の暖かい海の沿岸部で観察されます。日本沿岸では冬から春にかけて，よく見られます。

タイココアミケイソウ【新称】

Coscinodiscus wailesii
コシノディスクス ワイレシィ

細胞の直径 0.16〜0.35 mm

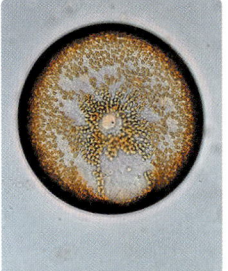

葉緑体

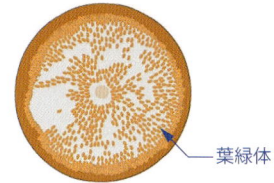

分裂中の細胞

ふたの面から見た細胞

横から見た細胞
（厚みがある）

　細胞は円筒形で，ふたの面から見ると円形，横から見ると長方形に見えます。粒状の葉緑体が細胞の表面全体に散らばり，また，ふたの表面には細かい網目模様が見られます。細胞の中心部が透明に見えるのは葉緑体がないためです。単独の単細胞生物としてはヤコウチュウについで大きなプランクトンです。日本沿岸に広く分布しますが，体が大きく殻も厚いため海水中を浮遊し続けることが難しく，出現は海水が上下に混合される秋から冬の時期に限られます。赤潮は引き起こしませんが，大量に発生すると海水中に茶色い点が多数見えるため，本種であると容易にわかります。冬期にノリ漁場などで出現すると海水中の栄養分（チッ素やリン）を横取りしてしまい，ノリの色落ち被害を引き起こすことが知られています。

オオコアミケイソウ【新称】

Coscinodiscus gigas
コシノディスクス ギガス

細胞の直径 0.21〜0.31 mm

　タイココアミケイソウと大きさや殻の模様がよく似ていますが，タイココアミケイソウのように細胞が厚くなることはありません。また，タイココアミケイソウと異なり，本種は水温の高い夏季にも出現することがあります。日本の沿岸部で夏期に出現するコアミケイソウの多くが本種です。

ホシモンケイソウ【新称】

Asteromphalus heptactis
アステロムファルス ヘプタクティス

細胞の直径 0.04〜0.10 mm

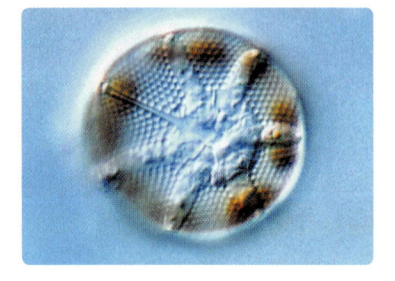

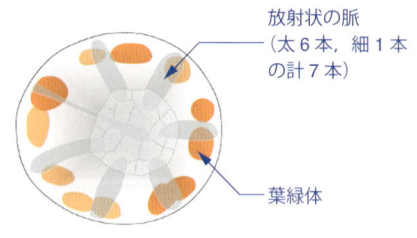

放射状の脈
（太6本，細1本の計7本）

葉緑体

　細胞は円盤形で，群体は作りません。殻の表面には細いもの1本，太いもの6本の計7本の透明な脈（模様）が放射状に伸び，星形の紋を形成しています。世界中の暖かい地域の沿岸に広く分布し，日本でも九州から北海道にかけての沿岸部で見られます。大量出現することは少ないですが，岩場の近くでプランクトンネットを引くとよく見つかります。

カザグルマケイソウ

Actinoptychus senarius
アクティノプティクス セナリウス

細胞の直径 0.03〜0.20 mm

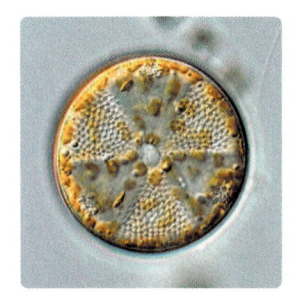

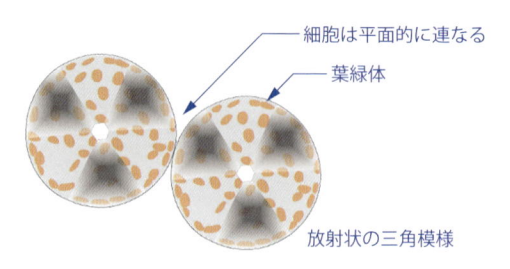

細胞は平面的に連なる
葉緑体
放射状の三角模様

平面的に連なる群体

　細胞の形はコアミケイソウ（前ページ）に似ていますが，ふたの表面の凹凸により，顕微鏡で観察すると，ふたの表面に6つの三角形が放射状に並んだような模様が見られ，平面的に連なった群体を作ります。世界各地の沿岸に広く分布し，日本でも沿岸の浅い海域に出現しますが，大量発生することは少ないようです。

コラム 16　ガラスの殻をもつケイ藻

　ケイ藻の殻は，主にガラスと同じケイ酸質で作られています。細胞が死んで分解されても，この丈夫な殻だけは長期間残り続けます。このため，ケイ藻を食べる動物の消化管の中や太古の化石の中に，ケイ藻の殻の破片が見つかることがあります（ケイ藻土→164ページ）。

タイココアミケイソウの殻

電子顕微鏡で見たメガネケイソウ（p.145）の殻

　多くのケイ藻の殻の表面には，まるで芸術作品のような美しい模様がきざまれています。この模様は，殻の表面をきれいに処理したうえで，走査型電子顕微鏡で観察すると，はっきり確認することができます。ケイ藻の種類によって模様が異なるため，種類を特定するための手がかりとして利用されています。

タケヅツケイソウ【新称】

Guinardia flaccida
グイナルディア　フラシダ

細胞の直径 0.03〜0.09 mm

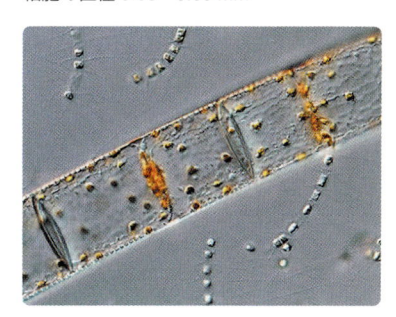

　細胞は縦長の円筒形で，平らな面で連結し，棒状の群体を作ります。粒状の葉緑体が細胞の表面近くに点在しています。暖かい海に広く分布します。

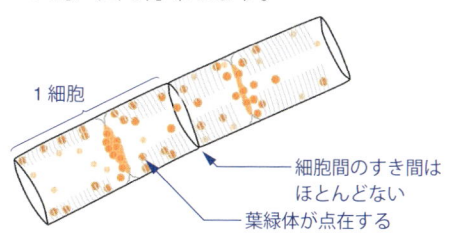

1 細胞

細胞間のすき間はほとんどない

葉緑体が点在する

ウロコツツガタケイソウ【新称】

Rhizosolenia imbricata
リゾソレニア インブリカータ

細胞の直径 0.01〜0.06 mm　長さ〜0.50 mm

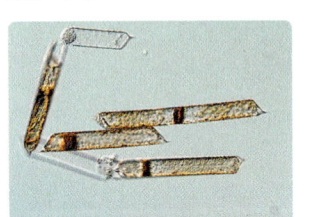

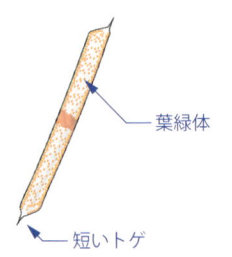

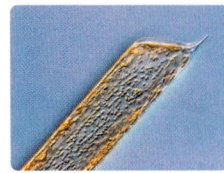

葉緑体

短いトゲ

短いトゲと粒状の葉緑体

殻にあるウロコ状模様

細胞は円筒形で，横に一直線に連なった数細胞の群体を作ることが多く，細胞の先端はカッターナイフの刃のような形で，短いトゲが生えています。また，殻にはウロコ状の模様が見られます（左の写真）。世界各地の海に広く分布し，特に暖かい海の外洋に多く出現します。九州の有明海では2000年に本種が大増殖し，海藻の成長に必要な栄養分（チッ素やリンなど）を消費したためノリが色落ちし，ノリ養殖に被害を与えました。

ナガトゲツツガタケイソウ【新称】

Rhizosolenia setigela
リゾソレニア セチゲラ

細胞の直径 0.01〜0.09 mm　長さ 0.05〜0.80 mm

幅の小さい細胞

幅の大きい細胞

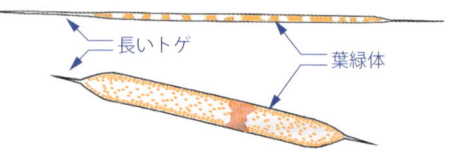

長いトゲ　　葉緑体

細胞は棒状の円筒形で，直径にかなりの個体差が見られますが，両端のトゲが針のようにまっすぐ長く伸びていることが特徴です。世界中に広く分布しており，日本でも各地の沿岸や内湾で一年中見られ，赤潮が発生するとノリの色落ちなどを引き起こします。

マガリツツガタケイソウ【新称】

Rhizosolenia stolterfothii
リゾソレニア ストレステルフォシィ

細胞の直径 0.015〜0.045 mm　長さ 〜0.25 mm

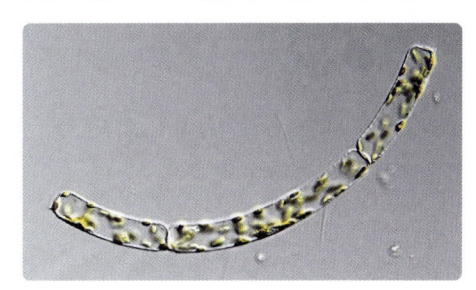

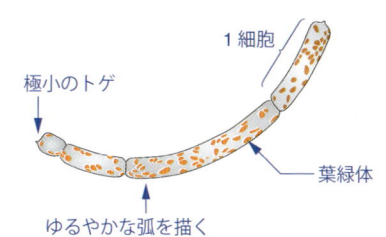

図中ラベル：極小のトゲ／1 細胞／葉緑体／ゆるやかな弧を描く

　細胞は円筒形で直径の個体差は大きく，両端の小さなトゲで細胞どうしが連結し，下述のヒメツツガタケイソウに似た群体を作りますが，ゆるやかな弧を描く点で区別できます。水温に対する適応力が強いとされ，熱帯から寒帯まで幅広く分布しています。大発生することはありませんが，日本各地で普通に見られます。

ヒメツツガタケイソウ【新称】

Dactyliosolen fragilissimus
ダクチリオソレン フラギリッシムス

細胞の直径 0.01〜0.07 mm　長さ 0.04〜0.08 mm

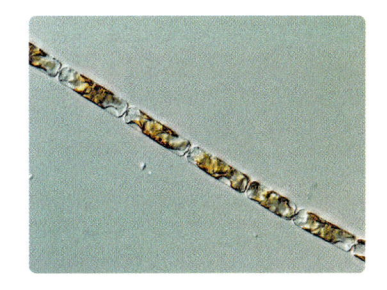

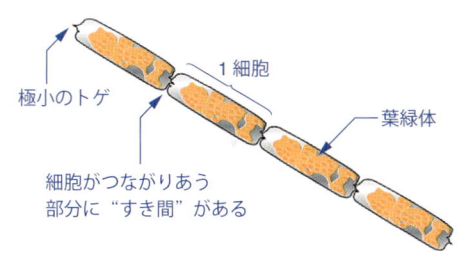

図中ラベル：極小のトゲ／1 細胞／葉緑体／細胞がつながりあう部分に"すき間"がある

　細胞は円筒形で直径の個体差が大きく，両端にある小さなトゲが隣の細胞の溝に入り込むことで互いに連結し，まっすぐな群体を作ります。ホソミドロケイソウ（125 ページ）に似ていますが，連結部分がせまいため，細胞どうしにすき間が見られる点で区別できます。沿岸部や内湾で一年中多く見られ，赤潮に近い状態まで増えることもあります。

オオツツガタケイソウ【新称】

Rhizosolenia robusta
リゾソレニア ロブスタ

細胞の直径 0.05〜0.50 mm　長さ 0.50〜1.00 mm

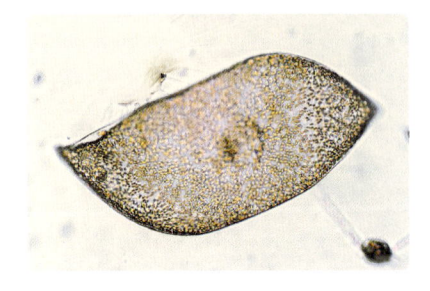

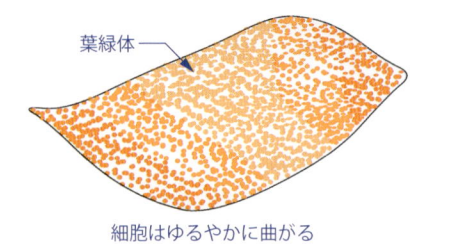

葉緑体

細胞はゆるやかに曲がる

　細胞は筒状で，アーチ橋のようにゆるやかに曲がっているため，見る角度によって，少し曲がった桜の葉のように見えたり，三日月のように見えたりと変化します。まれに群体を作ることがあります。外洋で見られることが多い種ですが，日本各地の沿岸部でもときどき見つかります。

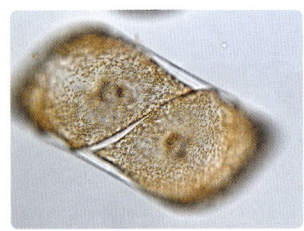

殻の中で分裂中の個体

アーチ橋のような殻
（殻内に分裂後の細胞がある）

ハシゴケイソウ【新称】

Eucampia zodiacus
ユーカンピア ゾディアクス

細胞の幅 0.01～0.10 mm

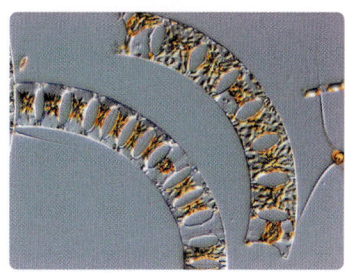

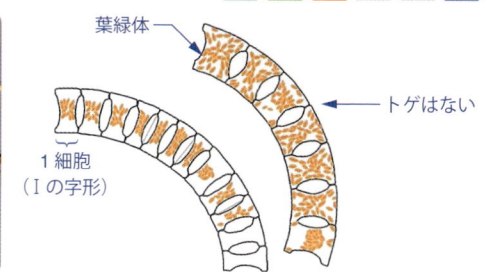

葉緑体
1細胞（Ｉの字形）
トゲはない

　細胞は平たく，ローマ数字のＩのような形をしています。Ｉの字の上と下では若干大きさが異なるため，四隅の突起で連結することで，Ｃの字形に曲がった群体を作ります。この群体がさらに長くなると，右上がり巻きのバネのような姿になります。細胞内には多数の茶色いだ円形の葉緑体があり，他のケイ藻と同様に，細胞の状態によって中心部に集まったり散在したりします。大型なので，虫メガネでも観察できます。

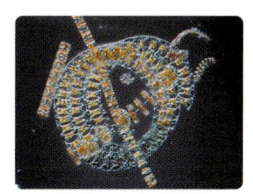

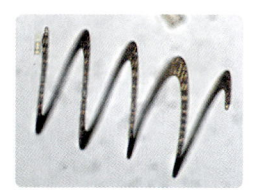

正面から見た群体　　側面から見た長い群体　　大増殖した群体

　日本各地の内湾や沿岸に広く分布し，水温の低い冬から春先にかけて多く見られます。本種とタイココアミケイソウ（127ページ）はともに大型で，冬に大増殖すると海水中の養分（チッ素やリン）を激しく消費するため，養殖ノリの色落ち被害を招くことがあります。

通常のノリ（左）と色落ちしたノリ（右）

写真提供：
兵庫県水産技術センター（左・中央）
兵庫のり研究所（右）

単細胞生物　ケイ藻類

サキワレトゲケイソウ【新称】の一種

Bacteriastrum sp.
バクテリアストルム

細胞の直径 0.01〜0.06 mm

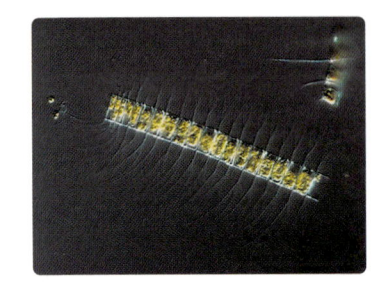

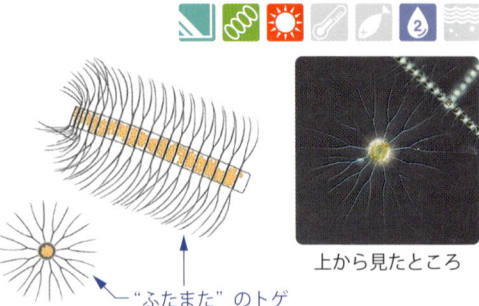

"ふたまた"のトゲ

上から見たところ

円筒形の細胞が連なり，細長い群体を作ります。細胞からはトゲが放射状に伸び，その先は"ふたまた"に分かれています。日本各地の沿岸部に広く分布します。

コラム 17 　ケイ藻の貯蔵物質

　陸上にある多くの植物は，光合成によって作り出した糖をデンプンに変えて細胞内に貯蔵しています。色は異なりますが，陸上の植物と同様に葉緑体をもつケイ藻も，光合成によって糖を作り出しますが，デンプンではなく，クリソラミナラン（多糖類），あるいは油（脂質）に変えられて貯蔵されます。貯蔵物質は顕微鏡で観察することも可能です（下写真）。これらの貯蔵物質は栄養価が高く，ケイ藻を食べる生き物にとって重要なエネルギー源となっています。

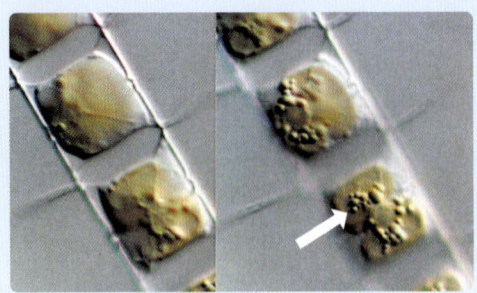

光合成前（左）と後（右）で貯蔵物質（矢印）の量に差が見られる

ツノケイソウ属

Chaetoceros
キートセロス

　円筒形の細胞の四隅から太くて長いトゲが横に伸びており，多数の細胞が連なることで，まっすぐ，あるいはらせん状の群体を形成します。サキワレトゲケイソウ（前ページ）に似ていますが，本属のトゲは"ふたまた"に分かれていません。本属に属する種は多く，細胞の大きさ，トゲの形や並び方など実に多様です。ここではすべて紹介しませんが，どれも"ゲジゲジ"のような姿をしています。日本各地の沿岸や内湾で，年中通してさまざまな種が出現します。

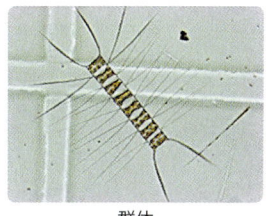

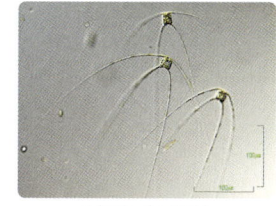

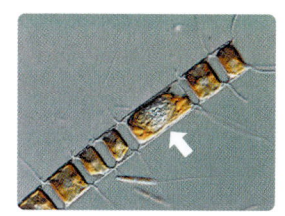

単細胞生物
ケイ藻類

群体　　　　　　　　　　1細胞（3個体）　　　　　分裂中の細胞（矢印）

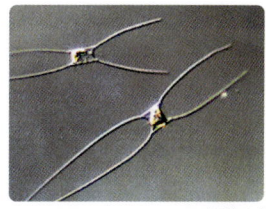

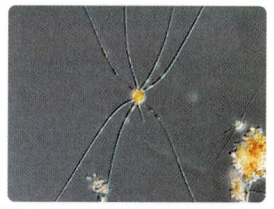

細胞を横（左），上（中），ななめ（右）から見たところ

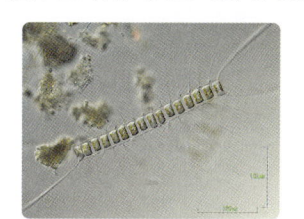

太いトゲをもつ仲間　　　横に伸びるトゲがツノケイソウ属の特徴

シダレツノケイソウ【新称】 *Chaetoceros coarctatus* キートセロス コアクタータス

細胞の幅 0.03〜0.04 mm

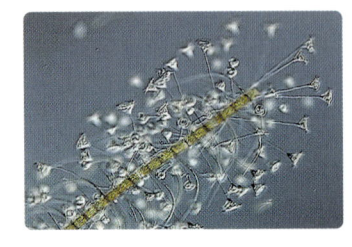

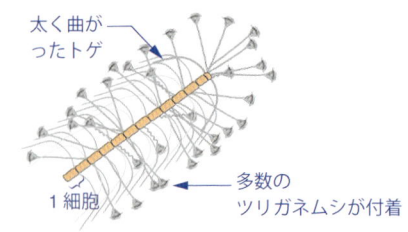

太く曲がったトゲ
1 細胞
多数のツリガネムシが付着

　細胞はだ円状の円筒形で，細胞から伸びる太くて長いトゲは，先端が大きく曲がっています。細胞の表面には多数のツリガネムシが付着していて，繊毛運動（せんもううんどう）によって水流を起こすため，ケイ藻が自ら泳いでいるかのように見えます。ツリガネムシのバネのような伸縮運動も盛んに見られます。暖かい海で多く見られるため，日本の沿岸では夏の終わり頃の海水中によく出現します。

多数のツリガネムシが付着する

日本の海産プランクトン図鑑

サスマタツノケイソウ【新称】

Chaetoceros affinis
キートセロス アフィニス

細胞の幅 0.01〜0.03 mm

Uの字形の太いトゲ

各細胞に1個の葉緑体

　細胞はだ円状の円筒形で，それぞれにトゲが伸びています。茶色い板状の葉緑体は各細胞に1個ずつ存在します。細胞どうしが連結し，まっすぐな群体を作ります。群体の両端の細胞から伸びるトゲは他の細胞のトゲよりもはっきりと太く，Uの字形に曲がっています。日本各地の沿岸部に広く見られ，内湾では初夏に大量発生することもあります。

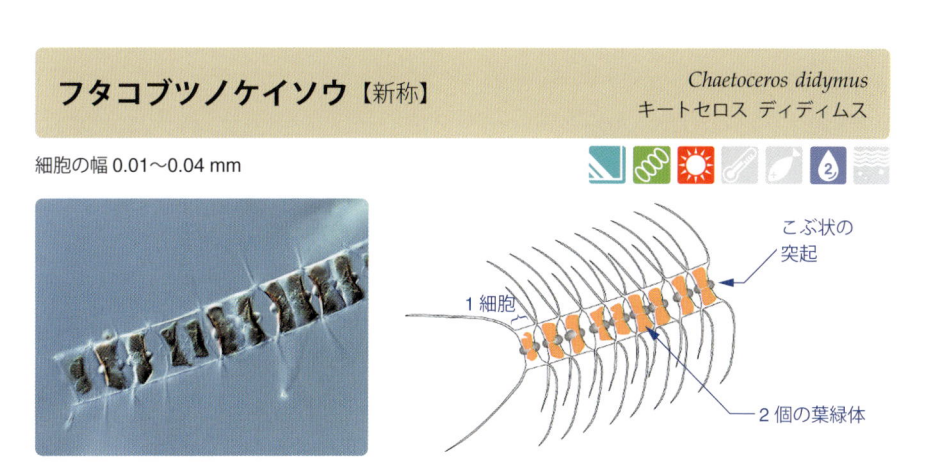

フタコブツノケイソウ【新称】

Chaetoceros didymus
キートセロス ディディムス

細胞の幅 0.01〜0.04 mm

こぶ状の突起

1細胞

2個の葉緑体

　細胞はだ円状の円筒形で，細胞表面の中央にこぶ状の突起が2つずつ見られる点が特徴で，本種の学名や和名の由来にもなっています。各細胞には茶色い板状の葉緑体が2個ずつ存在します。世界中の海に広く分布し，寒さにも暑さにも強いとされています。日本全国の沿岸部や内湾で，年中通して普通に見られます。

単細胞生物　ケイ藻類

ムレツノケイソウ【新称】

Chaetoceros socialis
キートセロス ソシアリス

細胞の幅 0.01〜0.02 mm

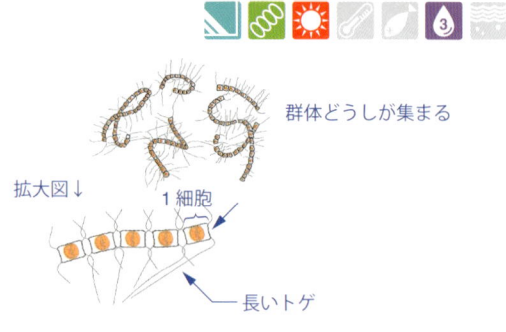

個々の細胞はかなり小型ですが，縦につながり合うことで，短く曲がった群体を形成します。各細胞から伸びる4本のトゲのうちの1本は長く，長いトゲと寒天質の物質により群体どうしが多数集まり，球状の大きなかたまりを作っています。日本各地の沿岸部や内湾では冬期に多く発生し，ノリの養殖に被害を与えることがあります。

ミギマキツノケイソウ【新称】

Chaetoceros curvisetus
キートセロス クルビセタス

細胞の幅 0.01〜0.03 mm

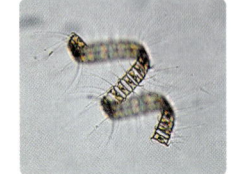

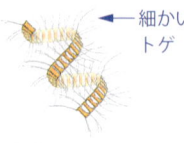

細胞どうしが連結し，右上がりのらせん形の群体を形成しています。細胞の連結部分には，すき間が見られます。ハシゴケイソウ（133ページ）に似ていますが，トゲの有無で容易に区別できます。沿岸部や内湾に広く見られます。

ヒダリマキツノケイソウ【新称】

Chaetoceros debilis
キートセロス デビリス

細胞の幅 0.01〜0.03 mm

ミギマキツノケイソウによく似ていますが，群体は左上がりのらせん形で，細胞の連結部分のすき間はほとんどありません。また，トゲはすべて外側を向いています。世界各地に分布し，日本の沿岸部や内湾でも広く見られます。

リボンケイソウ【新称】

Streptotheca thamensis
ストレプトテカ タメンシス

細胞の幅 0.06〜0.12 mm

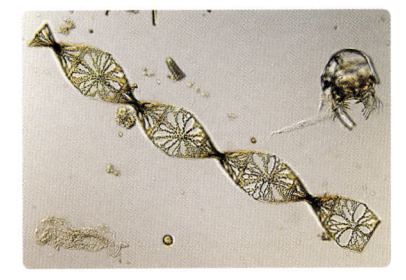

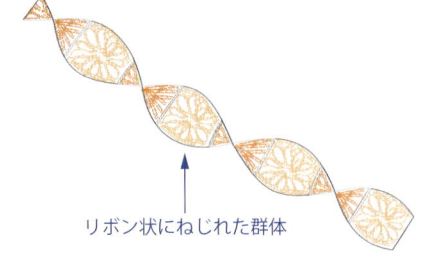

リボン状にねじれた群体

　細胞の形は偏平な四角形ですが，ねじれながら群体を作るため，細胞が集まるとリボンのような姿になります。葉緑体は円盤状です。他の多くのケイ藻もそうなのですが，強い光などのストレスを受けると細胞内の葉緑体が細胞中央に凝集します（下写真）。北方性で，北極海や親潮流域で多く見られますが，冬場に瀬戸内海など，比較的南の地域でも発生することがあります。

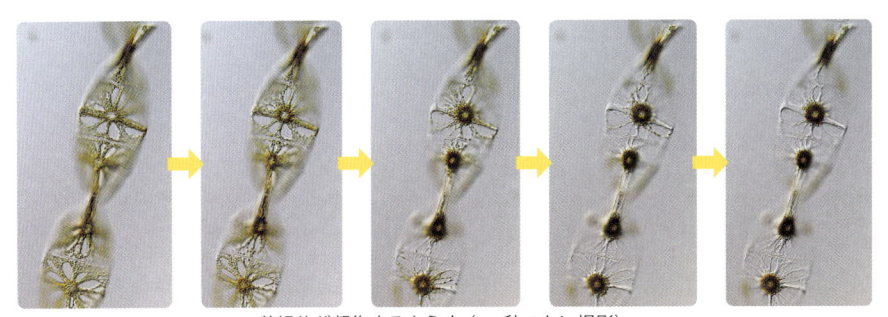

葉緑体が凝集するようす（30 秒ごとに撮影）

単細胞生物　ケイ藻類

チョウチンケイソウ【新称】

Ditylum brightwellii
ディチルム ブライトウェリィ

細胞の幅 0.03〜0.10 mm

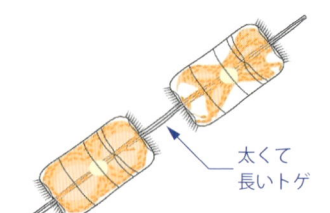

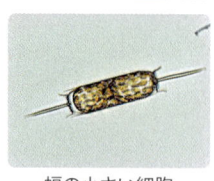

太くて長いトゲ
幅の小さい細胞
分裂直後の細胞
群体 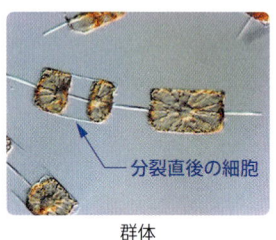

　細胞の形は三角柱が多く，多角柱も出現することがありますが，顕微鏡下では側面から観察するため，長方形〜正方形に見えます。また，両側のふたの中央から太くて長いトゲが1本ずつ出ています。普通は単体で出現しますが，このトゲどうしが重なって串だんごのような群体を作ることがあります。日本各地の沿岸部で特に秋から春にかけて多く見られます。

レンダコケイソウ【新称】

Odontella longicruris
オドンテラ ロンギクルリス

細胞の幅 0.03〜0.05 mm

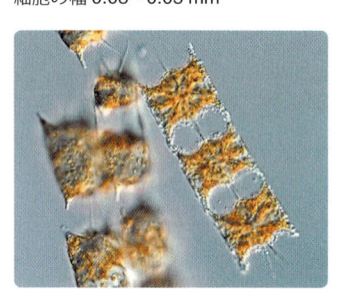

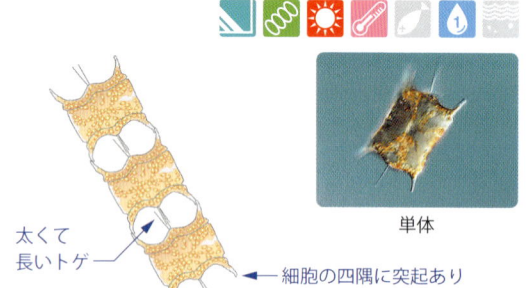

太くて長いトゲ
細胞の四隅に突起あり
単体

　細胞はだ円状の円筒形で，四隅に突起が見られます。この突起の先端で複数の細胞が連結し，細長い群体を形成しています。また，チョウチンケイソウと同様に，両側のふたの中央から長いトゲが1本ずつ出ています。種によって異なりますが，日本各地で広く見られるものの，内湾ではあまり多く見られないケイ藻です。

カクダコケイソウ【新称】

Odontella sinensis
オドンテラ シネンシス

細胞の幅 0.09〜0.25 mm

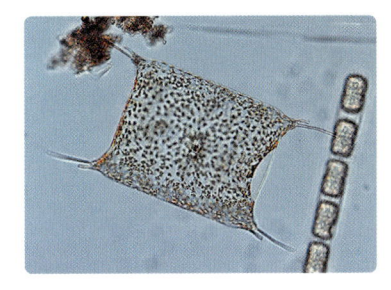

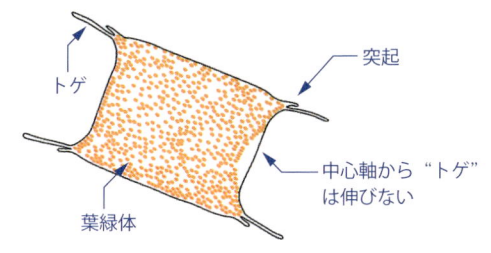

　細胞はお正月にあげる"角凧（かくだこ）"のように，長方形で四隅に突起があり，その内側から細いトゲが出ています。このトゲが交差し，粘液質の物質で付着し合うことで，細胞どうしが連結します（左下の写真）。連鎖した姿はレンダコケイソウ（140ページ）に似ていますが，本種では細胞の中心軸の部分にトゲ状の構造が見られないため，容易に区別できます。茶色の葉緑体はだ円形で，細胞全体に多数散らばっています（右下の写真）。日本各地の沿岸部や内湾に広く見られ，比較的大型でユニークな姿をしているため，顕微鏡下ではよく目立つケイ藻です。

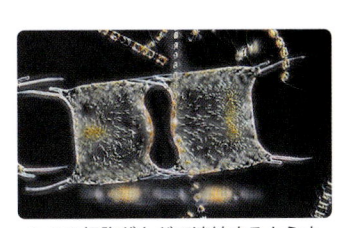

２つの細胞がトゲで連結するようす　　だ円形の葉緑体（黄色い粒）

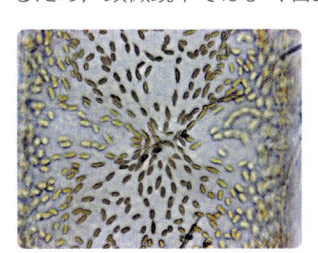

コラム 18　海の底で生活する生き物たち

　水中で浮遊生活をおくる"プランクトン"に対して，海底や海藻・岩の表面で生活する生物を"ベントス（benthos）"と呼びます。日本語訳では"底生生物（ていせいせいぶつ）"と呼ばれます。羽状目のケイ藻の多くがベントスですが，小型のため，水流によって巻き上げられたり，付着物の表面からはがれ，プランクトンとともに水中から採集されることがあるため，この図鑑でも一部紹介しています（コラム40を参照）。ベントスは基本的に赤潮を形成することはありません。

日本の海産プランクトン図鑑
◆羽状目◆

オリジャクケイソウ【新称】
Thalassionema nitzschioides
タラシオネマ ニッチオイデス

細胞の長さ 0.01〜0.08 mm　幅 約 0.003 mm

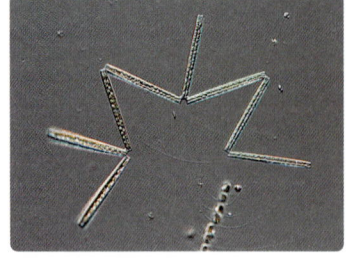

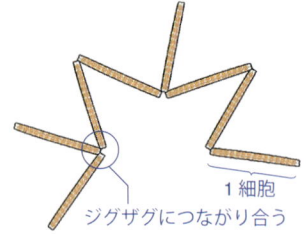

棒のように細長い細胞の中に，茶色い小さな葉緑体が多数並んでいます。細胞の端から分泌される粘液質の膜で細胞どうしがつながり合い，ジグザグな群体を形成します。なかには細胞が短いものも見られます。世界中の海に生息し，日本の沿岸では，水温が下がる秋から冬にかけて多く見られます。

細胞が短いタイプ

ニチリンケイソウ【新称】
Tharassiothrix frauenfeldii
タラシオスリックス フラウエンフェルディ

細胞の長さ 0.08〜0.20 mm　幅 約 0.003 mm

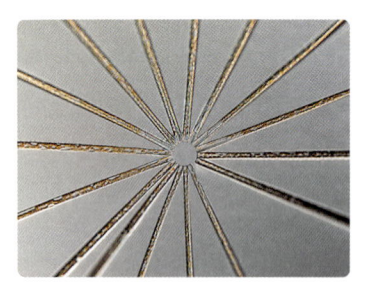

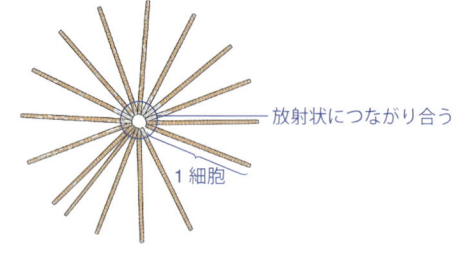

細胞の形はオリジャクケイソウと同様に棒状ですが，この種は放射状の群体を作ります。群体を形成する細胞の数が少ないときは扇形に見えます。世界中の暖かい海に広く生息し，日本の沿岸では夏から秋にかけて出現しますが，赤潮になるほど高密度に発生することは，ほとんどありません。

細胞数の少ない群体

単細胞生物　ケイ藻類

オウギケイソウの仲間

Licmophora spp.
リクモフォラ

細胞の長さ 0.02〜0.11 mm

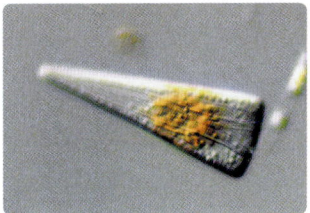

2細胞の群体

3細胞の群体

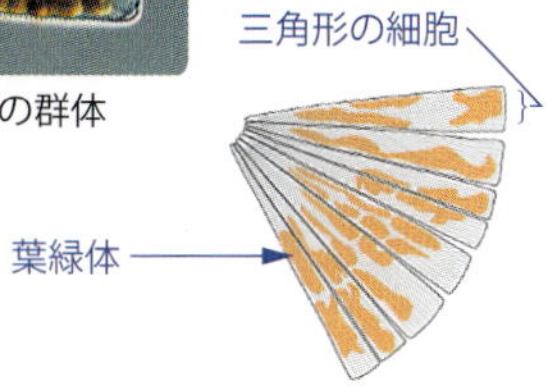

三角形の細胞

葉緑体

リクモフォラ フラベラータ
Licmophora flabellata

　細胞は角が丸くなった三角形（くさび形）で，これが側面でくっつき合って扇のような群体を作ります。ふだんは海藻の表面などに付着して生活する"ベントス（p.141，コラム18参照）"ですが，はがれて水中をただようことがあり，ときどきプランクトンネットにかかります。日本各地で見られます。

クチビルケイソウの一種

Cymbella sp.
キンベラ

細胞の長さ 0.04〜0.07 mm

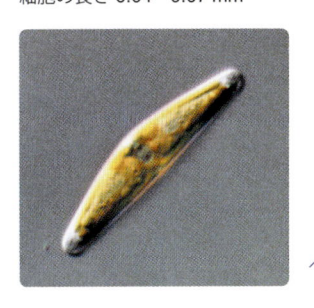

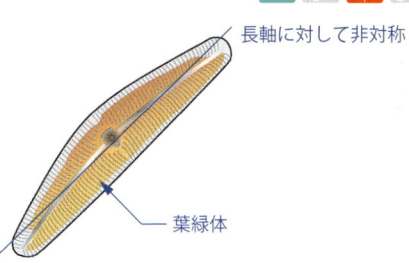

長軸に対して非対称

葉緑体

　細胞の色は茶〜黄色，殻は長軸に対して非対称で，三日月やくちびるのような形をしています。付着性のケイ藻で，付着物の表面をゆっくりとすべるように移動するようすがプレパラート下でも観察できます。日本各地で見られ，淡水域にも仲間がいます。

ホシガタケイソウ

Asterionellopsis gracialis
アステリオネロプシス グラシアリス

細胞の長さ 0.03〜0.15 mm

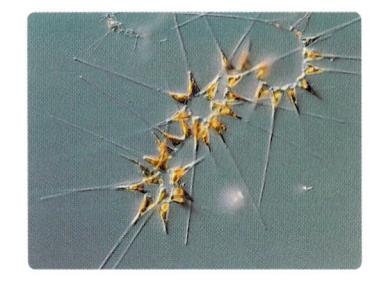

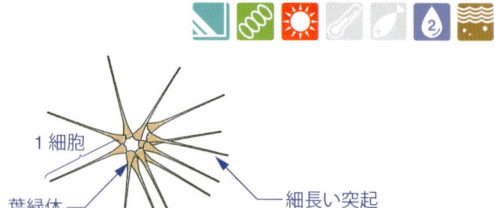

1 細胞
葉緑体
細長い突起

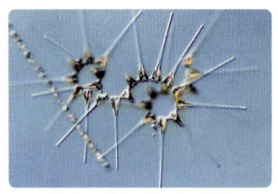

　細長い突起をもった細胞が放射状に集まり，星のような群体を作ります。群体がらせん状に長くなることもあります。茶色の葉緑体は細胞の根元（太い側）に 2 個ずつ存在します。世界中の海に分布し，日本沿岸でも水温が低い秋から春にかけて多く見られます。ときに大量発生し，赤潮を形成することがありますが，大きな被害は引き起こさないとされています。

らせん状に巻いた群体

フナガタケイソウの一種

Navicula sp.
ナビキュラ

細胞の長さ 0.02〜0.07 mm

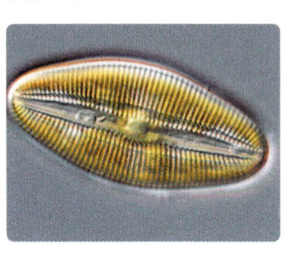

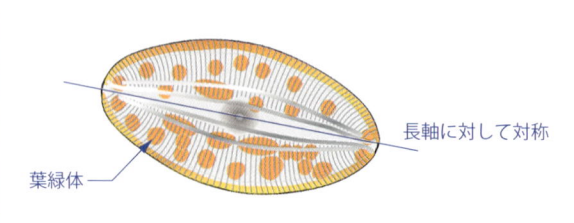

葉緑体
長軸に対して対称

　細胞の色は茶〜黄色，殻の形は上下左右ともに対称で，上からみると舟のような姿をしているのが特徴です。横から見ると丸みを帯びた長方形です。殻の表面から粘液を分泌し，付着物の表面をゆっくりとすべるように移動します（p.146, コラム 19 参照）。付着性ですが，水中をただよっていることも多く，ごくまれに赤潮を引き起こすことがあります。日本各地の干潟（ひがた）や内湾部，沿岸域で普通に見られます。川や湖沼（こしょう）など，淡水域にも仲間がいます。

メガネケイソウの一種

Pleurosigma sp.
プレウロシグマ

細胞の長さ 0.12〜0.20 mm　幅 0.02〜0.04 mm

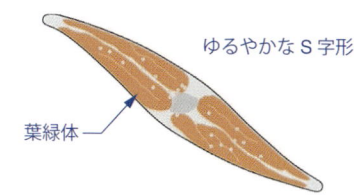

ゆるやかなS字形
葉緑体

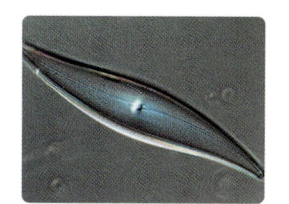

殻表面の1本の縦溝

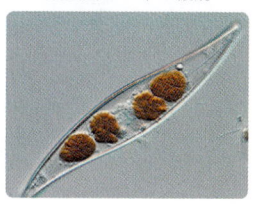

丸くなった葉緑体

　細胞は茶〜黄色で，ゆるやかなS字形の外見が特徴です。付着性で，付着物の表面をゆっくりとすべるように移動します。元気な細胞では葉緑体が細長く伸び，細胞全体に広がっていますが，弱ると葉緑体が丸く縮みます。殻の表面には1本のゆるやかなS字形の溝が見られます。淡水域を含む，日本各地に分布しています。

　和名に使われている"メガネ"とは顕微鏡のレンズのことで，本属の殻にある模様が，顕微鏡のレンズの性能をはかるための材料として適していたことから名づけられました。

ヒョウタンケイソウ【新称】

Diploneis splendica
ディプロネイス スプレンディカ

細胞の長さ 0.03〜0.05 mm　幅 0.01〜0.02 mm

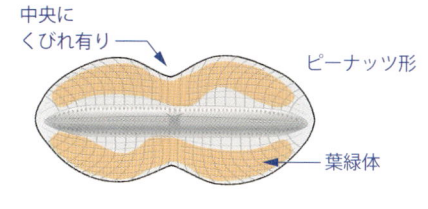

中央にくびれ有り
ピーナッツ形
葉緑体

　細胞は細長いだ円形で，中央部分がくびれ，"ひょうたん"のような姿をしています。付着性で，日本各地に見られます。

クビレケイソウ【新称】の一種

Amphiprora sp.
アンフィプローラ

細胞の長さ 0.07〜0.13 mm

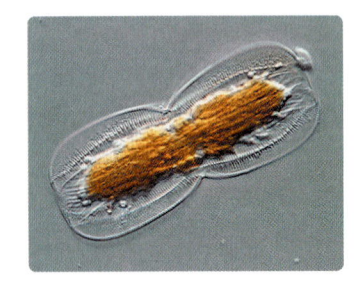

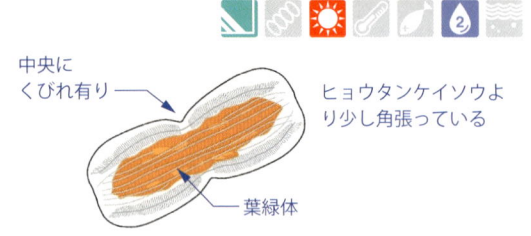

中央にくびれ有り

ヒョウタンケイソウより少し角張っている

葉緑体

細胞は角の丸い長方形で，中央部分がくびれています。細胞の中心全体に広がる葉緑体の色は黄〜茶色です。付着性で，日本各地に見られます。

コラム 19　移動能力をもつケイ藻

　フナガタケイソウやイカダケイソウなど，縦溝をもつケイ藻の多くは水底や海藻などの表面に付着し，ナメクジのように粘液を分泌しながら前後にすべるように移動することができます。速さは最大で毎秒 0.025 mm 程度と決して速くはありませんが，イカダケイソウのように群体になると，かなり派手な動きをします（次ページ参照）。

　この運動のしくみは，以下のように考えられています。① ケイ藻の細胞の中には，縦溝に沿って「アクチン繊維」（筋肉にもある，タンパク質でできた繊維）がレールのように伸びており，そこには"動く"タンパク質の「ミオシン」がついています。さらに，ミオシンは"ねばねばした"「粘性多糖（ねんせいたとう）」を間接的につけており，その粘性多糖は水底や海藻などの表面に付着しています。② この状態で，ミオシンは，アクチン繊維上を"レール上を走る電車のように"移動しますが，粘性多糖は地面にしっかりついているため，結果的にケイ藻は，ミオシンの移動方向とは逆の方向に"ずりずりと"移動することになるわけです。レールの端まで移動したアクチンは，粘性多糖を切り離すため，ケイ藻が移動した後には，"まるでナメクジが這った跡のように"粘性多糖だけが残ります。

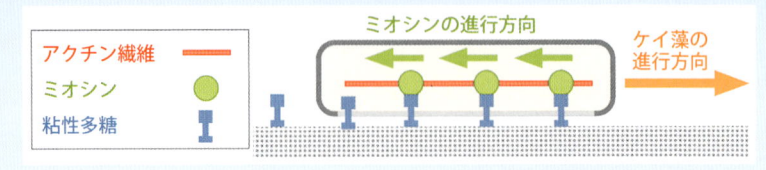

アクチン繊維
ミオシン
粘性多糖
ミオシンの進行方向
ケイ藻の進行方向

単細胞生物　ケイ藻類

イカダケイソウ

Bacillaria paxillifer
バキラリア パクシリファー

細胞の長さ 0.06〜0.15 mm　幅 約0.006 mm

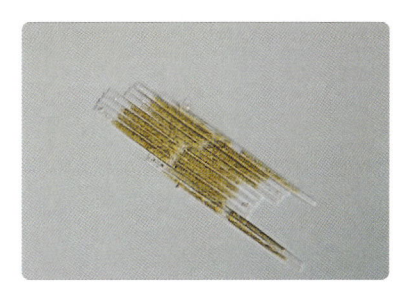

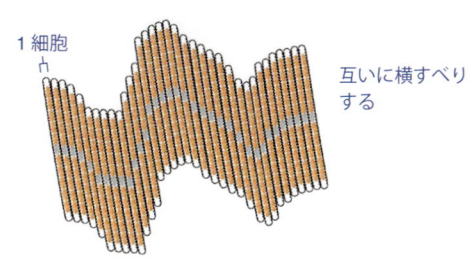

　黄〜茶色で細長い，長方形の細胞が側面どうしで付着し合い，イカダのような形の群体となります。隣り合った細胞は「南京玉すだれ」のように互いに横すべりし合うため，群体の形が下の写真のように伸びたり縮んだり，大きく変化します。本種は付着性ですが，この動きによってダイナミックに水底や海藻の表面を移動します。顕微鏡下で観察する際，針の先などで群体に触れると，一瞬で縮むようすが見られます。日本各地に分布し，河口など汽水域でもよく見つかり，藻が多い場所であれば，海水をすくうだけでも容易に採集することが可能です。魚類の排泄物が栄養源となるためか，養殖イケスの中でも多く見られます。

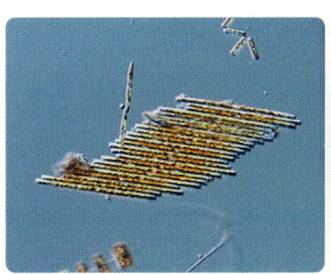

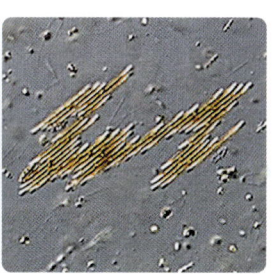

イカダのようにまとまった群体（左）
細胞が互いに横すべりし，複雑な形に変化した群体（右）

運動のようす（左から右へ 1/3 秒間隔で撮影）

ハリササノハケイソウ【新称】

Nitzschia longissima
ニッチア ロンギッシマ

細胞の長さ 0.25〜0.30 mm　幅 約 0.01 mm

- 中央がふくらむ
- 細長い突起

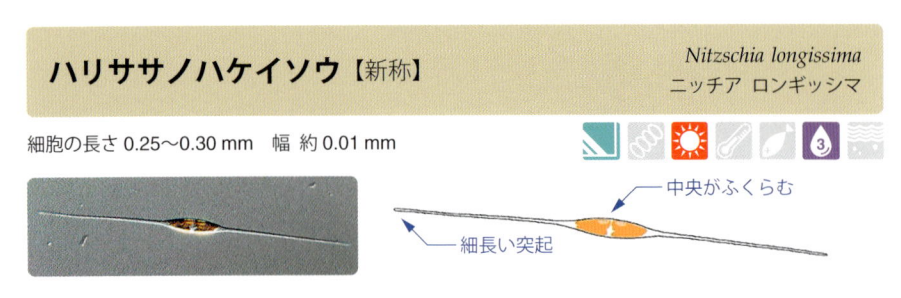

　細胞は，中央がふくらんだ細長い針のような形をしています。細胞の中央部には茶色の葉緑体があります。群体は形成しません。付着性で，海藻の表面などをすべるように移動します。日本各地の内湾などで普通に見られます。

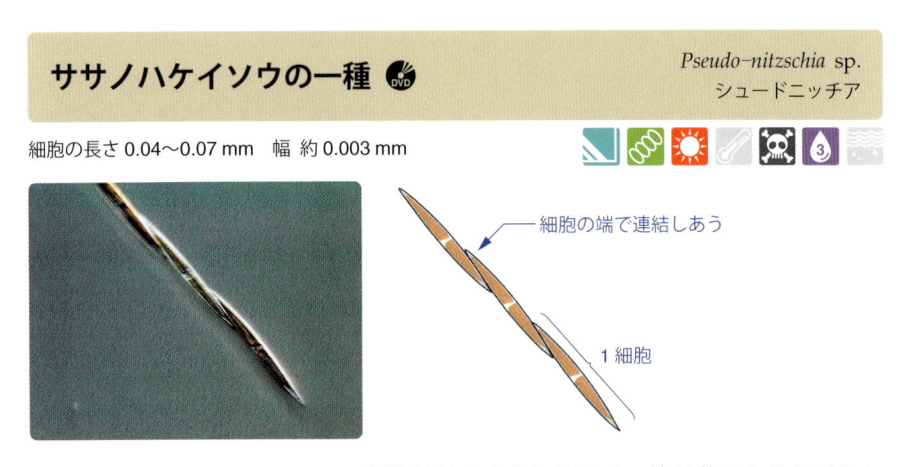

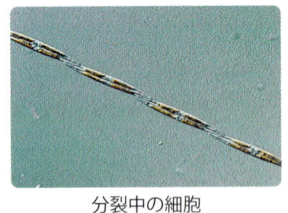

ササノハケイソウの一種

Pseudo-nitzschia sp.
シュードニッチア

細胞の長さ 0.04〜0.07 mm　幅 約 0.003 mm

- 細胞の端で連結しあう
- 1細胞

分裂中の細胞

　細胞は針のように細長く，笹の葉のような形をしています。1細胞で見られることもありますが，端の部分で隣りの細胞と重なるように連結し，棒のように長く伸びた群体を作ります。また，海藻や岩の表面などに付着して，ゆっくりとすべるように移動します。分裂時には，細胞の長軸に沿って真ん中から分かれ，最終的に2細胞になります。ササノハケイソウの仲間には，ドウモイ酸（次ページ参照）と呼ばれるマヒ性貝毒を作るものが見られます。このケイ藻を食べた貝類には毒が蓄積されるため，その貝を食べた人が中毒を起こした事例が過去にカナダで報告されています。日本に分布するササノハケイソウからもドウモイ酸が検出されていますが，ごくわずかな量であるため，ほとんど問題にはなっていません。

コラム 20　記憶喪失を引き起こすドウモイ酸とケイ藻

　1987年11月，カナダ東部の沿岸域で，ムラサキイガイによる集団食中毒が発生しました。この食中毒は，一般的な症状である腹痛，ゲリ，おう吐に加え，記憶喪失を引き起こすことが特徴で，被害者107名のうち，死者が4名，12名に重度の記憶障害が発生しました。当時の研究者が原因解明を試みた結果，この食中毒の原因物質は「ドウモイ酸」であることが明らかとなりました。

　ドウモイ酸（domoic acid）は，うまみ成分で知られる"グルタミン酸"と似た構造をもっています。グルタミン酸は大脳の一部位である「海馬（かいば）」の神経細胞に結合することで細胞を活性化するという，神経間の情報伝達における重役を担っています。ドウモイ酸もまた，海馬の神経細胞のグルタミン酸が結合する部位（グルタミン酸受容体）に結合でき，同様に神経細胞を活性化するのですが，グルタミン酸より結合力が強く，神経細胞を激しく活性化してしまうため，過剰な興奮により神経細胞を破壊してしまうとされています。海馬は新しく物事を記憶する部位であるため，この部位の神経細胞が破壊されると，記憶喪失が引き起こされるというわけです。

　しかしながら，食中毒の原因とされたムラサキイガイには，ドウモイ酸を合成する能力はありません。ではいったい，ドウモイ酸はどこからやってきたのでしょうか。その答えを探った結果，ササノハケイソウ属の一種，シュードニッチアマルチストリアータがドウモイ酸を合成し，このケイ藻を食べたムラサキイガイの体内に溜まったドウモイ酸により，ムラサキイガイを食べた人が食中毒になるという，一連の流れが見えてきました。

　ドウモイ酸を産生するケイ藻は，日本でもその存在が知られています。しかしながら，これまでのところ，食中毒を引き起こすほどのドウモイ酸は食品から検出されておらず，心配する必要はありません。ただ，この種が赤潮を引き起こすほど大発生するようなことがあれば注意すべきかもしれません。

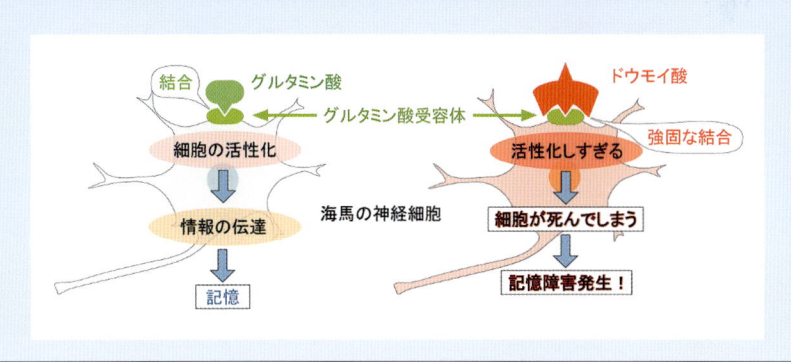

ラフィド藻類
RAPHIDOPHYCEAE

　ラフィド藻の仲間は殻をもたず，前方と後方に1本ずつ合計2本の鞭毛が伸びることが特徴です。前方の鞭毛を波打たせ，後方の鞭毛を引きずりながら泳ぎ回ります。一部の種は細胞の中に粘液胞（ねんえきほう）や毛胞（もうほう）と呼ばれる特別な器官をもっています。大量発生して赤潮を引き起こし，水質の悪化をまねいたり，一部の種が生成する活性酸素が魚類のエラを傷つけて殺してしまうことがあるため，出現や増加には注意が必要です。

チャヒゲムシ属　　　　　　　　　　　　　　　　　　　　　　*Chattonella* シャトネラ

　チャヒゲムシ属には近年まで7種が含まれていましたが，近年の分子系統学的研究（遺伝子の型の比較により，生物どうしのつながりを明らかにする研究手法）により，実は全く別の生物であったり，別種と考えられていたものが同種（種に分かれつつある変種）と判断されるなど，さまざまな新事実が明らかになり，現在は3種にまとめられています。ここでは，そのうち，日本沿岸で普通に見られるシャトネラ マリナ（学名）を紹介します。本種には3つの変種が含まれますが，各変種共通の特徴として，

1) 黄褐色の葉緑体が放射状に並び，全体的に褐色をしている。
2) 西日本を中心に，夏に大規模な赤潮を形成し，海水1mLあたりわずか100細胞ほどで，本種が放出する活性酸素によって魚のへい死を引き起こす。これまでも，養殖魚に大きな被害を与えてきた。ミキモトヒラオビムシとならんで有害プランクトンの代表種とされる。

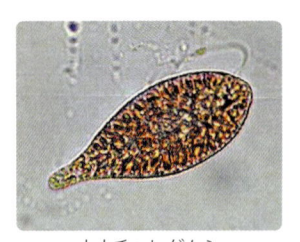

| オオチャヒゲムシ | 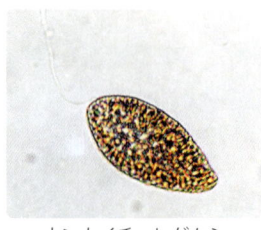 ナンカイチャヒゲムシ | 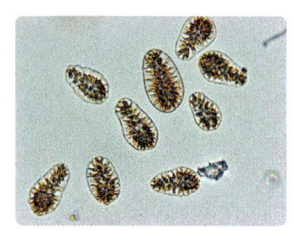 ワラジチャヒゲムシ |

3）環境が悪くなると鞭毛を失って遊泳をやめ，球形やアメーバ状に変化するため，それぞれの変種との見分けが困難になる。

などが挙げられます。では，3つの変種について，その特徴を見ていくことにしましょう。

オオチャヒゲムシ

Chattonella marina var. *antiqua*
シャトネラ マリナ バラエティー アンティカ

細胞の長さ 0.05〜0.13 mm　幅 0.03〜0.05 mm

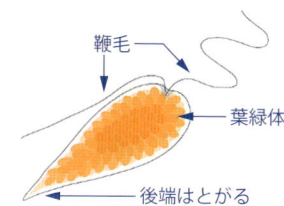

鞭毛
葉緑体
後端はとがる

単細胞生物
ラフィド藻類

　最もサイズが大きな変種です。葉緑体が細胞のふちに放射状に並び，全体的に褐色をしています。細胞は後方に向かって細くなり，後端はとがっています。ただし，環境が悪くなると鞭毛を失って遊泳をやめ，球形やアメーバ状に変化するため，見分けが難しくなります。瀬戸内海を中心に西日本に広く見られます。特に瀬戸内海では6〜9月にかけて多く見られ，特に7〜8月に大規模な赤潮を形成します。この種が赤潮となる細胞数は海水 1 mℓ に対して 500 細胞以上ですが，100 細胞でもこの種が放出する活性酸素などによって魚のへい死を引き起こす可能性があり，これまでも，養殖魚に大きな被害を与えてきました。赤潮発生件数は減少傾向にありますが，現在も有害プランクトンの代表種としてその出現や増加の動向が注意深く監視されています。瀬戸内海での赤潮発生件数は減少傾向ですが，有明海や八代海では増加傾向にあります。

　遊泳状態の細胞は，10℃ 以下での生存が困難なため，秋以降，水温が低下するとシストを形成して海底の泥の中で休眠状態となり，水温が再び 20℃ 前後になる初夏を待ちます。シストは直径約 0.03 mm の円形で，横から見ると中央部がふくらんだ半円形をしており，その表面はなめらかです（153 ページのコラム内の写真を参照）。内部には黒っぽいかたまりや多数の茶色の葉緑体が見られます。これまでの研究から，過去に赤潮が発生した海域の海底には，多数のシストが見られることがわかっています。シストの寿命は 2〜3 年と考えられていますので，赤潮の発

生が 1, 2 年見られない場合も油断は禁物です。

ナンカイチャヒゲムシ

Chattonella marina var. *marina*
シャトネラ マリナ バラエティー マリナ

細胞の長さ 0.03〜0.05 mm　幅 0.02〜0.03 mm

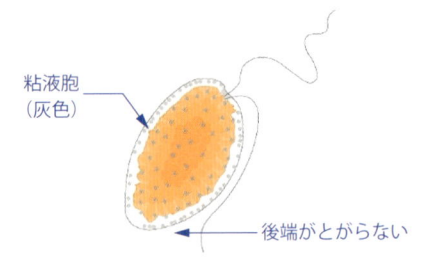

粘液胞
(灰色)

後端がとがらない

単細胞生物　ラフィド藻類

　卵形で，前部のへこみからほぼ同じ長さの2本の鞭毛が伸びています。葉緑体は放射状に配列し，細胞全体が褐色に見えます。細胞の構造は基本的にオオチャヒゲムシと同じですが，ナンカイチャヒゲムシのほうがひとまわり小さく，尾部の突起が見られません。瀬戸内海を中心に西日本に広く分布します。オオチャヒゲムシと同様に，春から秋に閉鎖的な海域で赤潮を形成し，活性酸素などを放出して大きな漁業被害を引き起こします。海水 1 mℓ あたり 100 細胞以上に増加するとイケスの魚が死んでしまいます。ナンカイチャヒゲムシの大きな個体とオオチャヒゲムシの小さな個体では区別しにくいことがあり，実際の海水中でも両者が混じって発生することがよくあります。ただ，どちらにしても魚類に被害を与えることは共通しているため，同じように警戒されています。

　オオチャヒゲムシと同じく，秋に水温が低下してくるとシストを形成しますが，その形態，出現場所，出現時期すべてにおいてオオチャヒゲムシとほぼ同じであるため，両者を区別することは困難です。

ワラジチャヒゲムシ

Chattonella marina var. *ovata*
シャトネラ マリナ バラエティー オバータ

細胞の長さ 0.05〜0.07 mm　幅 0.03〜0.05 mm

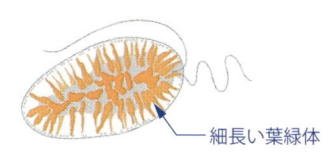

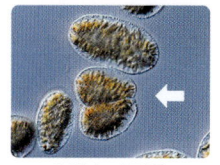

細長い葉緑体

分裂中（矢印）

　だ円形で，褐色の葉緑体が細長く放射状に伸び，その周囲の色が抜けているので"ワラジ"のように見えることが特徴です。細胞前端のへこみからほぼ同じ長さの鞭毛が2本伸びています。瀬戸内海および鹿児島湾での生育が知られており，瀬戸内海で赤潮を形成したことがあります。オオチャヒゲムシが光量不足や低温度条件下で変形したときに，このワラジとよく似た形になることがあります。しかし，ワラジチャヒゲムシを培養するとワラジの形が保持されることから，完全な同一種ではなく，変種とみなされています。この種も1 mlあたり100細胞を超えると養殖魚を殺すとされる有害種です。

コラム 21　葉緑体の自家蛍光

　葉緑体をもつプランクトンの多くは，クロロフィル（chlorophyll）などの色素を含んでいます。この色素は，蛍光顕微鏡などを用いて緑色の光を当てると，オレンジから赤色の強い蛍光を出す（自家蛍光）ため，例えば，普通の顕微鏡で観察したときに，これはチャヒゲムシのシストに形が似ているけれど，ただのゴミかもしれないし，果たしてどうなのだろう？　と悩んだときに蛍光顕微鏡を用いることで，内部に葉緑体をもつかどうか，容易に判断することができるのです。他にも，葉緑体が細胞のなかにどの程度あるのかについても，この方法で簡単に知ることができます。

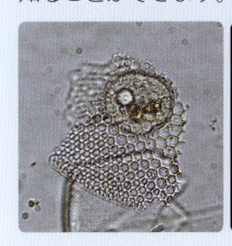

チャヒゲムシのシスト内に見られる葉緑体
（網目模様はケイ藻の殻）
（左）普通の顕微鏡で観察
（右）蛍光顕微鏡で観察

単細胞生物　ラフィド藻類

コラム 22　活性酸素や粘液で魚を攻撃するプランクトン

チャヒゲムシ属の赤潮が養殖魚のへい死を引き起こすメカニズムは以下のように考えられています。

① 増えすぎたチャヒゲムシが魚のエラにからまる。
② チャヒゲムシが活性酸素を出す。
③ 活性酸素とエラ組織の血液が反応して熱をもち，エラがやけどでただれたようになる。
④ エラが傷ついた魚は息ができなくなり，やがて窒息死する。

※ この他にも，プランクトンの粘液がエラにからまることも，呼吸困難を引き起こす原因と考えられています。

※ 有害赤潮プランクトンの出す粘液や活性酸素はごくわずかですので，人体への悪い影響はありません。また，赤潮が発生している海の魚を食べても全く問題ありません。

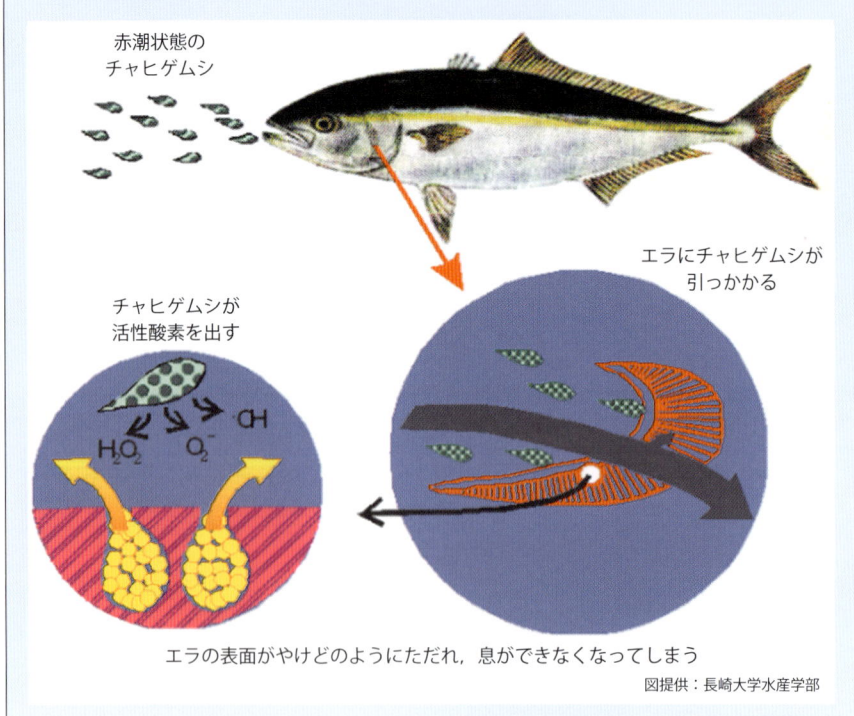

エラの表面がやけどのようにただれ，息ができなくなってしまう

図提供：長崎大学水産学部

日本の海産プランクトン図鑑

アカシオヒゲムシ

Heterosigma akashiwo
ヘテロシグマ アカシオ

細胞の長さ 0.01〜0.03 mm　幅 0.01〜0.02 mm

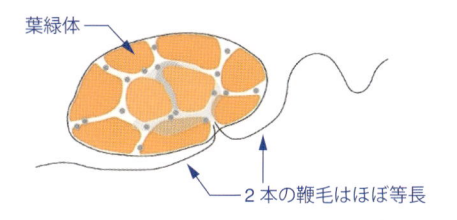

葉緑体

2本の鞭毛はほぼ等長

　とても小さなプランクトンです。細胞は通常ジャガイモ形ですが，表面の凸凹や後端部のとがり方に個体差が見られます。また，環境が悪くなると球形化したりアメーバ状になることもあります。2本の鞭毛は長さがほぼ等しく，細胞側面の浅いくぼみから前後に伸びていて，鞭毛を軸に回転しながら泳ぎます。粘液胞はもっていません。全国の河口から沖合いまで広く分布し，特に富栄養化の進んだ内湾部に多く出現します。春から秋，特に梅雨の時期にたびたび赤潮を形成します。夜間，海の底で分裂して仲間を増やす際，酸素が大量に消費されるため，養殖魚が酸欠になることがあります。また，昼間は水面近くで活発に光合成を行い，活性酸素を作ることでアジなどの魚にダメージを与えることもあるため，赤潮の発生には注意が必要です。海水 1 mℓ あたり 5,000 細胞が含まれると海水が着色し，10,000 細胞以上に増加すると，"いけす"で育てている養殖魚のへい死をまねき，この赤潮が数日間停滞した場合は天然魚にも被害が及びます。

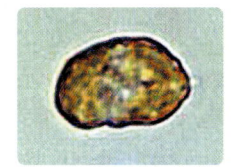

ジャガイモのような形

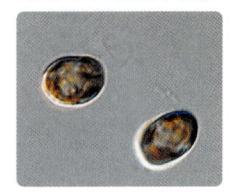

単細胞生物

ラフィド藻類

アカシオヒゲムシによる赤潮（6月頃）

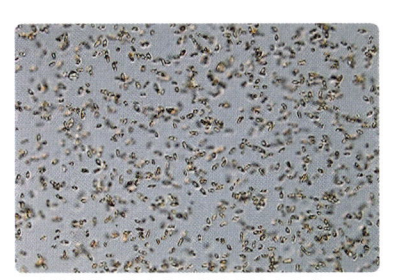

赤潮状態の海水を顕微鏡観察したところ

155

アカシオヒゲムシの日周鉛直移動

　アカシオヒゲムシは，昼間は海水の表層に，夜間は底層に集まる習性があります。この上下移動の距離は5〜6mにもなります。

> **コラム 23**　プランクトンの日周鉛直移動
>
> 　赤潮を形成するプランクトンの中には，日中は表層に分布し夜間は底層に沈む「日周鉛直移動（にっしゅうえんちょくいどう）」を行う種がいます。ミキモトヒラオビムシやスジメヨロイオビムシは，約20mもの上下移動をすることがわかっています。この移動は，表層で光合成を行うための光を得て，底層に溶けている豊富な栄養塩（チッ素やリンなど，植物プランクトンの増殖に必要な物質）を得られる効率のよい生存戦略であると考えられます。
>
> 　これらのプランクトンの赤潮発生を観測する際には，海水を採取する時間帯や水深に気をつけなくてはなりません。表層だけ観察してプランクトンが見あたらなくても，少し深いところに移動しているだけかもしれないのです。

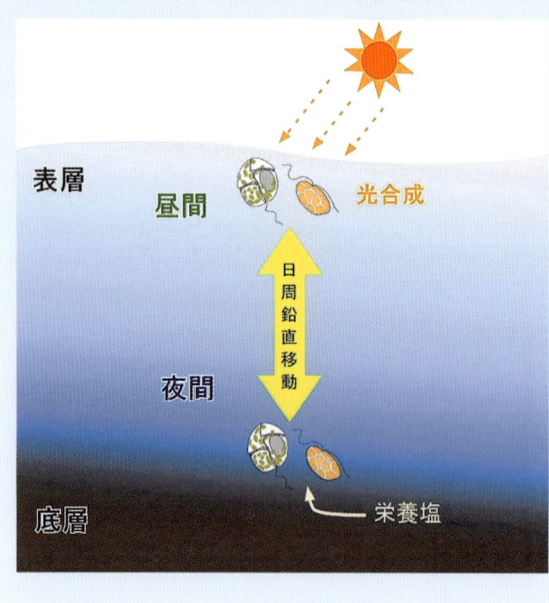

ウミイトカクシ 📀

Fibrocapsa japonica
フィブロカプサ ジャポニカ

細胞の長さ 0.02～0.03 mm　幅 約 0.02 mm

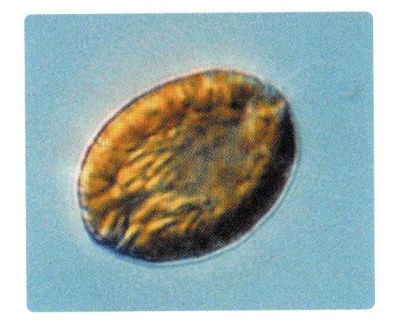

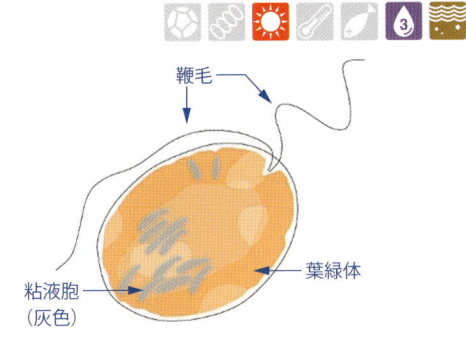

鞭毛
粘液胞（灰色）
葉緑体

　細胞はだ円形で，前端の浅いくぼみから2本の鞭毛が伸びます。細胞の後部には棒状の粘液胞が並んでいます。強い刺激を受けると，この粘液胞から，長さ 0.30 mm を超える，長い糸状の内容物がとび出します。このようすから「ウミイトカクシ」の名前がつけられました。環境条件が悪くなると，鞭毛を失って球形化したり，アメーバ状の細胞になることがあります。

　東北から九州にかけて広く分布し，湾内や河口周辺など富栄養化した海域で特に多く見られます。赤潮状態になると，細胞が死滅する際に，粘液胞からとび出した内容物が魚のエラに詰まり，窒息死を引き起こすことがありますが，大規模かつ長期にわたる赤潮の発生例は滅多になく，これまでに大きな漁業被害は報告されていません。

粘液胞からとび出した糸状の内容物（矢印）

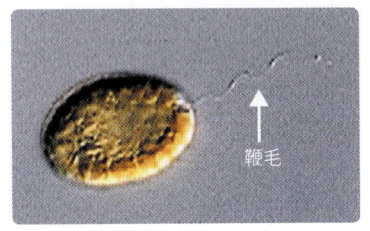

鞭毛

遊泳時に波打つ鞭毛

単細胞生物　ラフィド藻類

ケイ質鞭毛藻類
SILICOFLAGELLATES

　ケイ質鞭毛藻は，細胞内に多角形のケイ酸質の骨格をもっています。細胞が死んでも，かたい骨格は化石として何千年，何万年も残るため，地質学の分野で役立っています（164ページ）。

　シリカヒゲムシやヒシシリカヒゲムシなど，"ディクチオカ藻"とも呼ばれる仲間は，葉緑体に含まれる光合成色素がケイ藻類と同じであることから，ケイ藻の属するグループ（不等毛植物門：ふとうもうしょくぶつもん）に分類されることもあります。一方，ミツワシリカヒゲムシは，ケイ酸質の骨格をもつこと以外にシリカヒゲムシとの共通点が少なく，遺伝子レベルの解析結果から，"アメーバ鞭毛虫"と呼ばれるグループに属することが明らかになっています。ただし，この図鑑では，形態の特徴からケイ質鞭毛藻の仲間に分類しています。

　ケイ酸質の骨格をもつ点以外は，あまり共通点のないグループ，それがケイ質鞭毛藻類です。

コラム 24　ミクロの世界は広大！　最新の生物分類について

　高校生物や中学校理科の教科書でも登場する「生物の系統樹」。生物が進化してきた経路を樹木のように表現した図で，生物を「モネラ界」，「原生生物界」，「植物界」，「菌界」，「動物界」の5界に分けた「五界説」などが有名ですが，近年，分子レベルでの系統解析が進むにつれて，生物の世界は5界で分けられるほど単純でないことが次々と明らかになってきました。モネラ界に相当する「原核生物」を除いた「真核生物」の最新の系統樹（Adl ほか，2012）は「エクスカバータ」，「リザリア」，「アルベオラータ」，「ストラメノパイル」，「アーケプラスチダ」，「オピストコンタ」，「アメーボゾア」の大きな7つの枝に分かれており，動物と菌はオピストコンタの，植物はアーケプラスチダの一枝にすぎない小さな存在になりました。代わって大きく幅を効かせるようになったのが，本書の前半を占める，これまで原生生物界にまとめられてきた生物たちです。ケイ藻類はストラメノパイル，渦鞭毛藻類はアルベオラータ，ミドリムシ類はエクスカバータ，放散虫や有孔虫はリザリアにそれぞれ属し，広大な世界を構成しています。ミクロの世界は実は肉眼で見える世界よりもずっと広大なのです。興味をもたれた方はぜひ，日本原生動物学会若手の会が刊行する電子図書「原生動物園 Vol.3」をお読みください。

日本の海産プランクトン図鑑

シリカヒゲムシ

Dictyocha speculum
ディクチオカ スペキュラム

骨格の大きさ 0.02〜0.04 mm

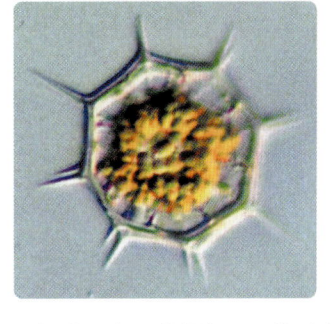

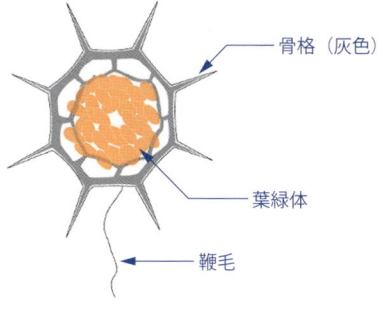

骨格（灰色）

葉緑体

鞭毛

　細胞の色は黄褐色で，鞭毛を1本もっています。骨格の形は六角形が多く，ときに五角形や八角形になります（右下の写真）。細胞分裂中は，左上の写真のように骨格が二重に見えることもあります。また，骨格をもたずに泳ぎ回ったり，アメーバ状の巨大細胞になる時期をもつことが，北欧にすむ同種において確認されています。世界中の沿岸域で普通に見られ，日本でも広く分布していますが数は少なく，今のところ，赤潮被害の報告もありません。化石としても多く見つかる種です。

八角形の骨格

ヒシシリカヒゲムシ

Dictyocha fibula
ディクチオカ フィビュラ

骨格の大きさ 0.01〜0.05 mm

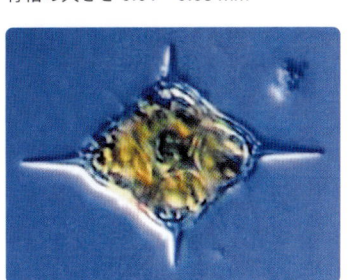

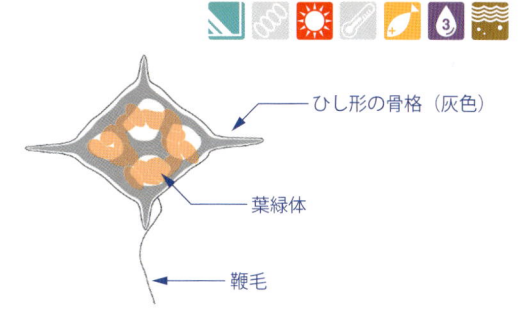

ひし形の骨格（灰色）

葉緑体

鞭毛

　葉緑体をもち，細胞の色は黄褐色です。骨格はひし形で，手裏剣のような姿をしています（左の写真）。鞭毛が1本生えており，水中を泳ぎながら生活しています。

単細胞生物　ケイ質鞭毛藻類

159

世界各地の沿岸部に分布し，20～30℃の水温でよく増えます。日本でも，大阪湾や三河湾など沿岸部で赤潮を引き起こしたことがあり，大量発生時には魚を殺すことがあるため，注意が必要です。化石としても多く見つかります。

骨格

ヒシシリカヒゲムシ（骨格のない時期）

細胞の直径 0.04～0.06 mm

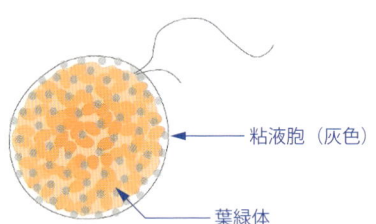

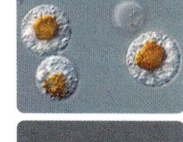

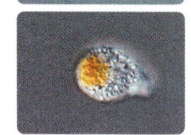

粘液胞（灰色）
葉緑体

　近年まで，細胞の形や構造が似ていることからチャヒゲムシ属（150ページ）の一種，タマチャヒゲムシ（シャトネラ グロボーサ：*Chattonella globosa*）として分類されていましたが，（独）水産総合研究センターによる遺伝子レベルでの研究により，実はディクチオカ藻の一種，ヒシシリカヒゲムシであるという，衝撃の事実が明らかになりました。つまり，タマチャヒゲムシは"骨格構造を失うことでチャヒゲムシのような姿になったヒシシリカヒゲムシ"だったのです。

　細胞はほぼ球形で，表面に半球状のいぼのような突起がたくさん見られます。また，細胞前部から長短2本の鞭毛が伸びています。突起は粘液胞がつき出たもので，ここから放出される粘液が魚のエラにつまって窒息死を引き起こします。春から秋に湾内など閉鎖的な海域で見られますが，赤潮状態になることはありません。

表面の粘液胞突起

イガグリヒゲムシ【新称】

Pseudochattonella verruculosa
シュードシャトネラ ベルクローサ

細胞の長さ 0.02〜0.04 mm　幅 0.01〜0.02 mm

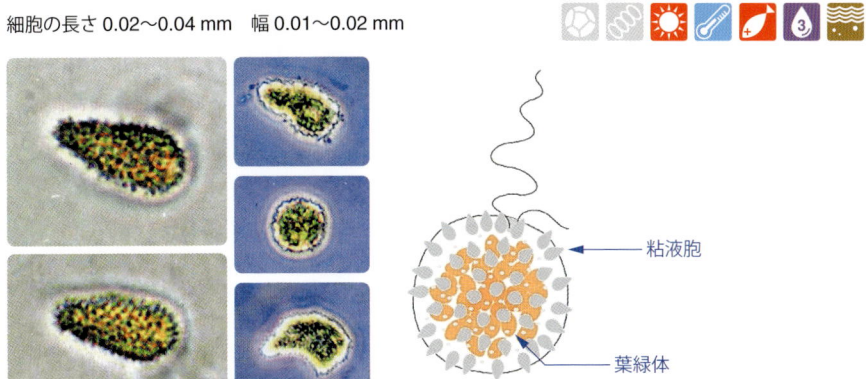

写真提供：山口県水産研究センター・馬場俊典氏

粘液胞
葉緑体

　近年までラフィド藻のチャヒゲムシ属に分類されていましたが，遺伝子レベルの解析により，ディクチオカ藻であることが明らかとなり，属名もシュードシャトネラ（"にせ"のチャヒゲムシ）に変更されました。ケイ酸質の骨格はもちませんが，シリカヒゲムシに近い生物ということで，このページに掲載しています。

　細胞は小さく，形はほぼ球型からだ円型まで変化に富んでいます。前端のくぼみから長さの異なる2本の鞭毛が伸びています。葉緑体は小さく，全体は薄い黄色をしています。この種は，細胞表面のところどころに粘液胞の突起がトゲのようにつき出ていることが大きな特徴です。学名につけられた「ベルクローサ」は「いぼだらけ」という意味で，この特徴に由来しています。粘液胞はわずかな刺激で円すい形の内容物をうち出し，これによって細胞自身も破裂してしまいます。全国各地の内湾など閉鎖的な海域に分布し，春から秋にかけて見られます。赤潮は冬期から初夏にかけて発生し，養殖魚を殺す有害種です。

ミツワシリカヒゲムシ

Ebria tripartita
エブリア トリパルティタ

細胞の長さ・幅 0.03〜0.04 mm

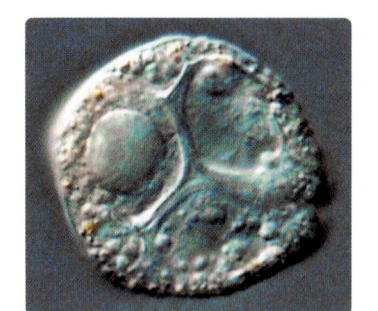

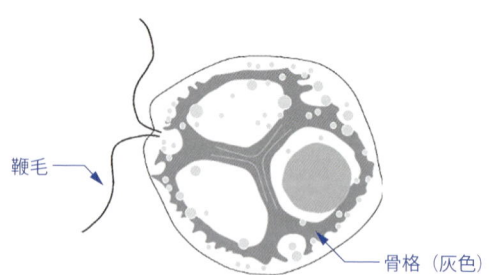

鞭毛

骨格（灰色）

　細胞は平たく，少し紫がかった褐色をしています。細胞内には3つの環が組み合わさった形をした骨格があります（下の写真）。細胞が死んで骨格だけになったものは，海底の泥の中からよく見つかります。鞭毛は2本あり，これを使って水中を泳ぎ回ります。葉緑体はもたず，周囲のケイ藻などを捕らえ，栄養を得ています。

　"エブリア"とはラテン語で"酔っ払った"という意味で，これは，本種の泳ぐ姿がゆらゆらとしていることから名づけられたようです。外見的な特徴から，シリカヒゲムシなどと同じ"ディクチオカ藻"に近い生物だとされていましたが，2006年に遺伝子レベルでの解析によって，"アメーバ鞭毛虫"の仲間であることが確認されました。日本全国の太平洋沿岸で多く見られますが，赤潮を形成したという報告はありません。

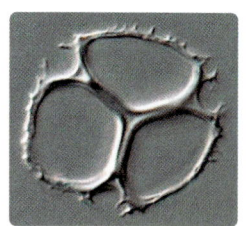

骨格

ハプト藻類
HAPTOPHYCEAE

　ハプト藻の仲間は"ハプトネマ（haptonema）"と呼ばれる鞭毛に似た構造をもち，この先端を物に付着させてすべるように移動したり，エサを捕らえて口に運んだりすることができます。ハプト藻の中では，細胞が石灰質の殻でおおわれている円石藻（えんせきそう）類がよく知られていますが，サイズが小さく（0.01 mm前後），ほとんどが外洋で出現するため，この図鑑では省略しました。

◆プリムネシウム目◆

ヨツゲオウゴンモ【新称】
Chrysochromulina quadrikonta
クリソクロムリナ クアドリコンタ

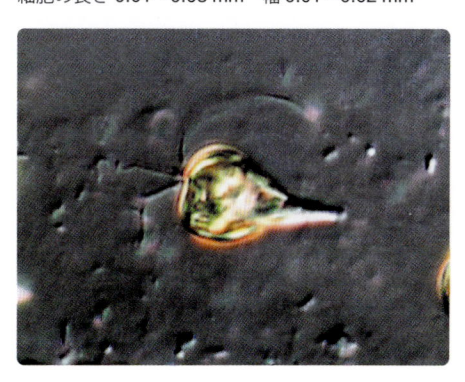

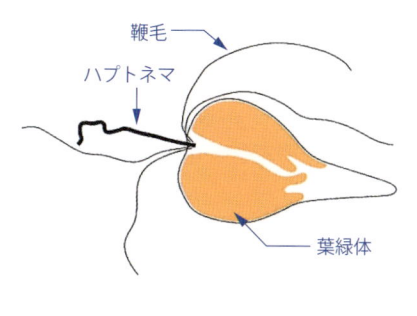

細胞の長さ 0.01～0.03 mm　幅 0.01～0.02 mm

鞭毛
ハプトネマ
葉緑体

　細胞はイチジクのような形で，金色の葉緑体をもち，表面はウロコ状とトゲ状の殻でおおわれています。前端から4本の鞭毛と1本の"ハプトネマ"が生えています。ハプトネマを前方にまっすぐ伸ばし，鞭毛は後方に波打たせて遊泳します。本種は1987年9月に東京湾で初めて見つかり，その後は8月から11月にかけて毎年生育が確認されています。まれに黒色の赤潮を形成します。毒性はないと考えられていますが，養殖カキの変色被害を引き起こすため，赤潮になると注意が必要です。サイズが小さく，数もさほど多くはないため，見つけにくいプランクトンです。

コラム 25　化石で見つかるプランクトン

　小型のプランクトンの多くは，身を守るため，浮力を高めるため，体を大きくみせるためなど，さまざまな理由から，硬い殻や骨格構造を細胞の内外にもっています。これらの構造は，細胞が死を迎えたあとも何千，何万年も残り，化石として地層から発見されるため，地層の年代特定に役立ったり，ときには，材料として人に利用されたりしています。以下に，生き物の種類ごとに紹介していきましょう。

・ケイ質鞭毛藻類（158 ページ）
　ケイ酸質の骨格が，細胞が死んだ後も形を保ったまま残り続けます。骨格は手裏剣のような形をしているため，顕微鏡で観察することで，土や泥とは形態的にはっきりと区別できます。化石は新生代以降の地層からのみ見つかるため，地層の年代特定に利用されています。

・ケイ藻類（121 ページ）
　ケイ藻の体は二酸化ケイ素からなるガラス質の殻で包まれており，この殻は細胞が死んだ後も分解されずに残ります。このため，海の底に殻が降り積もり，長い年月を経て化石となります。これを掘り出したのが，七輪（しちりん）の原材料として有名な"ケイ藻土"です。化石は白亜紀以降の地層から見つかります。殻は複雑な模様をもつため，顕微鏡で観察すると，ただの岩石と容易に区別できます。

・放散虫類（175 ページ）
　ケイ藻などと同様に，ケイ酸質でできた殻をもつものが多く，先カンブリア時代から現代に至るまでの幅広い地層で化石として見つかるため，地層の年代測定に活用されています。本図鑑で紹介しているウミサボテンムシなどは殻が硫酸ストロンチウムでできており，短期間で分解されてしまうため化石になりません。多くの放散虫の殻には，仮足を伸ばすための多数の穴が開いています。詳しくはコラム 29（181 ページ）を参照ください。

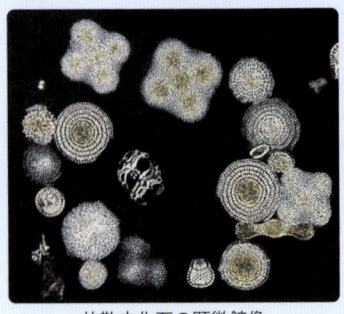

試料提供：堀利栄博士

放散虫化石の顕微鏡像

- 有孔虫類（188 ページ）

　石灰質の殻をもち，細胞が死ぬと海底に堆積し，石灰岩を形成することがあります。化石で有名な"フズリナ"やお土産で有名な"星の砂"はともに有孔虫です。また，底生性（水底にすむ）の有孔虫は，環境ごとに見つかる種が異なるため，地層の当時の環境の推定にも役立てられています。化石はカンブリア紀から現代までの幅広い地層で見つかります。

- 円石藻類

　炭酸カルシウムでできた殻をもち，殻だけが動物プランクトンなどに捕食された後も消化されず，糞（ふん）の中に残ります。この糞，つまり，円石藻の殻のかたまりが海底に降り積もり，長い年月を経ることで，石灰岩の層を作り出します。ドーバー海峡などで見られる大きな石灰岩の露頭は，本種の化石そのものです。昔のチョークは石灰岩をそのまま加工していたため，その粉を顕微鏡で観察すると円石藻の殻を確認できたとか。今は製法が異なるため，残念ながら確認できないようです。化石は三畳紀以降の地層から見つかります。

- 渦鞭毛藻類（70 ページ）

　渦鞭毛藻には，生活史の一時期として"休眠期（きゅうみんき）"をもつものがいくつか知られています。休眠期に入ると細胞は鞭毛を失い，海の底に沈みます。その状態で一定期間休眠し，環境が一定の条件になるまでじっと過ごします。この休眠期の細胞は，陸上植物の花粉の殻の主成分であるスポロポレニンに近い成分でできており，風化などに対して高い耐性をもつため，長い年月を経てもほとんど分解されずに残るのです。円石藻と同様，化石は三畳紀以降の地層から見つかります。

- ラン藻類（68 ページ）

　地球の歴史について詳しい方なら，"ストロマトライト"という名前をご存知でしょう。実はこのストロマトライト，太古の昔（先カンブリア時代）に地球上で繁栄し，現在もオーストラリアの一部に"生きた化石"として生息するラン藻の一種なのです。35 億年前の地層からも化石として見つかります。泥とともに積み重なるようにして大きくなるため，層状になります。

ミドリムシ類
EUGLENOPHYCEAE

　学校の教科書でも有名なミドリムシの仲間は，池や田んぼなどの淡水中に多く見られますが，一部の種は海や河口にもすんでいます。教科書でもおなじみの"ミドリムシ"が，このグループの代表種です。海や河口で見られる種類は多くありませんが，ときおり大発生して緑色の赤潮を引き起こします。ただし，ミドリムシ類の引き起こす赤潮は，特に目立った害を及ぼすことはないとされています。

　ミドリムシ類の多くは，鞭毛を使った遊泳運動に加えて，"ユーグレナ運動"と呼ばれる，ミドリムシ類だけがもつ特徴的な変形運動も行います。緑色のミドリムシ類は葉緑体をもっていますが，その構造は，陸上植物や緑藻類がもつ葉緑体と少し異なります。理由は168ページのコラム"葉緑体の起源もいろいろ"を参照ください。

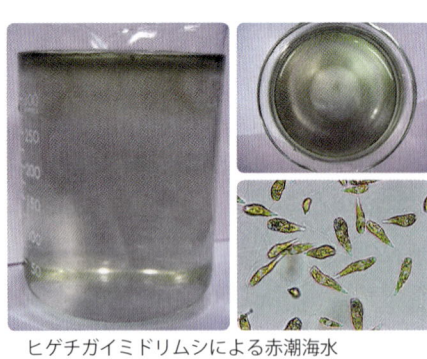

ヒゲチガイミドリムシによる赤潮海水
（左）横から　（右上）上から　（右下）顕微鏡で拡大

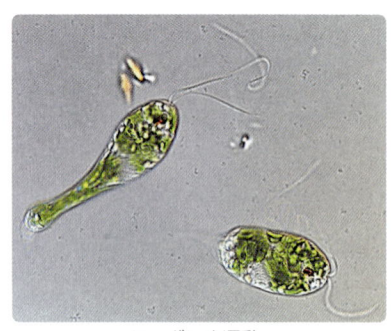

ユーグレナ運動
（左）伸びたところ
（右）縮んだところ

ウミミドリムシ

Eutreptia pertyi
ユートレプティア ペルティ

細胞の長さ 0.05〜0.10 mm　幅 0.01〜0.02 mm

2本の鞭毛は等長
眼点（赤色）
葉緑体（緑色）

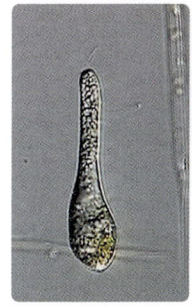

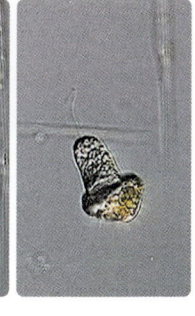

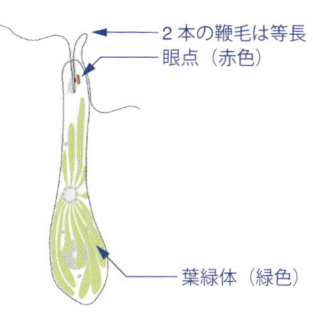

　細胞は細長いだ円形で，黄緑色をしています。前端から同じ長さの2本の鞭毛が伸び，これを動かして水中を泳ぎます。左の写真のように，伸びたり縮んだりと，泳いでいる際にも活発なユーグレナ運動を行います。鞭毛の根元にある赤色の粒は"眼点（がんてん）"と呼ばれ，この部分と鞭毛の根元にある光センサーを組み合わせることで，光の方向を感知しています。春から夏にかけて，内湾部や河口域で緑色の赤潮を引き起こすことがありますが，基本的には無害とされています。ただし，カキの体を緑色にしてしまうことがあるので，養殖業の方は注意が必要です。ちなみにフランスでは，カキは緑色のほうが好まれています。

ヒゲチガイミドリムシ【新称】の一種

Eutreptiella sp.
ユートレプティエラ

細胞の長さ 0.02〜0.04 mm　幅 0.01〜0.02 mm

2本の鞭毛は不等長
眼点（赤色）
葉緑体（緑色）

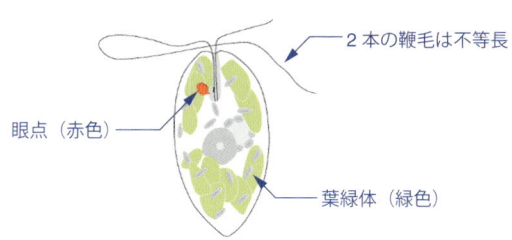

　ほとんどの特徴はウミミドリムシと同じですが，2本ある鞭毛の長さに差がある点で区別できます。春や夏，冬に河口域や内湾部で赤潮を引き起こすことがありますが，魚介類などへの被害報告はありません。

単細胞生物　ミドリムシ類

> **コラム 26**　葉緑体の起源もいろいろ

　中学校の授業で"植物細胞に含まれる細胞内構造の代表格"として必ず登場する「葉緑体」。陸上植物に加え，「藻」のつく生物のほとんどがもっており，その色も，緑，赤，黄，茶色など，実にさまざまです。葉緑体は，光合成を行う能力をもつ生物を別の生物が細胞内で飼う（これを「共生」といいます）うちに，完全に細胞の一部となったものですが，この過程の違いから「一次植物」と「二次植物」に分けられています。下図のように，ラン藻を飼って細胞の一部（葉緑体）としたものが一次植物，そして，一次植物を飼って細胞の一部にしたのが二次植物です。したがって，一次植物と二次植物の葉緑体は，構成する膜の数（二次植物が多い）など，細かな違いが多く見られ，二次植物のなかには，取り込まれた生物の核の名残りが見られる生物もいます。葉緑体の構造から「共生による進化」が見えてくるわけです。

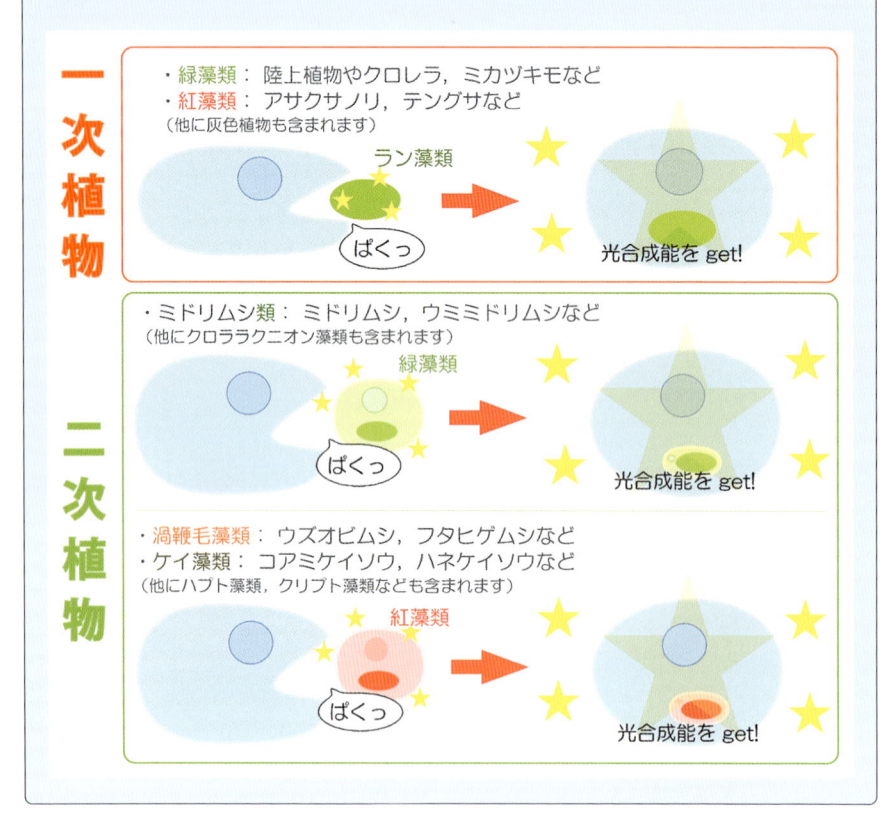

一次植物
- 緑藻類：陸上植物やクロレラ，ミカヅキモなど
- 紅藻類：アサクサノリ，テングサなど
（他に灰色植物も含まれます）

二次植物
- ミドリムシ類：ミドリムシ，ウミミドリムシなど
（他にクロララクニオン藻類も含まれます）

- 渦鞭毛藻類：ウズオビムシ，フタヒゲムシなど
- ケイ藻類：コアミケイソウ，ハネケイソウなど
（他にハプト藻類，クリプト藻類なども含まれます）

繊毛虫類
CILIOPHORA

　繊毛虫（せんもうちゅう）の仲間には，細胞の全体や一部に，繊毛と呼ばれる毛のような細胞突起が多数生えており，これらを動かして水流をおこし，泳いだりエサを口にかきこんだりしています。繊毛と鞭毛は，数や長さが異なる場合が多いものの，その基本構造は同じです。

　淡水の池や沼には，ゾウリムシ（左下写真）やツリガネムシ（中下写真），ラッパムシ（右下写真）をはじめ，多種多様な繊毛虫が見られますが，海水で見られる種は，それほど多様ではありません。赤潮を形成すると考えられているのはアカシオウズムシのみで，他の種はむしろ，赤潮の原因になるプランクトンを食べて減らしてくれる，いわば"善玉プランクトン"です。コップのような殻をもつものもいます。

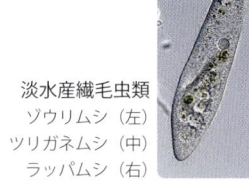

淡水産繊毛虫類
ゾウリムシ（左）
ツリガネムシ（中）
ラッパムシ（右）

アカシオウズムシ

Myrionecta rubra
ミリオネクタ ルブラ

細胞の長さ 0.03〜0.05 mm　幅 0.02〜0.04 mm

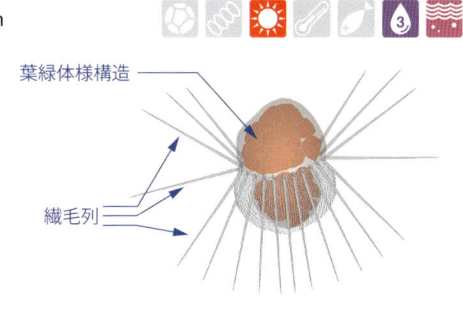

葉緑体様構造
繊毛列

　以前は *Mesodinium rubrum*（メソディニウム・ルブラム）と呼ばれていました。細胞はダルマ形で，繊毛が束になってできた数本のトゲや，環状の繊毛列が細胞か

169

ら伸びています。運動のしかたは独特で，ピンピンと"はねる"ように移動します。細胞内には"クリプト藻"を起源とする葉緑体のような構造が多数あり，細胞は赤みがかった茶色に見えます。この葉緑体様構造が光合成によって作り出した栄養を利用することで，エサを食べずに生きることができると考えられています。秋頃に増加し，内湾などでワインレッドの赤潮を形成することがありますが，ときにカキやアサリなどの二枚貝を赤く変色させることがあるため注意が必要です。近年，本種を好んで捕食するカンムリミジンコの仲間（77ページ）が，捕食の際に本種がもつ葉緑体様構造をうばい取って自身の光合成に活用していることが明らかになりました。

ケダマハネムシ【新称】の一種

Strombidium sp.
ストロンビディウム

細胞の長さ 0.03～0.06 mm　幅 0.03～0.05 mm

多数の繊毛列
食胞

細胞は卵円形で，口（細胞口）の周りに繊毛が環状に伸びており，これを使って移動したり，エサを捕まえたりします。短時間で数10倍もの数のヒシオビムシ（96ページ）を食べ尽くすため，ヒシオビムシ赤潮対策に有望とされています。

ヘチマムシ【新称】

Tiarina fusus
ティアリナ フスス

細胞の長さ 0.09～0.10 mm　幅 0.03～0.04 mm

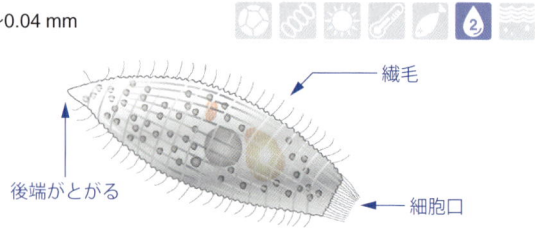

繊毛
後端がとがる
細胞口

体は細長く，全体に繊毛が伸びています。後端はとがり，前端にはノコギリ状の歯があります。渦鞭毛藻などの赤潮プランクトンを好んで食べるため，赤潮プランクトンが増加した海水の中でよく見つかります。

コクダカラムシ【新称】

Eutintinnus tubulosus
ユーチンチヌス チュブロサス

殻の長さ 0.07〜0.13 mm

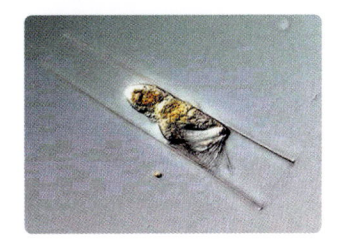

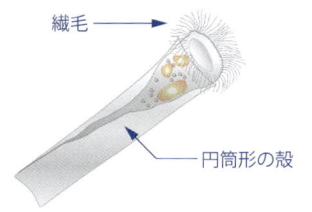

繊毛
円筒形の殻
伸びたところ

　両側が開いた細長い円筒形の殻をもち，細胞はその中に収まっています。細胞には環状の繊毛が生えており，殻から繊毛を出して泳ぎます。

アナトックリカラムシ

Codonellopsis ostenfeldi
コドネロプシス オステンフェルディ

殻の長さ 0.07〜0.13 mm

とっくり形の殻
繊毛
縮んだところ

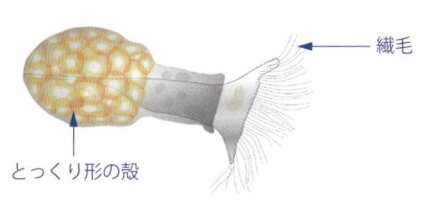

　"とっくり"のような形をした殻の中に，環状の繊毛をもつ細胞が入っており，繊毛を出して泳ぎます。また，円筒部には多数の小さな丸い穴がらせん状に並んでいます。暖かい時期に浅い海で見られます。

単細胞生物　繊毛虫類

オオビンガタカラムシ

Favella ehrenbergi
ファベラ アーレンバーギ

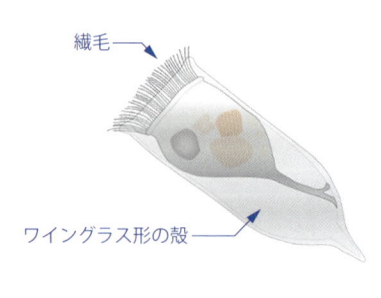

殻の長さ 0.20〜0.30 mm

繊毛

ワイングラス形の殻

殻はワイングラスのような形をしており，後端に短い突起があります。グラスの口から環状の繊毛を伸ばして活発に泳ぐうえ，大型なので見つけやすい種です。夏に多く見られ，渦鞭毛藻やケイ藻を捕食します。

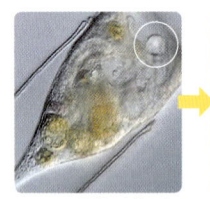

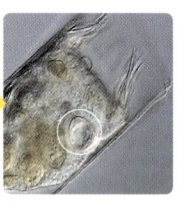

殻に入ったところ

渦鞭毛藻（マルトゲスケオビムシ）を捕食するところ
○枠内：渦鞭毛藻

単細胞生物　繊毛虫類

172

スナカラムシ

Tintinnopsis beroidea
チンチノプシス ベロイデア

殻の長さ 0.03〜0.10 mm

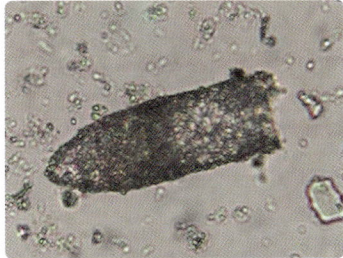

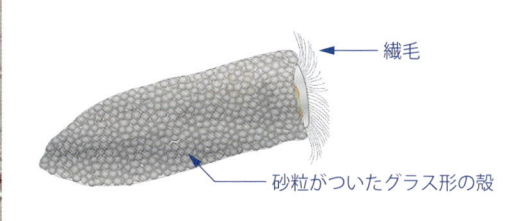

繊毛
砂粒がついたグラス形の殻

　殻は細長いグラスのような形をしており，後端が少しとがっています。また，殻全体にはたくさんの砂粒がついています。日本各地の沿岸や内湾に普通に見られるカラムシです。

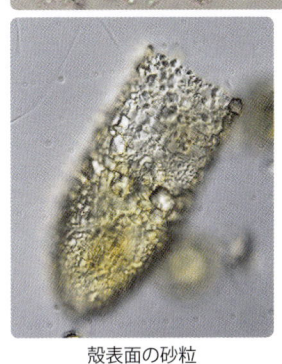

殻表面の砂粒

ツノガタスナカラムシ

Tintinnopsis corniger
チンチノプシス コーニガー

殻の長さ 0.15〜0.25 mm

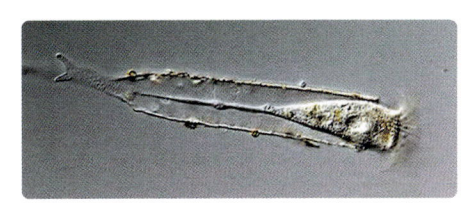

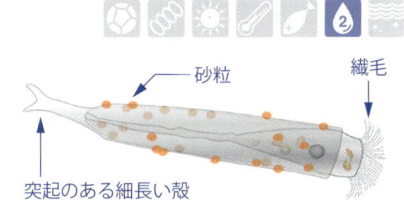

砂粒
繊毛
突起のある細長い殻

　細長い殻の全体に砂粒をつけていることが多く，後端には枝分かれしたツノのような突起があります。その他の特徴は他のカラムシと同様です。

単細胞生物　繊毛虫類

コラム 27　繊毛虫とクロレラのふしぎな共生関係

　コラム 26「葉緑体の起源もいろいろ」でも紹介しましたが，葉緑体は，光合成を行う生物を細胞内で飼う（これを「共生」といいます）うちに，完全に細胞の一部となったものです。このように，細胞内での共生（細胞内共生）関係がきっかけとなり，ある生物が別の生物の能力を得て進化するという説は，1970 年にアメリカのリン・マーギュリス博士によって提唱（ていしょう）され，それが正しいこともさまざまな事実により確認されています。

　しかしながら，別々の生物がどのような条件で細胞内共生を開始するかはいまだ明らかになっていません。これは，相利共生（互いに利益を受けあう共生）の関係にある生物の多くが，互いを引き離すと元気がなくなったり死んだりしてしまうためです。しかし，繊毛虫にはこの研究に適した生物が存在します。それが「ミドリゾウリムシ」（写真）です。本種は淡水産で，細胞内におよそ 700 ものクロレラ（健康食品で有名な緑藻類）が共生しているため，鮮やかな緑色をしています。クロレラはミドリゾウリムシに光合成で作られた栄養分を与える代わりに，チッ素源や二酸化炭素を受け取り，助け合いながら生きているのですが，お互いを切り離しても元気に生きる能力を維持しています。

　ミドリゾウリムシを暗やみで育てると，光合成ができなくなったクロレラは，みな死んでしまいます。こうして得られたクロレラのいないミドリゾウリムシに，別のミドリゾウリムシから取り出したクロレラを食べさせると，多くのクロレラは消化されてしまいますが，一部のクロレラは PV 膜と呼ばれる特殊な膜に包まれます。すると，消化されることなく生き残り，共生を始めるのです（図）。ミドリゾウリムシを使って細胞内共生がどのようにして成立するかが明らかになれば，いろいろな細胞を組み合わせることで，人類や環境のために役立つ新しい細胞を作り出すことが可能になるかもしれません。

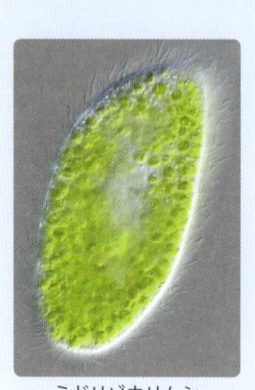

ミドリゾウリムシ
細胞の長さは約 0.12 mm

① クロレラを除去したミドリゾウリムシにクロレラを食べさせると，クロレラが細胞口から取り込まれる。
② クロレラが食胞膜に包まれる。
③ 一部のクロレラは消化されずに生き残る。
④ クロレラを包む食胞膜が出芽して，PV 膜（この膜内のクロレラは消化されない）に変化する。
⑤ クロレラの細胞内共生の成立。
⑥ クロレラが細胞分裂で増殖。もとのミドリゾウリムシへ。

クロレラが再び共生するまでの流れ

放散虫類
RADIOLARIA

　放散虫の仲間は，硫酸ストロンチウム，あるいはケイ酸質（オパール）でできた骨格とトゲをもっており，有孔虫とともに，"リザリア（RHIZARIA）"と呼ばれるグループに属しています。細胞から糸状の細胞突起（軸足：じくそく）を伸ばし，近くにきたエサを捕まえます。他の藻類と共生関係にある種もいます。骨格が死後も分解されずに残ることが多く，骨格の形態も多様性に富みます。化石として見つかる放散虫は，地質年代の決定に役立てられています。

　放散虫は，骨の成分，形，特殊な体をもっているか否かで大きく5つの"目（もく）"に分けられており，目レベルで生態も生息環境も大きく異なります。別種でも形がよく似たものが多く，種の特定は容易ではありませんが，5目を区別することが放散虫を見分ける第一歩です。

スプメラリア目　　　　　　　　　　　　　　　　　　　　　　SPUMELLARIA

　骨格が，中心から同心円状に形成されていることが特徴です。外見は球形，だ円形，平べったいものが多く，単独で生活しています。外見はアカンタリア目とよく似ていますが，トゲの配列がアカンタリア目のそれに比べるとやや不規則なため，両者を区別できます。

スポンジマルサボテンムシ【新称】　　　*Spongosphaera streptacantha*
スポンゴスフェーラ ストレプタカーンタ

細胞の直径 0.20 mm　　トゲの長さ 0.60〜0.70 mm

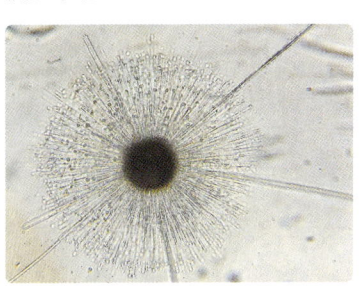

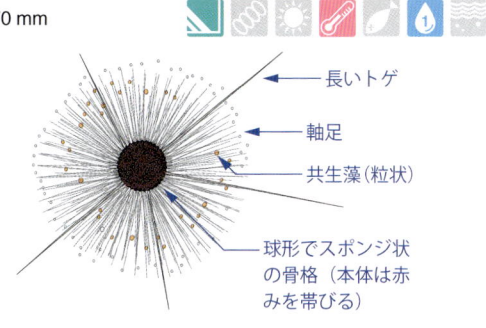

- 長いトゲ
- 軸足
- 共生藻（粒状）
- 球形でスポンジ状の骨格（本体は赤みを帯びる）

細胞本体は小さいですが，長いトゲをもっています。このトゲは採集するときに，しばしば折れてしまいます。本体は赤みを帯びており（強い光で観察すると確認できます），中には球形にまとまったスポンジ状の骨格が隠れています。また，共生藻と考えられる黄緑色の粒が本体の周囲に見られることもあります。熱帯から亜熱帯にかけての暖かい海に生息し，日本でも暖かい地方でときどき見つかります。

ワダイコサボテンムシ【新称】

Didymocyrtis tetrathalamus
ディディモキールティス テトラタラームス

成体の長辺の長さ 0.15〜0.25 mm

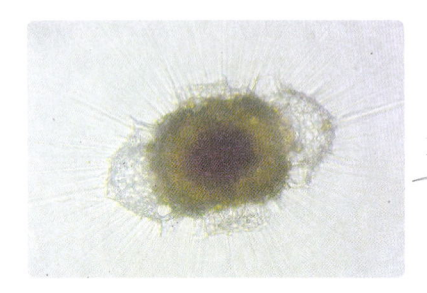

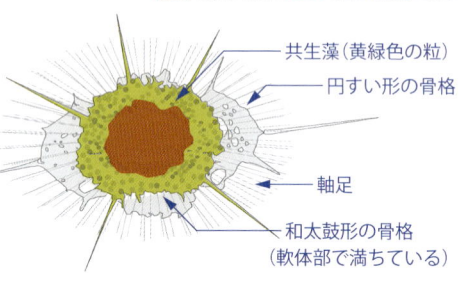

共生藻（黄緑色の粒）
円すい形の骨格
軸足
和太鼓形の骨格
（軟体部で満ちている）

円すい形　和太鼓形

成体の骨格
和太鼓形の骨格の両側に円すい形の骨格が形成されている

　和太鼓を思い浮かべるような，円筒形の骨格をもちます。成体になると，写真のように，和太鼓形の骨格の両側にとんがり帽子のような円すい形の骨格が形成されます。骨格が成長するとオレンジ色と赤色の本体（軟体部）も大きくなりますが，円すい形の骨格部分まで大きくなることはありません。小さい黄緑色の粒は共生藻です。骨格の化石から，本種は約 420 万年前に出現したことがわかっています。熱帯から亜熱帯にかけての暖かい海にすみ，日本でも暖かい地方でよく見つかります。

ヤトゲヨツアナサボテンムシ【新称】

Tetrapyle octacantha
テトラピーレ オクタカーンタ

長辺の長さ 0.15〜0.25 mm

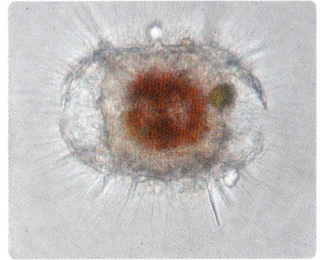

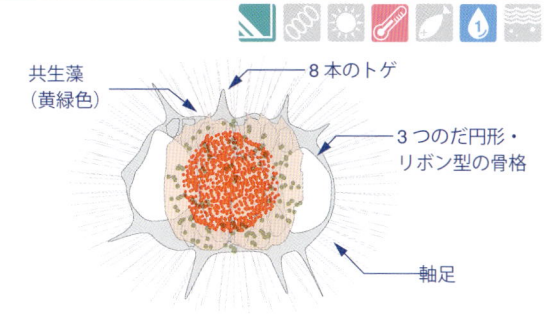

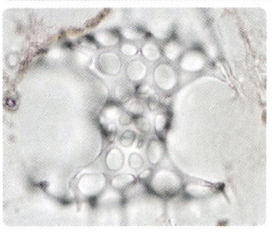

共生藻（黄緑色）
8本のトゲ
3つのだ円形・リボン型の骨格
軸足

リボン型の骨格

　骨格は少し複雑で，大きさの異なる3つのだ円形・リボン型の骨格が互い違いに組み合わさっています。写真は，ピントを最も外側にあるだ円形のリボン型骨格に合わせており，ちょうど，リボンを横から見たような姿に見えます。また，立体的に見るとリボン通しの孔が4つあります（写真では本体に埋もれて見えません）。さらに，8本のトゲがリボンの角から出ていて，これが本種の特徴となっています。本体は赤みを帯びていて，骨格はほとんど見えませんが，活きがよいと鞭のような太い軸足を外に伸ばすことがあります。黄緑色の粒は共生藻です。複雑な形態のため，角度を変えると見た目が大きく変化してしまいますが，赤みを帯びた団子状でキャラメルの箱のような長方形の本体をもつ放散虫はほぼ本種と考えてよいでしょう。熱帯から亜熱帯にかけての暖かい海に生息し，日本でも暖かい地方で普通に見られます。

単細胞生物　放散虫類

ザブトンサボテンムシ【新称】

Spongaster tetras
スポンガースタ テートラス

成体の長辺の長さ 0.30〜0.60 mm

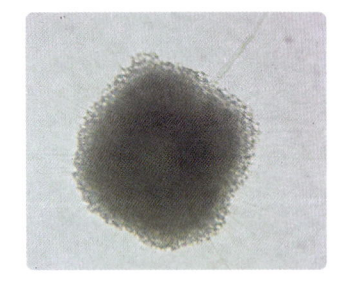

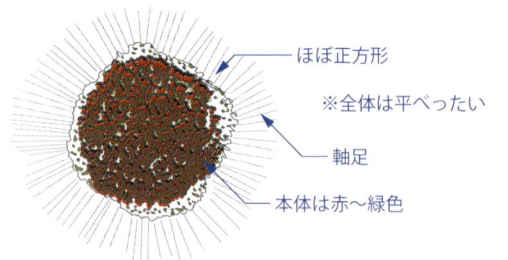

- ほぼ正方形
- ※全体は平べったい
- 軸足
- 本体は赤〜緑色

　全体は正方形に近く，平べったい姿をしています。骨格はスポンジ状です。ややひし形に見える個体もありますが，明らかに長方形に見えるものは別種です。本体の色は赤〜薄い緑色です。熱帯から亜熱帯にかけての暖かい海にすみ，日本でも暖かい地方でよく見つかります。

アカイロミツウデサボテンムシ【新称】

Dictyocoryne profunda
ディクティオコリーネ プロフーンダ

成体の大きさ 0.50〜0.70 mm

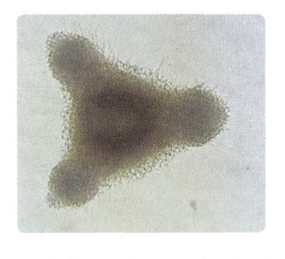

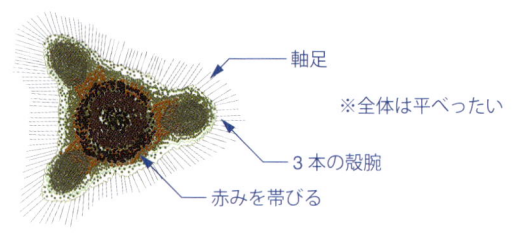

- 軸足
- ※全体は平べったい
- 3本の殻腕
- 赤みを帯びる

　全体の形は平べったく，腕状の突起（殻腕：かくわん）を3本もちます。殻が厚いため，全体が濃く見えます。腕と腕の間にはスポンジ状の骨格（飛膜：ひまく）があり，これが成長すると全体の形が三角になることもあります。活きがよいと，鞭のような軸足が多数伸び出します。本種に似た仲間は数種知られていますが，本種の飛膜はラン藻類の一種が必ずといってよいほど見つかり，紫外線を当てると黄色に輝くため，この点で類似種と区別することが可能です。熱帯から亜熱帯にかけての暖かい海にすみ，日本でも暖かい地方で普通に見られます。

単細胞生物　放散虫類

コラム 28　植物プランクトンを飼う!?　海原の放散虫たち

　放散虫を顕微鏡で観察すると，まるで宝石のように美麗です。透き通った骨が組み合わさったような体をもち，細い軸足が多数伸びています。その骨は，オパールやセレスタイトという鉱物からなっています。海岸からはるか遠くの外洋に600〜800種が生息し，極寒の南極海や北極海から灼熱の熱帯の海まで幅広く分布しています。水深8,000 mの深海にも放散虫はいます。ほとんどの種は弱い光が届く程度の浅い海に住んでいますが，熱帯の外洋は栄養分が少なく，エサをとって生きる動物プランクトンには厳しい環境です。そんな海にすむ放散虫は，褐虫藻など（コラム6：76ページ参照）の植物プランクトンを体内や体の周囲のゼラチン質のなかに住まわせ，光合成によって作られた栄養をもらっています。植物プランクトンは放散虫が消化した栄養をもらっているようです。植物プランクトンにとっては，放散虫は栄養の詰まった"お弁当箱"のようなものなのでしょう。放散虫は，生まれてすぐに特定の植物プランクトンを捕まえ，飼育を始めます。飼っている植物プランクトンが増えすぎると，余分な植物プランクトンを食べて"人口調整"しています。栄養をもらったり食べたりと，まるで牧場のようですね。

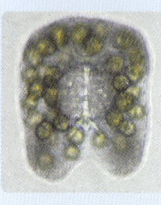

植物プランクトンを飼う放散虫（ナセラリア目）
緑色の大きな粒が植物プランクトン。取り込む植物プランクトンの種類は放散虫の種によって決まっていると思われる。中央の透明な球は放散虫の本体。学名は *Lithocircus reticulatus*（リソキールクス・レチクラータス）

コロダリア目 COLLODARIA

「群体」を意味する「コロニー」と同じ起源の言葉から名づけられました。球形の殻を1枚もつもの、微細なトゲをたくさんまとうものなど、さまざまな姿をした細胞が1個のゼラチン質のかたまりのなかに数十から数千集まり、群体を作ります。なかには、単独生活をするコロダリア目もいますが、この場合も細胞がゼラチン様物質におおわれているため、ゼラチン様物質をもたない球形のスプメラリア目と区別できます。かつてはスプメラリア目に含められていましたが、化石と遺伝子の両方の情報から、まったく別物であることが判明し、別の目に分けられた経緯があります。魚卵やオタマボヤ類（216ページ）の残がいと見間違えることもあるので注意が必要です。

グンタイマルサボテンムシ【新称】 *Collosphaera huxleyi*
コロスフェーラ ハクスレーイ

細胞の直径 約0.10 mm

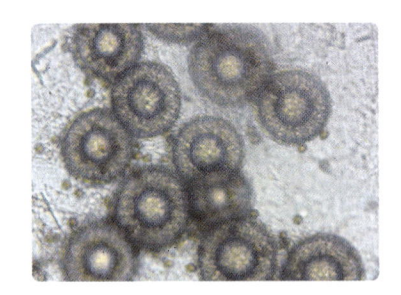

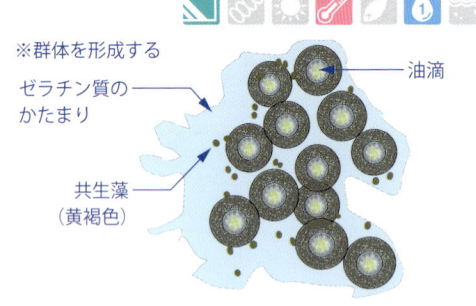

※群体を形成する
ゼラチン質のかたまり
共生藻（黄褐色）
油滴

個々の細胞は群青色、灰色、黒色で、中心に透明感のある油滴があり、多数の小さな孔のある球形の殻を1枚もっています（顕微鏡でも確認は容易ではありませんが）。個々の細胞はゼラチン質のかたまりの中で集まり、群体を形成します。群体の大きさや群体を構成する細胞数は一定していません。また、ゼラチン質のかたまりの中には、黄褐色の共生藻が見られます。群体からは一度に大量の細胞を採集できることから、共生藻類との関係が詳しく調べられています。熱帯から亜熱帯にかけての暖かい海にすみ、日本でも暖かい地方で普通に見られます。

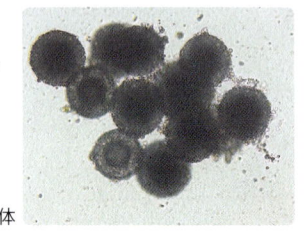

黒色の細胞とその群体

| コラム 29 | 化石になっても大活躍の放散虫 |

　化石というと，恐竜，アンモナイト，三葉虫などの多細胞生物の骨格が連想されます。しかし，いくつかの種類の単細胞生物もまた，化石となります（コラム25：164 ページ参照）。こうした化石となる単細胞生物の 1 グループが放散虫です。

　放散虫は，二酸化ケイ素や硫酸ストロンチウムという物質の骨格をもっています。このうち二酸化ケイ素の骨格をもつグループは，死後も骨格が腐ったり溶けたりすることなく，そのまま海底に沈みます。そして，何千万年，何億年もの間，堆積物の中に残り，化石となります。1 つ 1 つの化石は非常に小さく，0.01～0.20 mm ほどの大きさしかありません。もちろん，観察には顕微鏡が必要です。

　さて，放散虫化石は非常に小さいため，握りこぶし大の堆積物や岩石サンプルからでも，何百，何千という個体が産出します。この特徴から，放散虫化石は地層の年代を決める"示準化石（しじゅんかせき）"や，地層の堆積した環境を決めるための"示相化石（しそうかせき）"に適しています。このため，放散虫化石は世界中の研究者によって，盛んに研究されています。特に，示準化石としての研究は，日本列島の形成史を研究するうえで，重要な役割を果たしました。ミクロなサイズの中にも，大きな情報が宿っているのです。

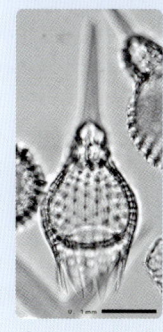

ナセラリア目放散虫の化石
Calocycletta costata
（カロキクレッタ・コスタータ）
右下のバーは 0.1 mm

ナセラリア目　　　　　　　　　　　　　　　　　　　　　　　　　*NASSELLARIA*

　骨格が一方向に並んで形作られているため，その姿はまるでタケノコのようです。形が多様性に富むため，化石を含めて数千種が報告されています。釣りがね型の骨格の広口のほうから軸足が伸び出し，それが浮力を生じさせるため，お寺の釣りがねがひっくり返ったような状態で（骨格のとがった側が下を向いて）生活しています。

ツリガネサボテンムシ【新称】の仲間　　　　　　*Eucyrtidium* spp.
ユウキルティーデウム

殻の長さ 0.18〜0.25 mm

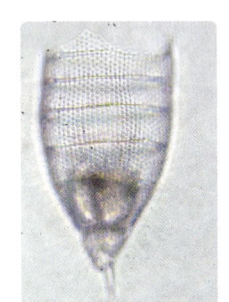

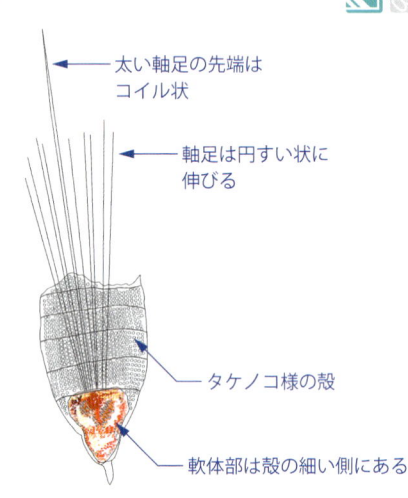

- 太い軸足の先端はコイル状
- 軸足は円すい状に伸びる
- タケノコ様の殻
- 軟体部は殻の細い側にある

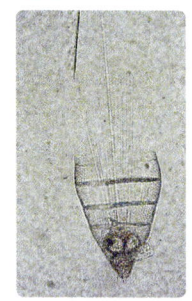

軸足を伸ばしたところ
中心に太い軸足が見える

　本属は，ナセラリア目の代表として，いろいろな書籍に載っています。釣りがね型の殻には，タケノコのようにたくさんの節がついています。日本では本属に属する数種が確認されていますが，種の特定は専門家でも容易ではありません。本体（軟体部）は殻の細い側に偏っていて，殻全体に満たされることはまずありません。本体の上には時折，消化後のエサの残りなどが見られます。また，殻の太い側には大きな孔（殻口：かくこう）があり，そこから軸足を円すい状に伸ばす（右写真）のですが，その中心には鞭毛のような太い軸足があり，その先端はコイル状に巻かれています。コイルに二枚貝類のベリジャー幼生などのエサが触れると軸足が収縮し，本体に引きずり込みます。熱帯から亜熱帯にかけての暖かい海にすみ，日本でも暖かい地方でときどき見つかります。

単細胞生物　放散虫類

ナガアシカゴサボテンムシ【新称】　*Pterocanium praetextum*　テロカーニウム　プラエテークツム

脚の先端から頭部殻節までの長さ 0.18〜0.24 mm

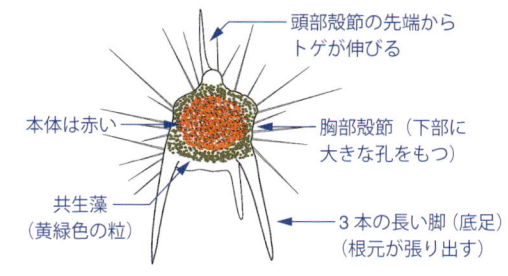

図中のラベル：
- 頭部殻節の先端からトゲが伸びる
- 本体は赤い
- 胸部殻節（下部に大きな孔をもつ）
- 共生藻（黄緑色の粒）
- 3本の長い脚（底足）（根元が張り出す）

　ナセラリア目には，胸部殻節（かくせつ）の下から伸びる3本の長い脚をもつ種がいくつかありますが，日本近海の浅い海域では，本種が最も普通に見られます。3本の脚の根元が少し張り出して見えるのが特徴で，胸部殻節の下側には大きくて丸い孔（殻口）が開いています。また，頭部殻節の先端からはトゲが1本伸びています。本体は赤みを帯びており，共生藻が黄緑色の粒として確認できます。熱帯から亜熱帯にかけての暖かい海にすみ，日本でも暖かい地方でよく見つかります。

オオアタマサボテンムシ【新称】の仲間　Lophophaenidae genn. et spp. indet.　ロフォパアエニーダエ

殻の長さ 0.03〜0.05 mm

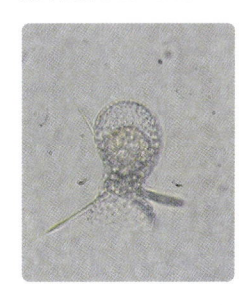

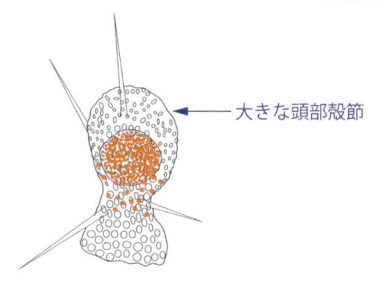

図中のラベル：大きな頭部殻節

　比較的小さな放散虫で，大きな頭部殻節をもつのが特徴ですが，属・種レベルでの見分けが専門家でも容易につけられないため，ここでは科レベルでまとめました。写真の種は *Dimellissa thoracites*（ディメーリッサ・トーラキーテス）という学名がついています。共生藻の有無は種によってさまざまです。熱帯から亜寒帯まで幅広く分布し，日本の沿岸部でもときどき見つかります。

アカンタリア目　　　　　　　　　　　　　　　　　　　　　　ACANTHARIA

　セレスタイト（天青石：てんせいせき）という，硫酸ストロンチウムでできた骨格をもつ唯一の生物です。20本（または10本）のトゲが規則正しく並んでいることが特徴です。単細胞生物ですが，アカンタリア目に属する種の多くは細胞内に50以上の核をもつ「多核単細胞原生生物（たかくたんさいぼうげんせいせいぶつ）」です。硫酸ストロンチウムの骨格は，死後に海水に溶けてなくなってしまうため，化石としては残りません。また，沿岸域で見られる渦鞭毛藻類のファエオシスティス（*Phaeocystis*）属が細胞内に共生しています。外洋域で細かい（0.10 mm以下）プランクトンネットを用いて海水を5分ほど濾せば，かなりの確率でアカンタリア目が見つかります。しかしながら，アカンタリア目に属する放散虫は形態的にとてもよく似ているため，遺伝子情報なしに細かく見分けることは困難です。

ウミサボテンムシ【新称】　　　　　　　　　　*Acanthometron pellucidum*
　　　　　　　　　　　　　　　　　　　　　　アカンソメトロン ペルシダム

細胞の直径 0.20〜0.30 mm

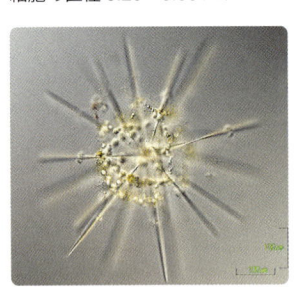

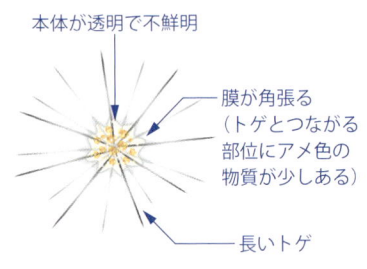

本体が透明で不鮮明
膜が角張る
（トゲとつながる部位にアメ色の物質が少しある）
長いトゲ

　細胞の中心から20本の長いトゲが放射状に伸びています。細胞の本体が透明で，本当にあるのかわかりにくいのが特徴の一つです。また，外側の膜状の部分は太いロープ状で，角張って見えます。トゲと膜がつながる部分にはアメ色の物質が少しだけ見られます（アメ色の物質が多く見られるものは未記載の別種となります）。世界中に広く分布し，日本各地の沿岸部でも，春から秋に普通に見られます。

フトジュウジサボテンムシ【新称】　*Acanthostaurus conacanthus*
アカンソスタウールス　コナカーントス

細胞の直径 0.10〜0.25 mm

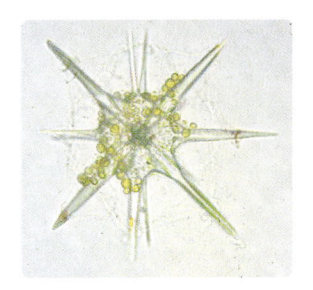

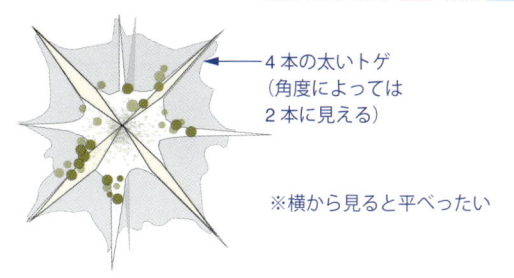

4本の太いトゲ
（角度によっては
2本に見える）

※横から見ると平べったい

　平べったいため，観察する角度によって見た目が大きく変わる種です。真上（真下）方向から観察（上写真）すると，明らかに太いトゲが4本，十字架のように見えます。真横（下写真）から見ると，太めのトゲは2本しかないように見えます。トゲの表面は滑らかで，羽根のような付属物は一切ありません。真上と真横で見た目があまりに異なるため，専門家ですら2本しかトゲが見えないものを別属・別種（学名：*Amphistaurus complanatus*）としていたくらいです（今は本種に統一されています）。生きている細胞をじっくり観察していると細胞が回転するのですが，その際，同種であることが確認されました。熱帯から亜熱帯にかけての暖かい海にすみ，日本でも暖かい地方で普通に見られます。

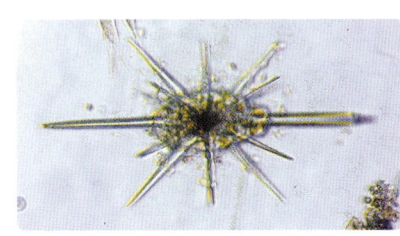

真横から見たところ
太いトゲは2本（横方向）
しかないように見える

単細胞生物　放散虫類

フトヅツサボテンムシ【新称】

Diploconus faces
ディプロコーヌス ファーケス

細胞の長さ 0.20～0.30 mm

18本の小さなトゲ　2本の筒状のトゲ
共生藻（黄緑色）

　20本あるトゲのうち，2本のトゲが筒状に大きくなる進化をしたアカンタリアです。筒の中には細胞の核と共生藻が詰まっています。残りの18本のトゲはとても短くなっています。熱帯から亜熱帯にかけての暖かい海にすみ，日本でも暖かい地方でたまに見られます。

アンテナサボテンムシ【新称】

Lithoptera muelleri
リトテーラ ミューレリ

一辺の長さ 0.30～0.40 mm

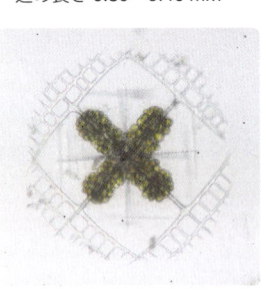

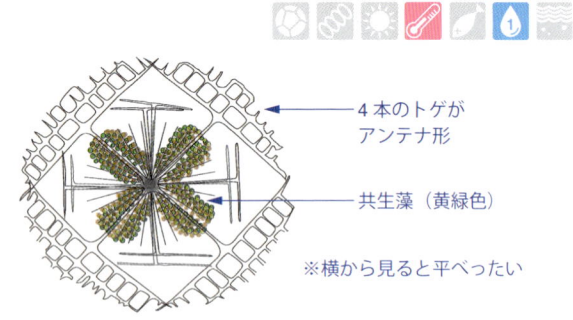

4本のトゲがアンテナ形
共生藻（黄緑色）
※横から見ると平べったい

　アンテナサボテンムシが属するリトテーラ（*Lithoptera*）属は，今のところ本種しか見つかっていません。20本あるトゲのうち4本がアンテナ形をしており，これが特徴となっています。その4本のトゲに沿って見える半透明の部分が放散虫の本体で，緑色の粒は共生藻です。また，本種を横から見ると，とても平べったく見えます。熱帯から亜熱帯にかけての暖かい海にすみ，日本でも暖かい地方でたまに見られます。

タクソポディア目　　　　　　　　　　　　　　　　　TAXOPODIA

　泳ぐ放散虫として知られる，スチコロンケ（*Sticholonche*）属のみが含まれます。現状ではウネリサボテンムシ（*Sticholonche zanclea*）1種のみが区分されていますが，遺伝子レベルでの研究によると，他にも多様な種が本目に分類される可能性が指摘されています。

ウネリサボテンムシ【新称】

Sticholonche zanclea
スチコロンケ ザンクレア

細胞の直径 0.20〜0.30 mm

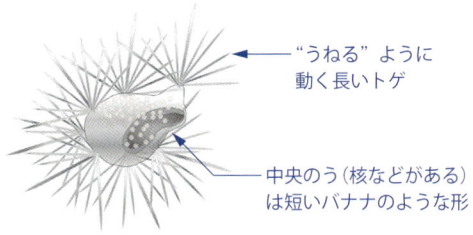

- "うねる"ように動く長いトゲ
- 中央のう（核などがある）は短いバナナのような形

　活発に泳ぐ唯一の放散虫です。細胞の表面には軸足が多数生えており，これを"オールをこぐように"動かすことで泳ぎます。軸足のなかにはオパールでできた骨格が入っているため，太く見えます。海水が悪くなるとすぐに死んでしまうのですが，死ぬと溶けたような状態になるため，研究標本を手に入れにくい生物です。暖かい海から寒い海まで広く分布し，日本の沿岸では，夏から秋にかけて多く見られます。

　細胞内には渦鞭毛藻類の寄生虫（*Amoebophrya sticholonchae*：下写真）が住み着いています。この寄生虫はウネリサボテンムシの細胞の核を食べると円すい形にふくらみ，たくさんの細胞（娘細胞）を作ります。その後，ウネリサボテンムシの体をイモムシのような動きで突き破り，外に飛び出します。地中海では本種の8〜9割が寄生されているという報告もあります。

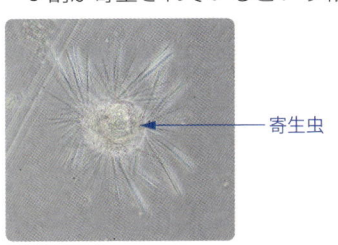

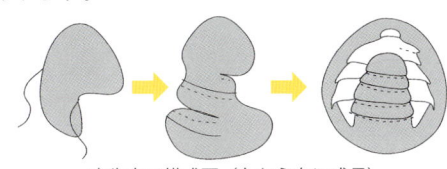

寄生虫

寄生虫の模式図（左から右に成長）
ウネリサボテンムシの細胞内で，まんじゅうが縦に積み重なったような姿に成長します（Drebesほか（1963）の図を引用）

有孔虫類
FORAMINIFERA

　有孔虫の仲間は，小さな孔が多数開いた石灰質の殻をもち，その孔から細長い糸のような構造（仮足：かそく）を伸ばし，エサを捕まえたり，運動したりします。また，伸縮性をもたないトゲ（スパイン）を多数，放射状に伸ばすものもいます。放散虫とともに"リザリア"に属しています。浮遊性のものと底生性のものがいますが，ここでは浮遊性のなかでもよく見つかるものを紹介します。お土産で有名な"星の砂"は，底生性有孔虫の一部の種が死んで，殻だけになったものです。

タマウキガイ

Globigerina bulloides
グロビゲリナ ブロイデス

細胞の直径 0.30〜0.80 mm

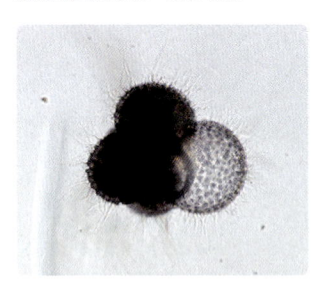

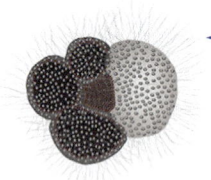

← 多数のトゲ（スパイン）

殻は4つの球からなる

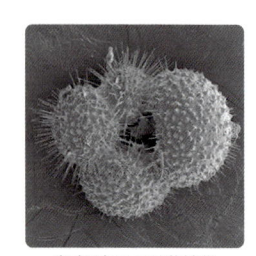

走査型電子顕微鏡像

　細胞を包む殻の最外周は，4つの球，あるいは卵が組み合わさったような形をしています。亜寒帯に多く見られる種ですが，日本では沖縄から北海道沖まで，幅広い地域に出現します。

日本の海産プランクトン図鑑

スズウキガイ【新称】

Globigerinoides ruber
グロビゲリノイデス ルベール

細胞の直径 0.10〜0.50 mm

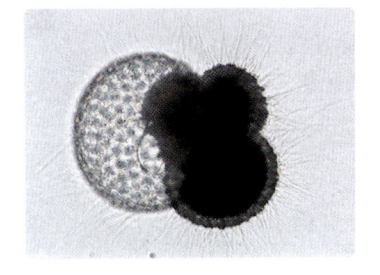

多数のトゲ（スパイン）

殻は3つの球からなる

走査型電子顕微鏡像

　細胞を包む殻の最外周は，3つの球が組み合わさったような形をしています。亜熱帯に多く見られる種ですが，日本各地の沿岸部でも，北海道の一部を除き，普通に見ることができます。

マルウキガイ【新称】

Orbulina universa
オーブリナ ユニバーサ

細胞の直径 0.30〜0.60 mm

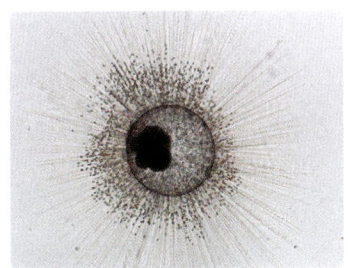

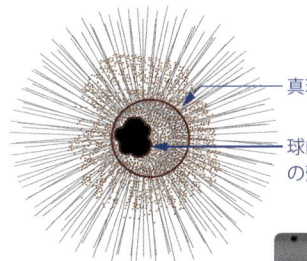

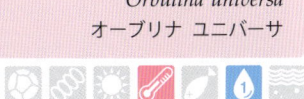

真球に近い殻

球内部にスズウキガイ様の殻をもつ

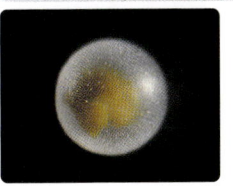

走査型電子顕微鏡像

　ほぼ真球に近い殻を作る種です。球の内部にはスズウキガイに似た形態の殻が入っています。熱帯から温帯に分布し，まれに亜寒帯で産出することがあります。日本周辺では，沖縄から房総半島沖の太平洋側にかけて出現します。

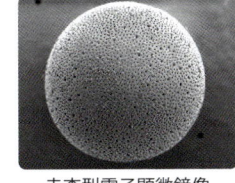

単細胞生物　有孔虫類

189

フクレウキガイ【新称】

Globorotalia inflata
グロボロタリア インフラータ

細胞の直径 0.30〜0.50 mm

仮足（トゲはもたない）

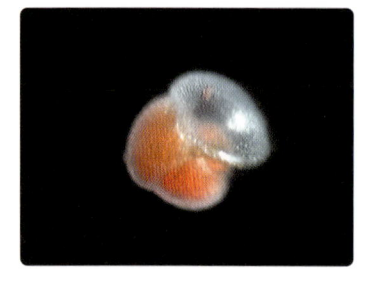

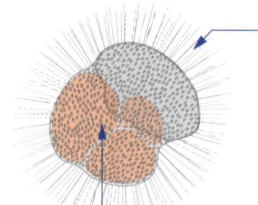

殻の最外周は4つの半球からなる

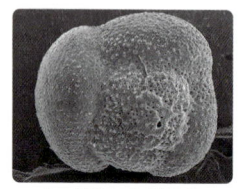

走査型電子顕微鏡像

　細胞を包む殻の最外周は4つの半球が組み合わさっています。横から見ると三角に近い形に見えますが，全体的に丸くふくらんだ形をしています。熱帯から温帯まで出現する種で，日本近海では沖縄周辺から北海道南岸まで見られます。

コラム 30　新世界を目指す挑戦者　浮遊する底生有孔虫

　南の島のお土産として有名な「星の砂」。実は砂ではありません。有孔虫という単細胞生物の殻なのです。星の砂は底生生活を営む「底生有孔虫」に分類され，水深数mの太陽光が届く暖かい海底に生息しています。底生有孔虫は世界中の海底に生息しており，少なくとも6万種いることが知られています。

　一方で，本書で紹介した浮遊生活を営む「浮遊性有孔虫」はとても小さなグループです。全海洋でも50種ほどしかおらず，底生有孔虫と比較して圧倒的に種類が少ないのです。また，底生有孔虫が少なくとも5億4千万年前には誕生していたのに対し，浮遊性有孔虫の誕生はおよそ1億7千万年前と，地球生命の歴史上，新参者といえます。

　なぜ1億7千万年前頃に底生有孔虫が浮遊生活を始めたのか，はっきりした理由はわかっていませんが，当時の暖かくて遠浅だった海が一部の種の外洋への進出を促し，浮遊性有孔虫への進化をもたらしたと考えられています。

　しかし，ここで一つ疑問がわきます。有孔虫の浮遊生活への挑戦はもう終わったのでしょうか？　いえ，現在生きている底生有孔虫にも，今この瞬間にも新たな世界を目指している種がきっといるに違いありません。そうではないかと注目されているその種の名前は"ガリッテリア・ヴィバンス（*Gallitellia vivans*）"（以下"本種"とします）。全長0.15 mm以下と小型で産出報告も少なく，分布や生態は謎に満ちていましたが，2006年に海洋研究開発機構（JAMSTEC）と共同研究者たちが行った観測で，本種が日本の有明海や対馬海峡付近の暖かく浅い海水中にたくさん存在していることが確認されました。また，本種の遺伝子を調べた結果，浮遊性有孔虫のグループよりむしろ底生有孔虫に近縁であることが判明しました。そう，これはまさに1億7千万年前に底生有孔虫が浮遊し始めた状況にそっくりです。つまり，本種は遺伝子的には底生有孔虫でありながら，浮遊生活を営んでいるのです。浅い海で浮き沈みを繰り返しつつ，今まさに完全な浮遊性有孔虫として，外洋に進出する機会を伺っている最中である可能性が高いのです。

　現在までに本種が外洋域に多数産出したという報告例はありません。しかし最近，JAMSTECの研究によって，日本から700 km以上も離れた太平洋の外洋域で，この種が数年間に渡って少数ながら一定数産出し続けていることが確認されました。もしかすると，本種が真の浮遊性有孔虫になる日は近いのかもしれませんし，あるいは，まだ数百万，数千万年はかかるのかもしれません。失敗する可能性も考えられます。この小さな，進化へのあくなき挑戦者たちにエールを送らずにはいられません。

有明海から採取された
ガリッテリア・ヴィバンスの生体
新しいチェンバー（殻室）を作っている
ところ（右端のうすい球体部分）

> **コラム 31**　顕微鏡下で見られる非生物や花粉

　顕微鏡で海水を観察していると，ときに生物なのか生物ではないのか判断に困るようなものが見つかることがあります。ここでは，これらのなかでも特によく見つかるものについて取り上げてみました。

松の花粉

　松の花粉は，大きな球に小さな球が 2 つ組み合わさったような姿をしています。大きさは 0.05 mm ほどです。日本全国の海岸近くに生えていて，例年，4～6 月にかけて飛び散り，海面に黄～クリーム色の帯を作ることがあります。

　なお，松の花粉は単細胞生物のラビリンチュラ類を誘引することが知られています（コラム 32 参照）。顕微鏡でよく観察すると，ラビリンチュラ類に出会えるかもしれません!?

（上）クロマツの花粉
（下）クロマツ花粉でできた帯

ガラスの傷

　ピントの合わせ方によっては，スライドガラスやカバーガラスについた傷も細長い藻類か何かのように見えることがあります。たいていは黒っぽく見えます。

気泡（きほう）

　空気の泡は顕微鏡下ではクッキリと丸い粒のように見えます。透明で周囲が黒っぽく，きれいな丸であるため，慣れれば容易に区別できるようになるでしょう。

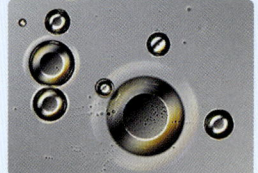

（上）ガラスの傷
（下）気泡

化学繊維（かがくせんい）

　私たちが着ている服の材料である化学繊維なども，カラフルな藻か何かのように見えることがあります。拡大してもツルツルしている点で，細胞と区別することができます。

有機物のかたまり

　死んだ細胞やフンなどが，まるで生物のように見えることがあります。もやもやしていて動かないため，じっくり観察すると区別が可能です。

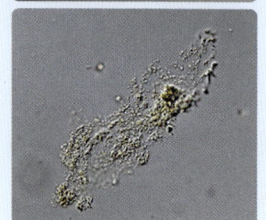

（上）化学繊維
（下）有機物

コラム 32　目立たないけれど重要!?　ラビリンチュラ類

　海水を 1 滴取ってきて顕微鏡で見ると，そこにはさまざまな形の殻をもつ，ガラス細工のようなケイ藻，クルクルと泳ぐ渦鞭毛藻，せわしなく動き回る繊毛虫など，多彩なプランクトンに目を奪われると思います。しかし，海の中には目立たず，ちょっとした観察では同定の難しいプランクトンもたくさんいます。その一つにラビリンチュラ類という，細胞の大きさが 0.005〜0.020 mm で無色の紡錘（ぼうすい）形や球形をした単細胞生物がいます。大半が海産で，熱帯から極域，河口から深海まで，世界中の海で存在が報告されています。

　海洋では，生物の死がいや川から流れてきた落ち葉などの有機物を分解する存在としては，細菌のみが取り上げられることがほとんどです。しかし近年，ラビリンチュラ類が予想以上に豊富に存在することが明らかとなり，海洋における分解者として注目されつつあります。海水を 10 mℓ ほどくみ，つりエサとして松の花粉を浮かべ，1 週間程度培養すると，海水中にいたラビリンチュラ類の栄養細胞から 2 本の鞭毛をもつ遊走細胞が放出され，松花粉に向かって遊泳し着生します（左下写真）。この松花粉に向かう性質を利用すれば，ラビリンチュラ類は比較的簡単に分離することが可能です。事実，ラビリンチュラ類の研究は，この分離法によって大きく進歩しました。

　また，最近バイオマスエネルギー資源として注目されているオーランチオキトリウム（右下写真）は，甲南大学が松花粉を使った同じ方法で分離した株の中から筑波大学の渡邉信教授のグループによって，スクアレン（炭化水素）を効率よく生産する株として発見されたものです。他にも，分離法の工夫次第で，今まで気づかれてこなかった重要な生物が新たに発見できるかもしれません。あなたもぜひ，いろいろなエサを使い，さまざまな生物の釣り上げに挑戦されてみてはいかがでしょうか。

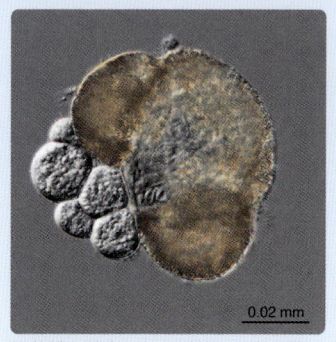

松花粉に着生したラビリンチュラ類
（左側にある 5 個の球形の細胞）

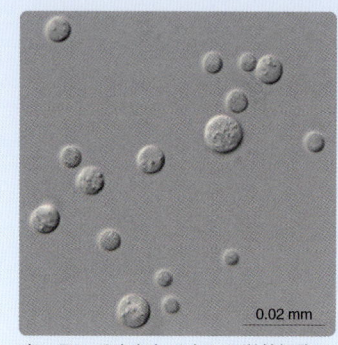

オーランチオキトリウムの栄養細胞
炭化水素を効率よく作り出す生物として注目されています

多細胞生物

Multicellular Organism

ミジンコ類（枝角類）
CLADOCERA

　淡水のミジンコは数100種類が知られていますが，海のミジンコは世界でも8種しか報告されていません。しかし，種類数は少なくても，岸に近い浅い海ではよく観察されます。体は丈夫な殻でおおわれ，頭部に太い触角と大きな眼（複眼）を1つもっています。体の後部は育房（いくぼう）と呼ばれる袋になり，そこに卵を産んで，ふ化した子どもを育てます。ミジンコの仲間は体を横から見た場合と縦から見た場合で，見た目がかなり異なるため注意が必要です。

ノルドマンエボシミジンコ
Evadne nordmanni
エバドネ ノルドマニ

全長 0.40〜1.40 mm

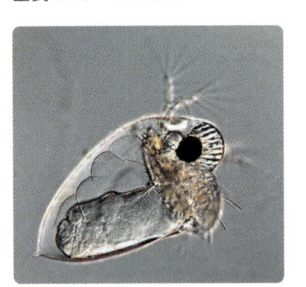

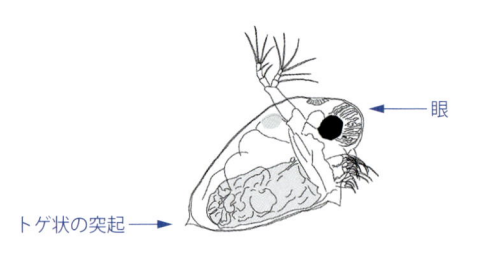

→眼
→トゲ状の突起

　後部が三角形で"烏帽子（えぼし）"のような形をしていることが特徴です。触角を動かして，ピョンピョンとはねるように移動します。この種は，体の後端に小さなトゲ状の突起があります。本州中南部では，春から夏の間によく見られます。

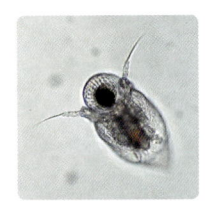

腹側から見た姿 　　育房内で育つ子ども（矢印）　　育房

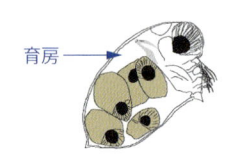

日本の海産プランクトン図鑑

トゲナシエボシミジンコ

Evadne tergestina
エバドネ タージェスティナ

全長 0.30〜1.30 mm

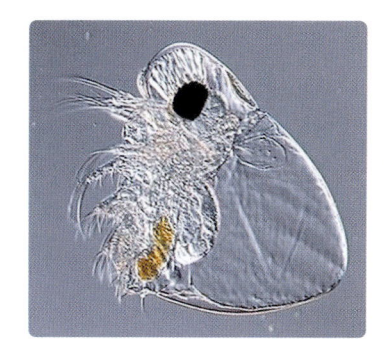

ノルドマンエボシミジンコによく似ていますが，後端にトゲ状の突起がないため区別できます。育房の形態には個体差があり，右下の写真のように三角形のものも見られます。

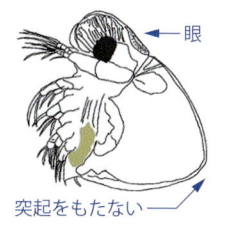

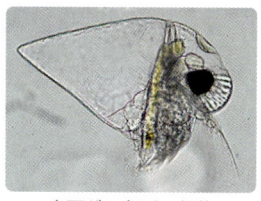

眼
突起をもたない
育房が三角形の個体

ウスカワミジンコ

Penilia avirostris
ペニリア アヴィロストリス

全長 0.40〜1.20 mm

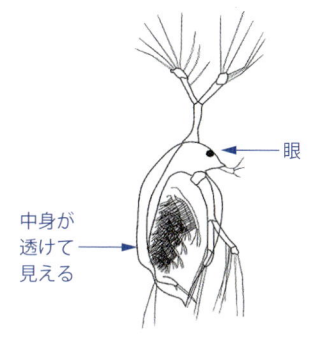

眼
中身が透けて見える

殻はうすく透明で，体の中身がはっきりと透けて見えます。春から夏にかけてよく見つかります。育房は背側にあり，卵を産んで子どもを育てるときだけ大きくなります。

腹側から見た姿
育房内の子ども（矢印）

コウミオオメミジンコ

Podon polyphemoides
ポドン ポリフェモイデス

全長 0.30〜0.70 mm

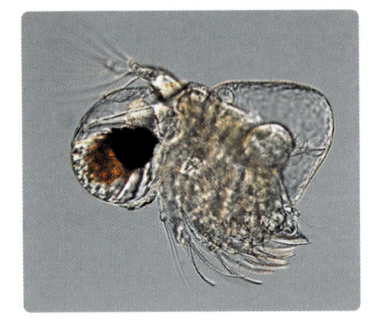

体はエボシミジンコより小型で丸っこい形をし，体に対して大きな眼をもっています。育房は普通球形または半球状で，頭部との間がくびれることが特徴です。

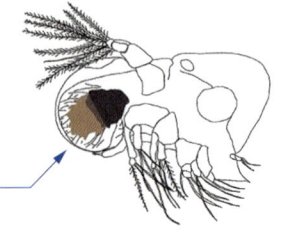

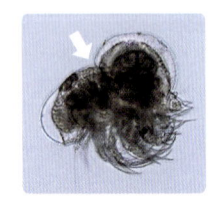

大きな眼

頭部・育房間のくびれ（矢印）

コラム 33　ミジンコ・カイムシ・カイアシ類の泳ぎ方

　ミジンコ類，カイムシ類，カイアシ類は，いずれも節足動物門甲殻亜門に属し，見た目も中身も近いグループです。本書で紹介するプランクトンのなかでは比較的大型のため，肉眼でも何とかその存在を確認することは可能ですが，触角の生え方など，細かい部分まではまず確認できないでしょう。

　ですが，これら3つのグループは触角や脚の生え方やその使い方がそれぞれ異なるため，「泳ぎ方」をよく観察することで，肉眼でもある程度見分けることが可能です。一部例外もありますが，おおむね以下のような違いがみられます。

ミジンコ類：ぴょんぴょんと跳ねるように泳ぐ
カイムシ類：なめらかに走り回るように泳ぐ
カイアシ類：俊敏に跳ねるように泳ぐ（ミジンコよりダイナミック）

　肉眼で泳ぎ方の違いを確認したら，今度は顕微鏡で生物の体をすみずみまで観察し，どのようにして泳ぐのか考えてみるのも楽しいでしょう。

カイムシ類
OSTRACODA

　カイムシの体は，二枚貝のように合わさった2枚の殻につつまれており，殻の間から脚を出して泳ぎ回ります。

ウミホタル

Vargula hilgendorfii
バーギュラ ヒルゲンドルフィ

全長 0.80〜3.00 mm

　肉食で，動物の死がいなどを食べています。昼間は砂の中にもぐって過ごしているのでプランクトンではありませんが，夜になると水中に泳ぎだすため，浅い海では夜に水の中から採集できることがあります。

鼻のような突起
複眼

　ウミホタルは，物理的な刺激を受けると青白い光をはなちます。発光は発光物質であるルシフェリンがルシフェラーゼ（酵素）の働きで酸化し，その際に放出されるエネルギーの一部が光となって生じます。タコがスミを吐くように体外に放出するため，水中に光のすじが描かれます。フジツボ類のキプリス幼生（244ページ）に少し似ていますが，ウミホタルは体に丸みがあり，また，体の前方に鼻のような突起があることで区別できます。

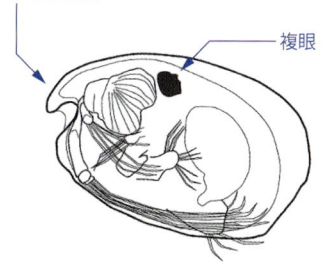

カイアシ類
COPEPODA

　海のプランクトン性カイアシ類は2,000種以上知られており，多細胞動物プランクトンの中でも種類と数が圧倒的に多いグループです。そのため，動物プランクトンを食べる魚たちの重要なエサとなっています。

　体は，関節（折れ曲がる部分）を境に前体部（頭部と胸部の一部）と後体部（胸部の一部と腹部）に分かれ，長い触角（第一触角）と多数の脚をもち，エビによく似た姿をしています。大きさは，0.50 mmから数mm程度のものがよく見られます。

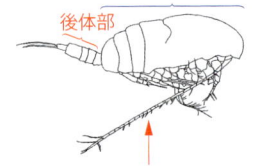

　どの海域や季節でもたいてい採集することができ，多数の脚を前後に同時に動かすことで，水中をなめらかに泳いだり，ピョンピョンとはねるように動き回って目につきやすいため，顕微鏡の下で出会う機会の多い種類です。本書に書かれているカイアシ類の体長はすべて親のサイズで，後体部の毛やトゲは含めません。

カイアシ類の見分け方

　カイアシ類は種類が多く，さまざまなグループに細分化されていますが，ここでは日本の沿岸部で普通に見られるプランクトン性カイアシ類4グループについて紹介します。いずれも，前体部と後体部の比率や分かれ方，第一触角の長さで見分けることが可能です。以下に見分け方についてまとめました。

	前体部：後体部（比率）	第一触角の長さ	前体部と後体部の区別
ヒゲミジンコの仲間(201ページ)	2以上：1	体長の半分より長い	はっきりと区別できる
ケンミジンコの仲間(205ページ)	ほぼ1：1	前体部と同じか少し短い	はっきりと区別できる
ツブムシの仲間(207ページ)	ほぼ2：1	短い	はっきりと区別できる
ソコミジンコの仲間(209ページ)	———	短い	区別がつきにくい

ヒゲミジンコ【新称】の仲間

CALANOIDA
カラヌス目

　海のプランクトン性カイアシ類では種類，数ともに最も多いグループです。ヒゲナガケンミジンコともいいますが，ケンミジンコ（キクロプス目）と区別し，名を短くするためにヒゲミジンコと呼ぶことにします。前体部は細長い卵形が多く，頭の先がとがる種類もいます。名前の由来であるヒゲ（第一触角）が体長の半分より長く，前体部と後体部との分かれ目がはっきりしており，後体部が前体部の半分より短いといった特徴があります。

ミナミヒゲミジンコ【新称】

Calanus sinicus
カラヌス シニカス

体長 2.00～3.50 mm

細長い米粒のような前体部

　細長い米粒のような体をしています。本州中部より南に一年中普通に見られ，温帯域では大型の種です。体が大きく，数も多いため魚にとってエサとして特に重要で，"海の米"といえるカイアシ類です。写真は背景を暗くして，横から光を当てて写したものです。本種のノープリウス幼生は 243 ページを参照。

コヒゲミジンコ【新称】

Paracalanus parvus s.l.
パラカラヌス パーバス

体長 0.70〜1.00 mm

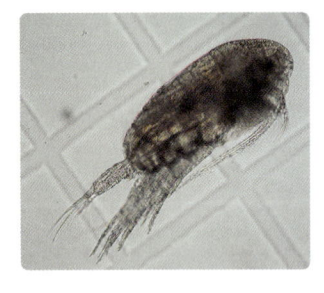

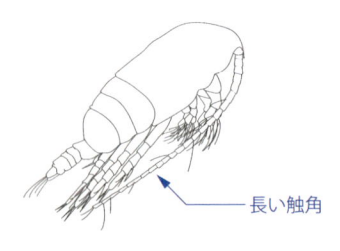

長い触角

　ミナミヒゲミジンコより小型で丸みのある体です。全国各地で一年中見られ，本州から九州の沿岸では小型ヒゲミジンコのなかで最も多くなります。この種の分類には疑問が残っているため，学名に"広い意味での"を表す s.l. という文字がついています。本種のノープリウス幼生は243ページを参照。

ヒメコヒゲミジンコ

Parvocalanus crassirostris
パーボカラヌス クラシロストリス

体長 0.40〜0.60 mm

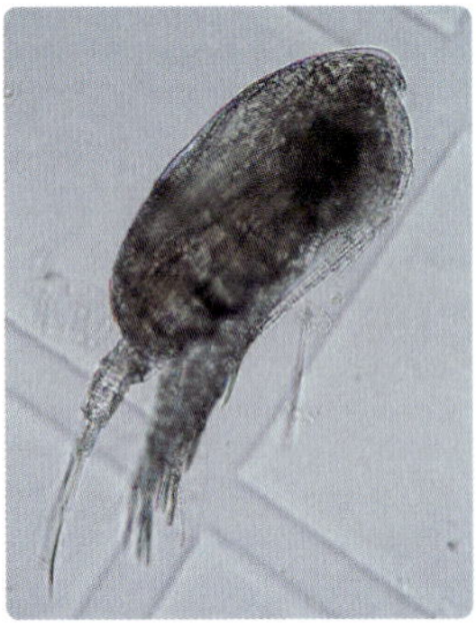

　コヒゲミジンコより前体部がややずんぐりしており，非常に小型です（背景は 0.5 mm の格子で，コヒゲミジンコの写真と比べると大きさの違いがわかります）。本州中部から沖縄の沿岸域に分布し，特に夏の内湾では最も数の多いヒゲミジンコになります。

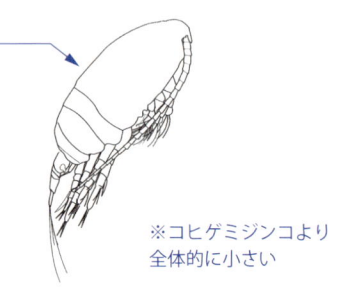

ずんぐりした前体部

※コヒゲミジンコより全体的に小さい

ホソヒゲミジンコ【新称】

Acartia omorii
アカルチア オオモリィ

体長 0.70〜1.00 mm

コヒゲミジンコと比べて前体部が細く、触角が先端まで太めで、オス成体の右触角が折れ曲がります。北海道から九州まで見られ、関東以南では春に内湾や沿岸で多くなります。本種のノープリウス幼生は243ページを参照。

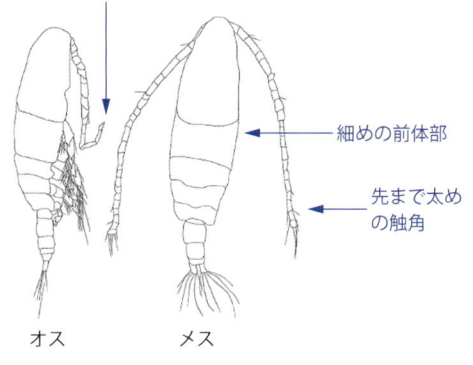

折れ曲がった右触角
細めの前体部
先まで太めの触角

オス　　メス

コラム 34　地球上で最も多い動物　〜カイアシ類〜

　ほとんどの海域においてプランクトンネット採集による動物プランクトン数の70%以上はカイアシ類です。バイオマス（生物の量のこと）でもカイアシ類は全動物プランクトンの80%以上を占めるという報告があり，おそらく地球上で最もバイオマスが大きな動物であろうといわれています。

　カイアシ類の量の豊富さは食物連鎖からも知ることができます。植物プランクトンが光合成によって作り出す有機物の生産量は，陸上植物を含めた地球全体の植物生産量の半分近くになります。植物プランクトンが生産した有機物の一部は海中に溶け出たり，繊毛虫などの単細胞プランクトンに食べられたりしますが，大半はカイアシ類が食べています。溶け出た有機物や植物プランクトンを食べる単細胞プランクトンも，大半は食物連鎖を通してカイアシ類に食べられます。つまり，カイアシ類は地球上の半分近い植物生産量の大半を食べて，自分の体や卵を作りだしているのです。地球上全体のカイアシ類バイオマスを計算した人はいませんが，ほかの動物に比べてカイアシ類全体の圧倒的な消費量は，カイアシ類が地球上で最も豊富に存在する動物であることを意味しています。

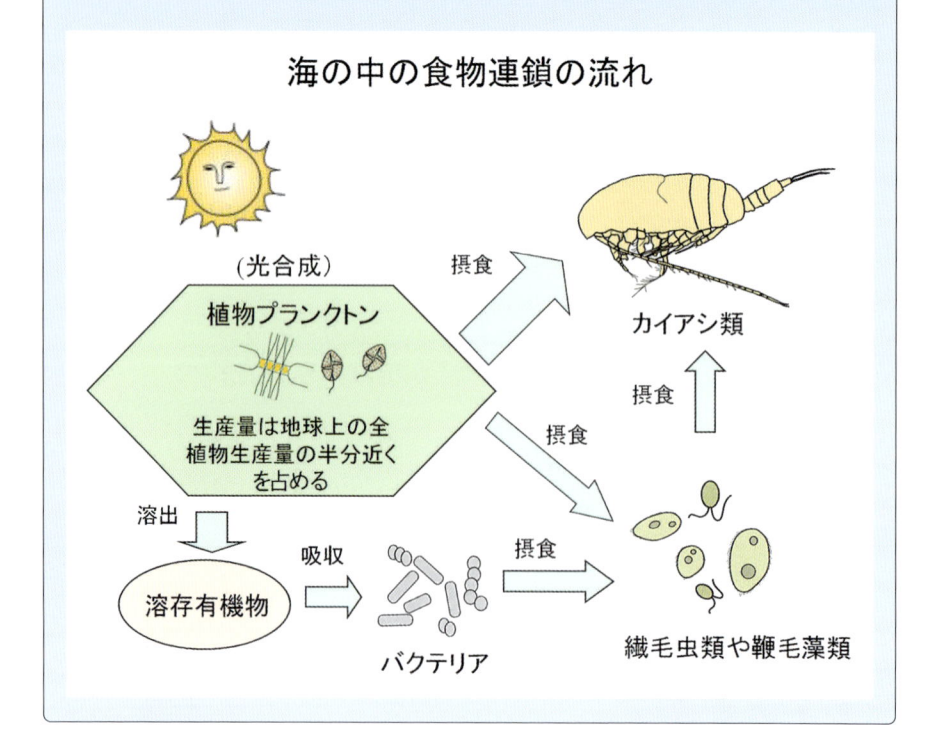

海の中の食物連鎖の流れ

（光合成）

植物プランクトン
生産量は地球上の全植物生産量の半分近くを占める

溶出 → 溶存有機物 → 吸収 → バクテリア → 摂食 → 繊毛虫類や鞭毛藻類 → 摂食 → カイアシ類

植物プランクトン → 摂食 → カイアシ類

ケンミジンコの仲間

CYCLOPOIDA
キクロプス目

前体部は細長い紡錘形で，後体部は前体部とほぼ同じ長さがあり，触角の長さは前体部と同じか少し短い程度です。ケンミジンコの種類は淡水では多いですが，海では少なく，個体数が多いのは *Oithona*（オイトナ）属だけです。

ウミケンミジンコ【新称】

Oithona similis
オイトナ シミリス

体長 0.60〜1.00 mm

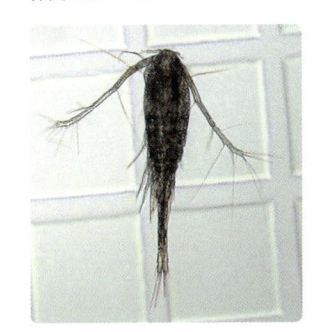

日本各地の沿岸に普通に見られる代表的な種です。

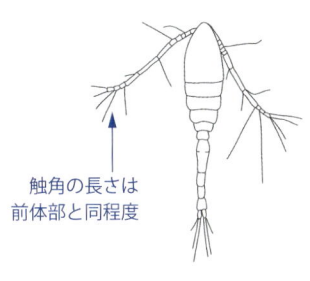

触角の長さは
前体部と同程度

ナイワンケンミジンコ【新称】

Oithona davisae
オイトナ デービセ

体長 0.50〜0.60 mm

前種より小型で，横から見ると頭の先が丸く，ワシのクチバシのように下向きにとがっています。東京湾や大阪湾など富栄養な内湾では夏に爆発的に増え（1ℓの海水に数100個体），ほかのカイアシ類より圧倒的に多くなります。本種のノープリウス幼生は243ページを参照。

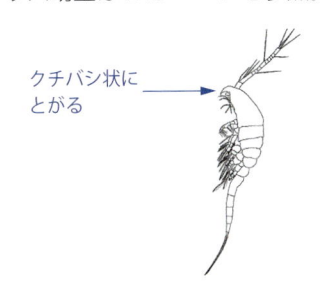

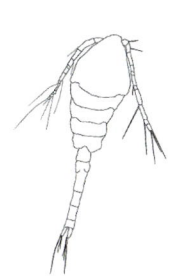

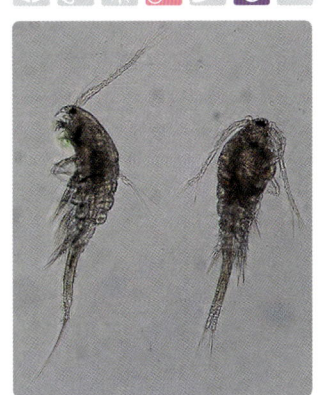

クチバシ状に
とがる

> コラム 35　動物プランクトンの「日周鉛直移動」と「季節的鉛直移動」

　動物プランクトンには，赤潮プランクトン（コラム23）とは逆に，日中深い場所に分布し，夜間表層に上がる「日周鉛直移動」を行う種類がいることがよく知られています。動物プランクトンの日周鉛直移動の理由について，いろいろな説が考えられています。最もよく支持されている説は「魚など目で食物を探す敵から身を守るため」という理由です。植物プランクトンは光合成を行うため光が強い表層にたくさんいますが，動物プランクトンは敵の目を逃れるために日中は少しでも暗い深い場所にいて，暗くなってから表層に上がり植物プランクトンを食べようというわけです。

　カイアシ類の中には，日周鉛直移動のように短い距離の移動ではなく，表層と深海との間を1年かけて行う大規模な移動をする種類があります。そうした移動は発育に1年かかる寒帯の大型カイアシ類に見られ，「季節的鉛直移動」または「発育にともなう鉛直移動」と呼ばれています。*Neocalanus*（ネオカラヌス）という体長5〜10 mmの大型カイアシ類では，表層に植物プランクトンが多い春から初夏の間に表層で発育した後，水深400〜1,500 mの深海に移動して越冬し，次の早春に成体になって産卵するという鉛直移動を行います。最近の研究では，北太平洋全域でネオカラヌスが鉛直移動によって深海に運ぶ炭素量は日本の炭素量排出（2004年度）の半分近くになると計算されています。深海まで移動した炭素の多くは食物連鎖によってほかの深海動物に取り込まれ，数百年間は深海に貯蔵されるといわれています。巨大なバイオマスをもつカイアシ類は，地球環境とも深いかかわりをもっているのです。

日周鉛直移動

成長にともなう鉛直移動

ツブムシの仲間

POECILOSTOMATOIDA
ポエキロストム目

このカイアシ類の多くはプランクトン性ではなく寄生性で，ツブムシという名は魚などに付着した個体が粒（つぶ）に見えることからきています。しかし，次の2つの種類は寄生性ではなく，プランクトン中に普通に見られます。

メガネケンミジンコ【新称】

CORYCAEIDAE
コリケウス科

体長 0.70～2.00 mm（種によって異なる）

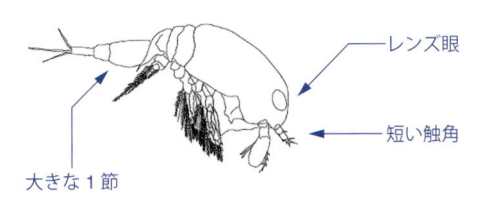

頭部前端に短い触角と一対のレンズ眼をもち，後端は両側後方に伸びてとがります。後体部には，後体部の半分以上を占める大きな節があります。肉食性のカイアシ類として知られています。

カギアシケンミジンコ【新称】

ONCAEIDAE
オンケア科

体長 0.30～1.30 mm（種によって異なる）

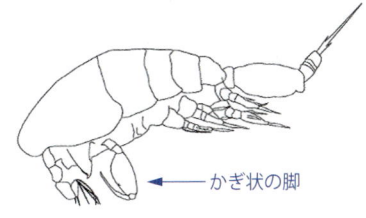

頭部先端の触角が短く，後体部に大きな1節がある点はメガネケンミジンコに似ていますが，レンズ眼はなく，前体部後端はとがりません。また，頭部にある大きな鉤（かぎ）状の脚が特徴です。沿岸域に普通にいますが，深海では最も数が多くなるカイアシ類です。

| コラム 36 | 宝石のようなカイアシ類 |

　カイアシ類は昆虫のコガネムシやチョウのように色鮮やかではなく，"可愛くない"と思う人もいるかもしれません。しかし，色が地味なのは顕微鏡の下からの光で観察するからで，本当は昆虫に負けない美しい色をもったカイアシ類も少なくありません。下の絵は100年以上昔に出されたカイアシ類分類学書の図版ですが，右端のガラスのように透明な種のほかに，長く伸びた羽毛が紅色になる種や体に赤や青の色素をもつ種が美しく描かれています。

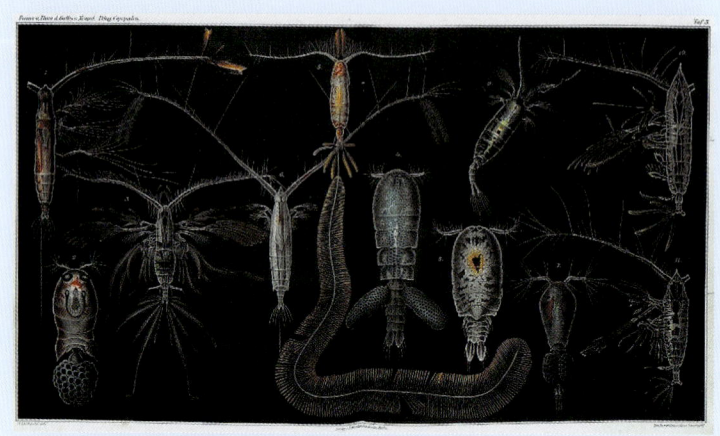

1892年に出版されたGiesbrechtのカラー図版。
本書の図の正確さは今でも分類学者の手本になっています。

　きわめつきの色彩をもったカイアシ類は，学名が宝石のサファイアを意味する *Sapphirina*（サフィリナ）です。このカイアシ類は，写真のように体全体が青みがかった銀色や紅色，金色に輝いています。

サフィリナ オパリナ （*Sapphirina opalina*）　　サフィリナ ジェンマ （*Sapphirina gemma*）
どちらも体長約3mmのオス

　この輝きは，結晶膜を重ねて特定の波長の光を強く反射する"構造色"と呼ばれるものです。青い輝きをもつモルフォチョウのリン粉と同じ原理です。サフィリナの輝きはオスだけで，メスをひきつけるための進化と考えられています。サフィリナがたくさんいる海は水中がキラキラ光り，漁師の間では"玉水（たまみず）"や"貝殻水"と呼ばれています。

日本の海産プランクトン図鑑

ソコミジンコの仲間

HARPACTICOIDA
ハルパクチクス目

触角は短く、前体部と後体部の間ははっきりした関節にはなりません。ほとんどの種は水底で生活していますが、一部の種は浮遊生活を送るため、プランクトンネットを使って普通に採集することができます。

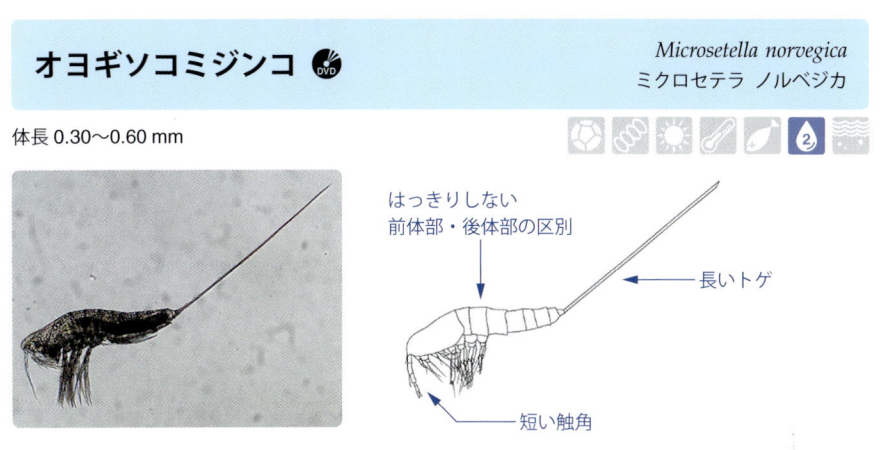

オヨギソコミジンコ

Microsetella norvegica
ミクロセテラ ノルベジカ

体長 0.30〜0.60 mm

はっきりしない
前体部・後体部の区別

長いトゲ

短い触角

　後端に体長の 1〜1.5 倍ほどの長いトゲがあります。名前のとおりプランクトン性のソコミジンコで、本州中南部では秋に多くなります。写真の体後半に黒く見えるのは腸の中の消化物で、排泄されると糞粒（コラム 38 参照）になります。

シオダマリミジンコ

Tigriopus japonicus
チグリオプス ジャポニクス

長さ約 0.70 mm

※潮だまり

短い触角

体の色はオレンジか灰色

　海岸の潮だまりに生息する底生性の種で、潮だまりの中で泳ぎだしたものをプランクトンネットで捕まえることができます。体はオレンジか灰色です。環境変化の大きな場所で生活しているため丈夫で、小さなビンでも簡単に飼うことができます。

コラム 37　カイアシ類の産卵と成長

　ヒゲミジンコの多くは卵を水中に産み落としますが、そのほかのカイアシ類は、卵がかえるまで母親が後体部にくっつけて卵を保護しています。

　ふ化した子どもは甲殻（こうかく）類特有のノープリウス幼生になり、エビのように脱皮（だっぴ）して成長します。ノープリウスは三対の脚をもつことが特徴で、6回目の脱皮で体が前体部と後体部に分かれたコペポディド幼体へと変態します。三対の脚は触角などに変わり、さらに多くの脚をもつようになります。コペポディドは5回脱皮して親になります。ほかの多くの甲殻類とは違い、親になるともう脱皮しません。温帯域の夏なら、卵から親になるまでの時間は2週間から1カ月ほどで、親は実験室内では1カ月以上生き続けます。

卵を抱えたプランクトン性のウカレソコミジンコ（*Euterpina acutifrons*　ユーテルピナ アキュティフロンス）

卵

卵とふ化直後のノープリウス幼生

卵　　　幼生

　冬から春に多いホソヒゲミジンコでは、親は数10個から100個以上の卵を死ぬまで毎日産み落とします。これがどれほどすごいことかは、産んだ卵の体積を計算するとわかります。卵は約0.08 mmの球形で、形を考えて計算すると卵の体積は親の150分の1ほどになります。1日の産卵数を平均50個とすれば、自分の体積の3分の1もの卵を毎日産んでいるのです。多細胞動物で毎日これほどの卵を産むのはたいへんなことですが、カイアシ類の親は脱皮成長しないかわりに産卵によってそのたいへんなことをしていることになります。その強大な産卵力によってカイアシ類は生存競争の厳しいプランクトンの世界で生き残り、小さくても動物界で最も繁栄した地位を築いたといえるでしょう。

コラム 38　カイアシ類の糞

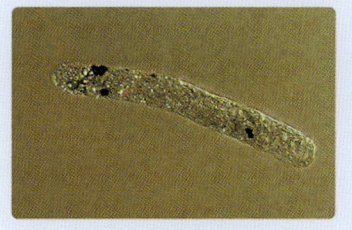

カイアシ類の糞粒
（長さ 0.26 mm）

　カイアシ類は大量の植物プランクトンを食べ，大量の糞（ふん）を粒状にして出します。この糞は糞粒（ふんりゅう）と呼ばれ，膜で包まれているためになかなか分解されずに沈んでいきます。糞粒の大きさと数はカイアシ類の種類や大きさやエサの種類で違いますが，ヒゲミジンコの仲間では平均的には体の4分の1ほどの長さがあり，1日に100〜150個も排泄します。糞粒が沈む速さは，1日に数mしか沈まない植物プランクトンに比べて非常に速く，大型カイアシ類の糞粒では1日数100mもの速さで沈んでいきます。そのため多くの糞粒が深海まで沈み，それらは深海性動物プランクトンにとって重要な食料源になっています。深海性カイアシ類の中には糞粒を感じるセンサーを発達させている種類もいます。表層のカイアシ類は浅海の動物プランクトン食魚の主要な食料になるだけでなく，深海動物の食物連鎖の出発点になる重要な食料を供給しているのです。

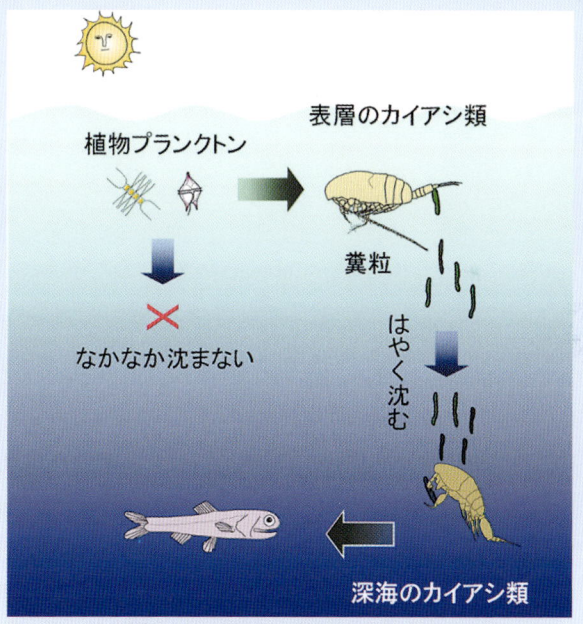

糞粒による表層から深海への食物リレー

ワムシ類
ROTATORIA

ワムシの仲間は「輪形動物（りんけいどうぶつ）」と呼ばれ，頭部に輪状に並んだ繊毛をもち，これを動かして泳いだり，エサを捕まえたりしています。淡水産は種数も多く多様性に富みますが，海産はそれほど多くありません。

ヒトツユビフサワムシ

Synchaeta triophthalma
シンキータ トリオフタルマ

体長 約 0.20 mm

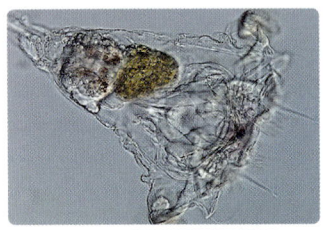

体の中に，消化中の藻類（黄緑色の部分）が見られることがあります。アシユビと呼ばれる突起構造を最後部に 1 本もち，これを使って物に付着します。

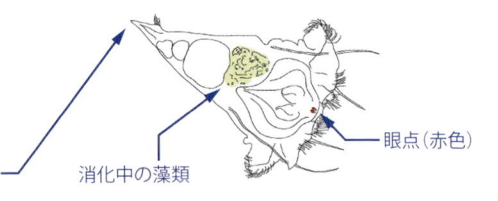

1 本のアシユビ　　消化中の藻類　　眼点（赤色）

コラム 39　エサとして重宝されるワムシ

　ワムシ類は，特に淡水域において種数，個体数ともに多く，より大型の生物，例えば小型の魚類などにとって重要なエサとなっています。魚類の養殖でよく使われるエサとしてはアルテミア（ブラインシュリンプと呼ばれることもあり，田んぼなどで見られるホウネンエビによく似た姿をしている）が有名ですが，体長が1mmを優に超えるため，卵からかえってあまり月日が経っていない稚魚のエサには大きすぎる場合があります。そこで，ふ化間もない稚魚向けのエサとして注目されたのが，汽水産のシオミズツボワムシ（学名：*Brachionus plicatilis* ブラチオヌス プリカティリス）です。本種は日本の研究者によって培養法が確立され，海産魚の養殖において不可欠な存在となっています。ちなみに，シオミズツボワムシのエサは何なのかといいますと，一般には緑藻類のクロレラ（学名：*Chlorella vulgaris* クロレラ ブルガリス）が用いられるようです。

コラム 40　波打ち際で見つかるベントス（底生生物）たち

ヒラムシ

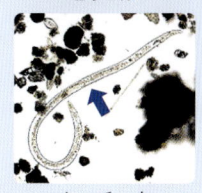

センチュウ

　堤防の上などと比べると比較的安全な波打ち際。このような場所でプランクトン採集を行う方も多いことでしょう。左上写真のヒラムシなどは，波打ち際でプランクトンネットを引くとよく見つかりますが，防波堤や舟の上から引いた場合は滅多に見つかりません。ヒラムシは本来，海底や海藻などの表面をはって生活しているベントスですが，波打ち際のように底の浅い海では，砂と一緒にまきあがって水中に混じることがあります。体はきわめて平たく，布きれのようです。全体を波打たせるようにして進み，体の大きさは，数mmから成長すると数cmにも達します。波打ち際でよく見つかるベントスとしては，センチュウ（線虫：左下写真の矢印）なども一般的です。

翼足類
PTEROPODA

　翼足（よくそく）類は海洋でプランクトン生活をする巻貝の仲間です。殻をもつ種類ともたない種類があり、「流氷の妖精」として有名なクリオネ（ハダカカメガイ）は、殻をもたない翼足類の仲間です。

クリオネ

ツメウキヅノガイ
Creseis virgula
クレセイス ヴァーグラ

殻の長さ 〜7.00 mm

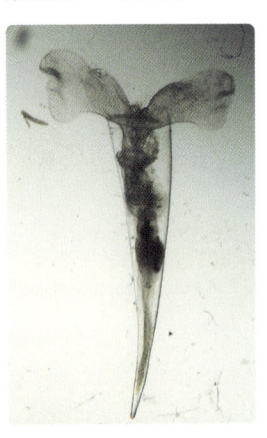

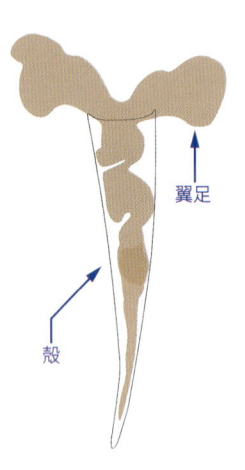

　ウキヅノガイの仲間は暖海域沿岸で最も普通に採集される翼足類です。2枚の翼足をはばたくように動かし、水中を遊泳します。死ぬと翼足は縮んで殻の中に入ってしまいます。殻は成長に伴って細長く伸びるため、殻の大きさは、個体によって大小さまざまです。

日本の海産プランクトン図鑑

ヤムシ類
SAGITTOIDEA

体長 ～20 mm

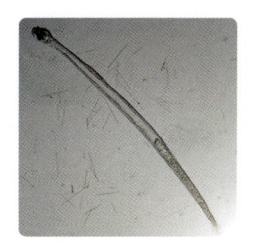

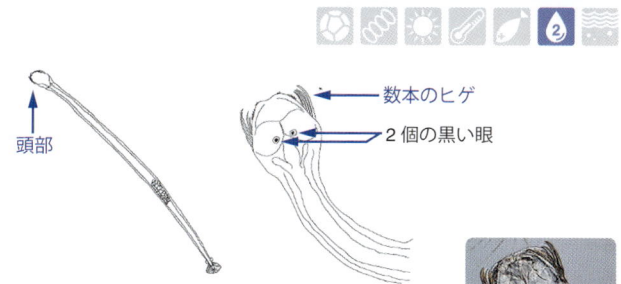

頭部

数本のヒゲ
2個の黒い眼

弓矢のように細長く，先端に頭がついています。この頭の両側に数本のヒゲが生えていること，背側に一対の黒い眼をもつことが特徴です。大型なので，肉眼でも細長い姿を確認できます。肉食で，カイアシ類などを丸のみします。

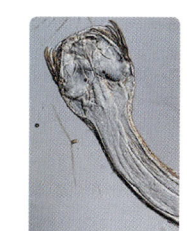

頭部

ウミタル類
DOLIOLIDA

体長 ～20 mm

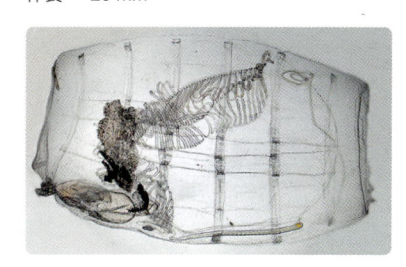

体全体に"しま状"の筋肉の束が走っており，ゼラチン質のこわれやすい体を補強しています。春に増加し，秋にも見られます。

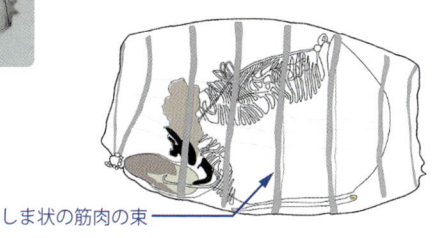

しま状の筋肉の束

多細胞生物　ヤムシ類・ウミタル類

オタマボヤ類
APPENDICULARIA

　尾虫（びちゅう）類ともいいます。脊索（せきさく）動物の仲間です。オタマジャクシのように体はタマゴ形の体部と長い尾部からなります。付着動物であるホヤ（249ページ参照）と近縁で，ホヤのオタマジャクシ型幼生に似ており，幼形（ようけい）類という別名もありますが，オタマボヤ類では体部と尾部の間が細くくびれることで，オタマジャクシ型幼生とは区別できます。沿岸域でのプランクトンネット採集では，カイアシ類の次に多く採集される動物プランクトンです。

ワカレオタマボヤ

Oikopleura dioica
オイコプルーラ ディオイカ

体長 1.00〜4.00 mm（尾部を含む）

まるでエイリアンのような体部

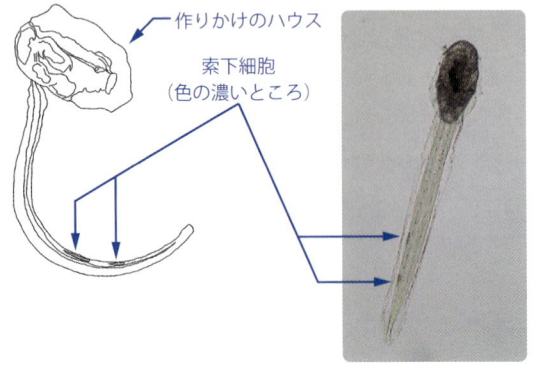

作りかけのハウス
索下細胞
（色の濃いところ）

　尾部に離れた2個の索下（さっか）細胞をもつことがこの種の特徴です。左の写真の体部の周りについている透明な膜は，作り始めの"ハウス"です（コラム41参照）。富栄養な海域で最も普通に見られる種です。ほかのオタマボヤ類は1個体でオスとメス両方の機能をもっていますが，この種だけオスとメスが分かれる（別の個体になる）ため，"ワカレ"オタマボヤと名づけられました。

オナガオタマボヤ

Oikopleura longicauda
オイコプルーラ ロンジコーダ

体長 〜4.70 mm（尾部を含む）

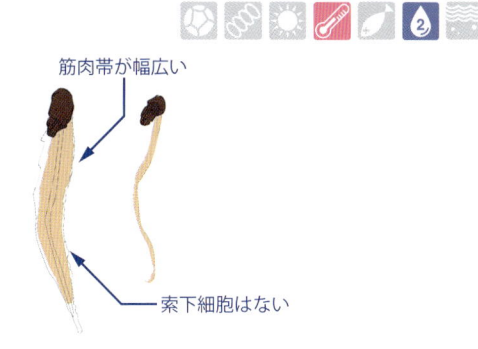

筋肉帯が幅広い
索下細胞はない

　尾部の筋肉帯（きんにくたい）の幅が広く，背景を暗くして観察する（暗視野照明）と，右写真のように尾部の筋肉帯が虹色に光って見えます。尾部に索下細胞はありません。暖流域沿岸に広く分布する普通種ですが，北海道でも見られます。

サイヅチボヤ

Fritillaria pellucida
フリチラリア ペルシーダ

体部のみ 〜2.00 mm　尾部のみ 〜3.00 mm

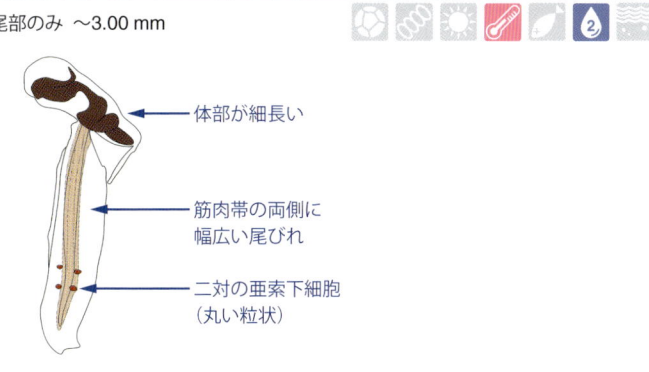

体部が細長い
筋肉帯の両側に幅広い尾びれ
二対の亜索下細胞（丸い粒状）

　前の2種より体部が細長く，尾部の筋肉帯の両側に幅広い透明な尾びれがあり，全体の形が「さいづち」（小型の木づちのこと）の形に似ているのでサイヅチボヤと呼ばれます。本属（*Fritillaria* 属）は本種以外にも数種存在しますが，本種は尾部の下方に筋肉帯をはさんで二対の亜索下（あさっか）細胞があることで区別できます。暖流域沿岸に多く，春に増えてオタマボヤ類の中で最も普通に見られるようになることがあります。

| コラム 41 | 家を作るプランクトン 〜オタマボヤ〜 |

　オタマボヤ類はハウス（包巣ともいう）と呼ばれる袋状の透明な膜でできた家を作り，その中で生活しています。ハウスには，細かい網の窓と，ハウスから抜け出るための非常出口があります。オタマボヤは尾で水流を起こして窓から水を入れ，窓の網目を通って入ってきた微小なプランクトンを，口から出した別の膜でからめ取って食べています。窓の網目がつまってきたり敵に襲われたりした時には，非常出口からとび出し，すぐにまた新しいハウスを作り直します。そうして1日に何個もハウスを作ります。捨てられたハウスは他の動物の食物として利用され，外洋では沈んでいったハウスはカイアシ類の糞と同じように有機物を深海まで運ぶ重要な役割を果たしています。ウナギやヒラメの仔魚（しぎょ：生まれたばかりの魚のこと）はおもにオタマボヤ類のハウスを食べて育つことが知られています。

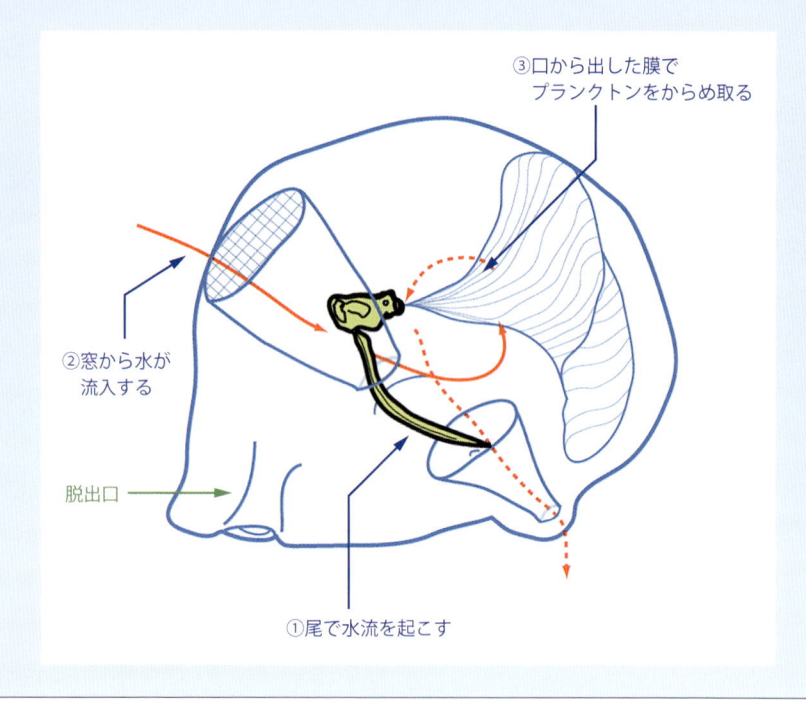

③口から出した膜でプランクトンをからめ取る

②窓から水が流入する

脱出口

①尾で水流を起こす

ヒドロクラゲ類（刺胞動物：しほうどうぶつ）
HYDROZOA

　ヒドロクラゲ類に属する多くのクラゲは数 cm 前後と小さく，体の構造は立方クラゲや鉢クラゲの仲間と比べると単純です。これまでに知られている約 2,700 種のほとんどが海産で，多様な体制・形態・生態が見られます。数少ない淡水産のヒドロクラゲとして，マミズクラゲやヒドラ類などが知られています。

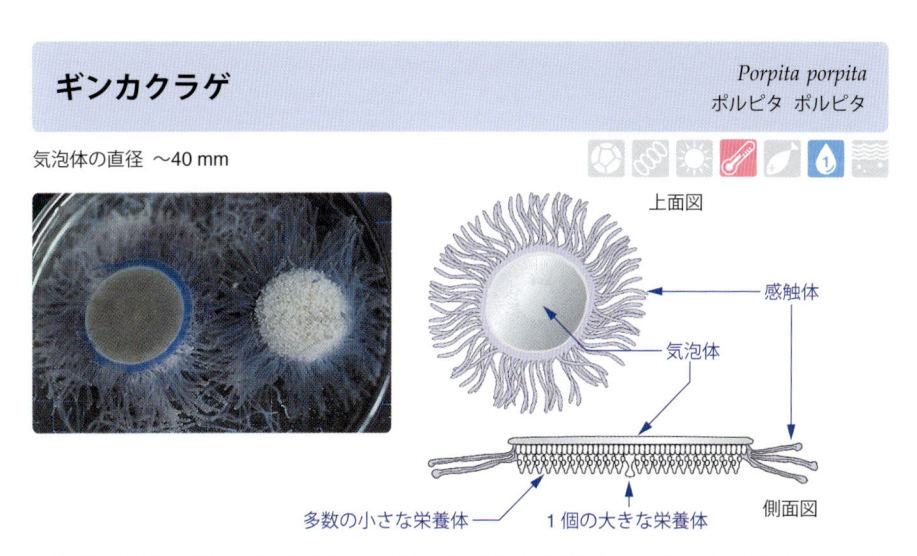

ギンカクラゲ
Porpita porpita
ポルピタ ポルピタ

気泡体の直径 〜40 mm

上面図
感触体
気泡体
多数の小さな栄養体　　1個の大きな栄養体
側面図

　黒潮や対馬暖流など，黒潮系の暖流で見られる外洋性のヒドロクラゲです。クラゲの傘のように見えるのは "気泡体（きほうたい：浮き袋のこと）" で，カニやエビの殻と同様 "キチン質" でできており，これが銀色の円盤形なので「銀貨クラゲ」と呼ばれます（上写真の左）。気泡体の下面中央に1つの大きな栄養体（生活を営む個体），その周囲に小さな栄養体が密集して群体を形成しており（上写真の右），小さな栄養体から生殖体（生殖にかかわる個体）が形成されます。気泡体下面の周りには刺胞をも

大量に漂着したギンカクラゲ
青色のかたまりすべてがギンカクラゲ

つ青色の"感触体（かんしょくたい）"があり，これを水面に放射状に伸ばして小型動物プランクトンを捕らえます。

　本種は海の表面で生活しているため，風の影響を受けやすく，一定方向の強風により，海岸に大量に漂着することがあります。刺胞の毒は強くありませんが，触手にはなるべく触れないよう注意しましょう。

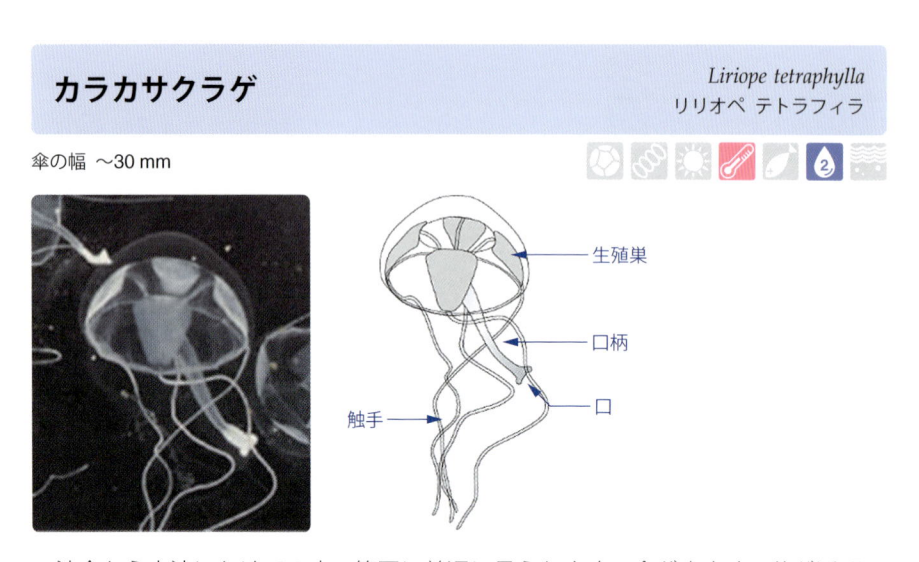

カラカサクラゲ

Liriope tetraphylla
リリオペ テトラフィラ

傘の幅 〜30 mm

- 生殖巣
- 口柄
- 口
- 触手

　沖合から内湾にかけての広い範囲に普通に見られます。傘が小さく，体が透明で目立たないため，海に浮かぶ本種を見つけることは容易ではなく，一般にほとんど知られていません。写真の個体はホルマリン固定標本のため生殖巣が白く見えますが，生きているときの生殖巣は透明です。「傘の柄（え）」に見える太いひも状の構造は口柄（こうへい）と呼ばれ，先端に口と胃があり，触手で捕らえた小型の動物プランクトンをしゃぶるように捕食します。写真の個体は6月に広島湾の水面付近に高密度に出現していたもので，どれも生殖巣がよく発達した成熟個体であることから，密集して有性生殖を行っていたのでしょう。

カミクラゲ

Spirocodon saltator
スピロコドン サルテイター

傘の幅 〜60 mm

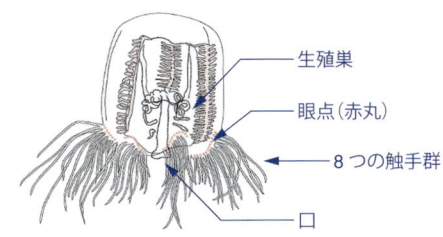

傘は円筒形です。3月頃，傘幅40 mmほどに成長した本種が，漁港の水面近くに多数の触手を"かみの毛"のように拡げ，静かに浮かんでいることがあります。ゆっくり沈みながらカイアシ類などの小型動物プランクトンを長い触手で捕らえ，それを短い触手に受け渡し，垂れ下がった口で捕食します。本州各地の太平洋岸の湾内に生息し，1月頃に傘幅5 mmほどの幼体が見られ始めますが，その前の世代（ポリプ）については，まだわかっていません。

ドフラインクラゲ

Nemopsis dofleini
ネモプシス ドフレイニ

傘の幅 〜30 mm

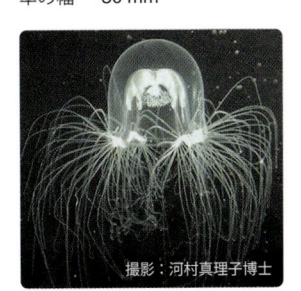

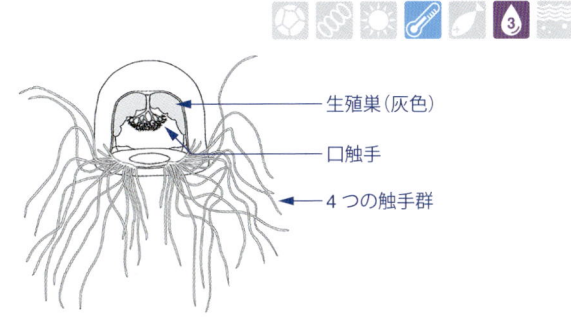

撮影：河村真理子博士

傘は低い四角柱状です。水温が最も低い1〜3月頃に，内湾の漁港などに出現します。3月頃に見られる，傘径が30 mm近くの成体では，発達した4枚の生殖巣や，口柄の先端部に花房のように広がる，刺胞をもつ突起（口触手：こうしょくしゅ）が目立ちます。見た目の美しさから，春先に観賞魚店で販売されることもあります。生活環（一生の流れ）がわかっているため，飼育が比較的簡単なクラゲです。"ドフライン"という名は，発見者であるドイツ人学者の名前に由来します。

オオタマウミヒドラ

Hydrocoryne miurensis
ヒドロコライネ ミウレンシス

傘の幅 〜2.80 mm

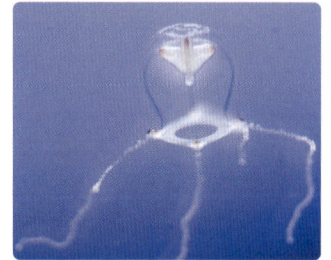

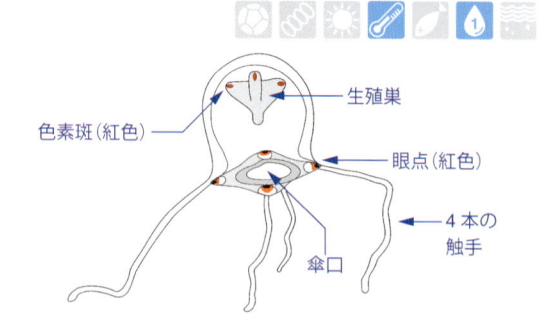

図中ラベル：色素斑（紅色）／生殖巣／眼点（紅色）／4本の触手／傘口

ポリプ
ポリプとしては大型で岩の上に小さな群体を作ります

　クラゲ（上写真）は大きなポリプに比べると小さく，成熟しても傘の高さはせいぜい 2.80 mm にしかなりません。傘の縁には 4 本の触手があり，触手の付け根付近に 1 個ずつある眼点で光を感知しています。また，口の四隅には特徴的な紅色の"色素斑"が見られます。生殖巣は雌雄ともフラスコ状の口を取り巻くように形成されます。雌クラゲが作る卵の大きさは通常のクラゲよりも大きく（直径 0.15〜0.20 mm），一度に少数しか作りません。傘全体に数種の刺胞がかたまりをなしてパッチ状に散在するのは本種以外にはあまり見られません。

　ポリプ（左写真）は"ねぎ坊主"のような形をしており，多数ある触手の先端は玉のように丸くふくらんでいます。本種はこの世代が大きく目立つ（ポリプの 1 個虫は全長 70 mm まで伸長できる）ため，この世代に名前がつけられています。本州から北海道にかけての潮間帯で普通に見られますが，クラゲ芽の姿はまるで"ブドウの房"のようです（"ヒドロ茎"の下部に多数できるため）。1 世紀ほど前に，神奈川県三崎付近で採取されたポリプに基づいて新種記載されたため，本種の種小名は土地の地名となっています。

シミコクラゲ

Rathkea octopunctata
ラスケア オクトプンクタタ

傘の幅 〜4.50 mm

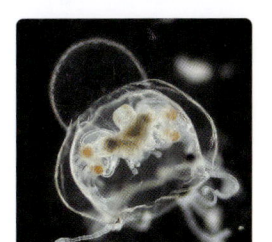

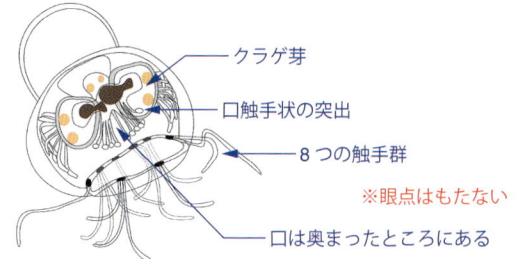

- クラゲ芽
- 口触手状の突出
- 8つの触手群
- ※眼点はもたない
- 口は奥まったところにある

　日本各地の沿岸で普通に見られます。成長しても傘の大きさが 4.50 mm に満たない，とても小さなクラゲです。糸状の触手が束になった"触手群"が傘の縁に 8 カ所見られます。眼点はありません。また，口のまわりに口触手状の突出があります。口の上部を取り囲むように生殖巣ができるのですが，何とも不思議なことに，生殖巣が成熟した個体はいまだ確認されていません。未成熟な時期に，傘の中に複数のクラゲ芽ができ，それが 1 つずつ分離してクラゲとなるため，急速に個体数を増やすことができます。放射管は 4 本見られます。

コラム 42　クラゲとは？

　クラゲは，刺胞動物門（しほうどうぶつもん）と有櫛動物門（ゆうしつどうぶつもん）に属する水中に浮遊する生物体に当てられた言葉です。しかし，軟体動物にゾウクラゲ（DVD 映像あり），キノコの仲間にキクラゲやツチクラゲ，またラン藻類にイシクラゲと，他にもクラゲと呼ばれる生物が存在します。キクラゲなどは陸上に生息することから，「○○クラゲ」という言葉は水中に浮遊する生物に限定して使われていないことがわかります。
　では，クラゲと呼ばれる生物に共通した特徴は何なのでしょう。ミズクラゲの体はゼラチン質で軟らかく，95% 以上が水です。キクラゲはキノコですが，多量の水分を含み，柔軟な体をしています。つまり，クラゲとは"水分を多く含む軟らかい生物"に当てられた言葉なのです。

提供：河村真理子博士

ゾウクラゲ（軟体動物）

イシクラゲ（ラン藻類）

ベニクラゲ の一種 🔵

Turritopsis sp.
ツツリトプシス

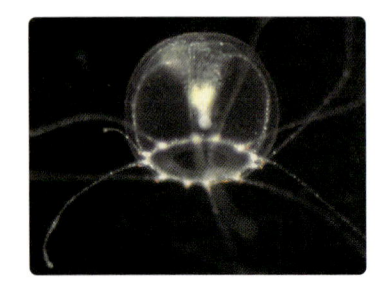

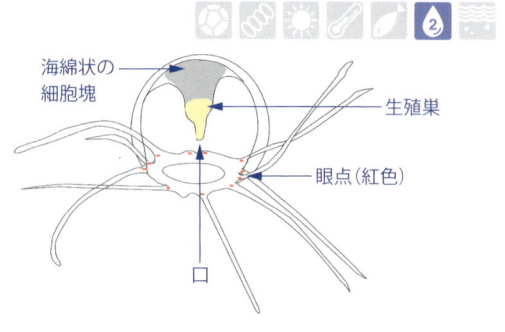

傘の幅 〜10 mm

　傘の直径が3〜10 mm程度と小さなクラゲ（上写真）ですが，"死なない"多細胞性の動物として有名です。有性生殖によって子供を作るクラゲ世代は，ヒトや他の一般的な動物と同様に"死から逃れられない最後の大人の姿"ですが，ベニクラゲは老化しても，強いストレスを受けても死ぬことはなく，わずか数日で若いポリプ世代（下写真）に戻る能力をもっています。しかも，この"若返り"は何度でも可能で，おそらく無限であると考えられています（本項の筆者である京都大学准教授の久保田信は10回の若返りを確認済み）。老化や生命の神秘を研究するうえで好適な生物といえます。

　クラゲの触手の付け根のふくらみの内側には1個ずつ，紅色の眼点があり，ここで光を感知しています。また，口の上部に海綿状の細胞塊があり，これが本種の特徴となっています。口の上部にある胃の周囲に生殖巣があり，雌はたくさんの丸い卵を作り，成熟します。こうして子作りすることで，新しい子孫（プラヌラ幼生）を残すこともできるのです。日本中で見られますが，北日本産と南日本産でクラゲの形の他，繁殖方法，遺伝子配列などが異なることが確認されたことから，南日本産のものは分子レベルでの系統解析により，新種扱いとすべきであることがわかっています。写真のクラゲは南日本型です。

退化したクラゲと若返ったポリプ
ポリプはエサをとり，群体となる

日本の海産プランクトン図鑑

カイヤドリヒドラクラゲ

Eugymnanthea japonica
エウギムナンテア ジャポニカ

傘の幅 〜1.00 mm

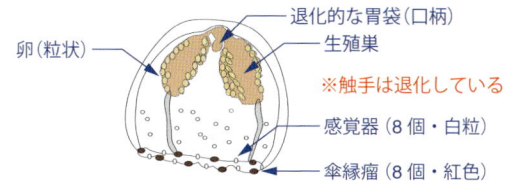

卵（粒状）
退化的な胃袋（口柄）
生殖巣
※触手は退化している
感覚器（8個・白粒）
傘縁瘤（8個・紅色）

ポリプ
この仲間では唯一群体を作りません

和名の通り，二枚貝にポリプ（ヒドラ）が宿り，そこから遊離するクラゲを容易に観察できます。岸壁やイカダに付着しているムラサキイガイやマガキを採集し，貝を開いて中の軟体部（外套膜：がいとうまく）に付着しているポリプ（左写真）をピペットで吸い集め，20 〜 28℃で放置すれば，夏の夕方，日没時にクラゲが泳ぎ出します。

成体のクラゲ（上写真）は触手も胃袋も退化しており，まるで紙風船のようです。体には4個の生殖巣があり，雌雄の区別は卵の有無で判別できます。傘の縁には球形の感覚器が8個あり，それぞれに平衡石が，通常，1個ずつ入っています。クラゲは短命で，すぐに放卵・放精して死亡します。

ハナガサクラゲ

Olindias formosa
オリンディアス フォルモサ

傘の幅 〜100 mm

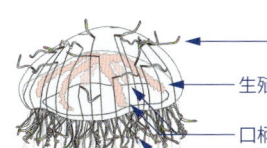

カラフルな数10本の触手が外傘の上に生えている
生殖巣（黄褐色）
口柄（赤褐色）
傘の縁からのびる数100本の棍棒状の触手
※本個体は例外的に2つの口柄をもつ

傘の直径が100 mmに達する大形種です。傘の縁から伸びる数100本の棍棒状の触手はコイル状に縮みます。放射管は4〜6本あり，そのほぼ全長に，ひだ状の生殖巣が形成されます。外傘上から数10本のカラフルな糸状の触手が伸びているうえ，口柄（こうへい）が赤褐色，生殖巣が黄褐色なため花笠のように色鮮やかです。日本特産種。

多細胞生物　ヒドロクラゲ類

オベリアクラゲ の一種

Obelia sp.
オベリア

傘の幅 〜4.00 mm

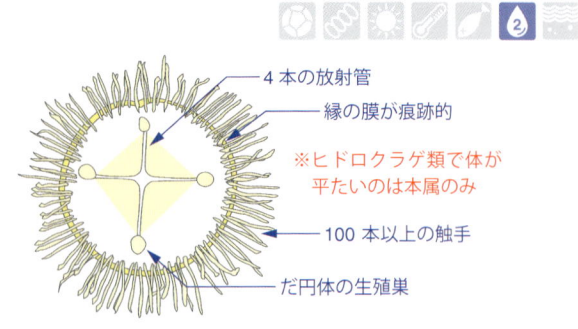

図中ラベル:
- 4本の放射管
- 縁の膜が痕跡的
- ※ヒドロクラゲ類で体が平たいのは本属のみ
- 100本以上の触手
- だ円体の生殖巣

傘は円盤状で，縁の膜が痕跡的になっています（上写真）。遊泳性のヒドロクラゲ類の中では，本属だけが平たい体をしています。傘の縁から生える触手は100本以上にもなります。また，傘の縁にある平衡胞の数は8個あり，4本の放射管上のいろいろな位置に，だ円体の生殖巣が見られます。ポリプ（下写真）は樹状の群体となり，大型のものは高さが43 cmに達します。

オベリア属のクラゲは種の区別がとても難しく，生活史が解明されたヒラタオベリアの他，ヤセオベリアとエダフトオベリアなどが知られています。ヤセオベリアはクラゲやポリプの形態でヒラタオベリアと区別がつきますが，エダフトオベリアはポリプの同定は容易なものの，成熟したクラゲの形態はいまだ不明です。他にも生活史の不明なポリプ種がいくつも生息することがわかっています。このため，プランクトンサンプルに含まれるオベリアクラゲがどの種のポリプから遊離したものであるか，現状では決定できません。

ヤセオベリア（学名：*Obelia dichotoma*）のポリプ
一部を蛍光顕微鏡で観察したところヒドロ茎に含まれるGFP（コラム43参照）が緑色に輝いて見える

コラム 43　ノーベル賞にも"輝いた"オワンクラゲ

　オワンクラゲ（学名：*Aequorea coerulescens*）といえば，日本人ノーベル賞受賞者である下村脩博士の研究材料として，GFP（Green Fluorescent Protein：緑色蛍光タンパク質）で世界に一躍知られることになったクラゲに近縁で，緑色に美しく発光する能力をもちます。下村博士はこの光に魅了され，発光するタンパク質"GFP"の単離をはじめとする基礎的研究を進められました。この研究が諸方面で応用され，めでたく受賞されました。GFPは遺伝子に組み込むことで，ガン細胞などの発現を検知するマーカーとして活用され，GFPとともにオワンクラゲの体内に存在する発光タンパク質の"エクオリン"は，カルシウムの微量定量の試薬として活用されています。

　オワンクラゲはヒドロクラゲ類に属しますが，ヒドロクラゲ類としては特大サイズなので，微量な化学物質を大量に採るには適材だったのです。大きな体に見合い，消化循環系である"放射管"を多数もち，傘の縁の触手も約100本と多数です。体のバランスをとる"平衡胞"も，触手とほぼ同数見られます。

　傘の径は200 mmに達し，おわんのような形と大きさから和名がつけられました。大きな傘にはイソギンチャク類の幼生が寄生していることもあります。接触刺激によって傘の縁がリング状に緑色に発光します。我が国では北海道から九州に普通に分布し，世界ではインド洋から太平洋にかけて，さらに大西洋にも分布します。ポリプは群体性で，触手の間に刺胞を含む水掻き状の構造をもつという特徴があります。

　近縁種のヒトモシクラゲ（学名：*Aequorea macrodactyla*）は，オワンクラゲとよく似た姿をしており，分布も似ていて，刺激を受けると発光しますが，触手が多くても15本しかなく，より小型（傘の径が30 mm程度が多い）のため，区別できます。

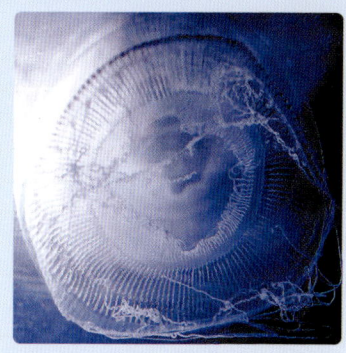

オワンクラゲ
（下から見上げたところ）

立方クラゲ類（刺胞動物：しほうどうぶつ）
CUBOZOA

　立方クラゲは，傘の形が箱形をしていて，傘の4カ所の縁（ふち）からそれぞれ触手が伸びる点が特徴です。別名，"箱クラゲ"とも呼ばれます。遊泳力が強く，視覚に関する感覚器が発達しているため，光の変化に敏感に反応します。暖かい海に多く見られ，海岸などで刺胞による刺傷事故をよく起こすクラゲです。種類は少なく，日本の海で5種ほど，また世界でも20種ほどしか知られていません。

アンドンクラゲ

Carybdea rastoni
カリブデア ラストニ

傘の幅 〜35 mm

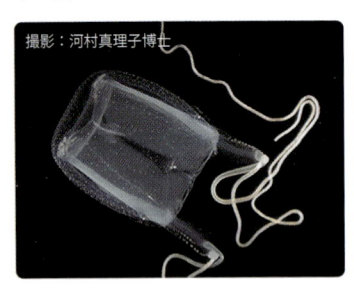

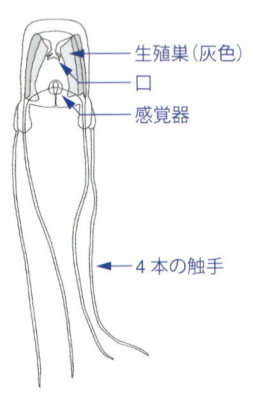

撮影：河村真理子博士

生殖巣（灰色）
口
感覚器

4本の触手

　傘は立方形で，細長い4本の触手をもちます。透明で小さいため目立ちませんが，刺胞毒が強いうえ，意外と素早く泳ぎ回りますので注意しましょう。お盆頃の海水浴場でチクッと刺し，刺し傷跡がミミズ腫れを起こします。地方によっては"いら"や"えら"などと呼ばれています。暖流が影響する，北海道を含めた日本各地の沿岸に分布しますが，瀬戸内海や東京湾など，奥深い湾内では確認されていません。このことから，お盆過ぎの土用波（どようなみ：高潮）が沖から本種を運んでくると思われがちですが，実際は6月中旬に漁港などの沿岸でクラゲ幼体が発生します。

　ポリプが野外からはいまだ発見されておらず，生活環の全容は未解明ですが，傘周辺の感覚器中にある"平衡石（へいこうせき）"に刻まれた"輪紋（りんもん：輪状の模様）"の数を調

べれば，何日前までポリプ世代であったか推定できます（コラム 45 参照）。こうして推定されるポリプから遊離する日が 6 月中旬なのです。沖縄沿岸のハブクラゲとヒメアンドンクラゲ，瀬戸内海のヒクラゲが本種以外の立方クラゲとして知られています。

> **コラム 44　クラゲに刺されないために**
>
> 　クラゲのうち，刺胞動物のクラゲは刺胞をもっているので，ヒトも刺します。一方の有櫛動物（ゆうしつどうぶつ）のクラゲは刺胞をもたないので，刺すことはありません。読者の皆さんを一番多く刺して痛い思いをさせたクラゲは，おそらく，海水浴場に出現するアンドンクラゲだと思います。刺された時の強い痛みは，海水浴を続ける意欲を消失させてしまうほどです。では，何とかアンドンクラゲをはじめ，クラゲに刺されずにすむ方法はないのでしょうか。
>
> 　クラゲに刺されない一番の解決法は，クラゲが 1）何のために刺胞を発射させるのか，2）どのようにして刺胞を発射するのか，3）どんな刺し方をするのか，を知ることです。答えは 1）「エサを捕らえるため」，2）「エサを感知して」，そして 3）「突き刺す」です。ですから，エサとして感知されることなく，感知されて刺糸（さしいと）が発射されても刺さることがないようにすればよいのです。
>
> 　本来ヒトはクラゲにとってエサではないですから，刺胞は発射されないはずですが，海水浴でバシャバシャと水をかくことにより，クラゲの刺胞が強く刺激され，刺されてしまうのです。ですから，ゆるやかに刺胞を刺激しないように泳ぐことが，刺されることを防ぐために重要となります。また，発射された刺糸が突き刺さらないよう，皮膚の上にワセリンなどを塗るのも効果的です。この対策の究極形が，クラゲ刺傷防止のスティンガースーツ（ウエットスーツの一種）です。他にも，クラゲの生態をよく理解して，海の中でのクラゲとの接触を事前に予防することも，クラゲに刺されないための大切なポイントです。
>
> スティンガースーツ
> これを着用すると，クラゲの刺胞から身を守ることができますが，ヘッドキャップをつけていないと顔がやられます。この写真は上から監視しながら採集作業をしているところで，右手につかんでいるのはハブクラゲです

コラム 45　クラゲの齢（れい）を知ること

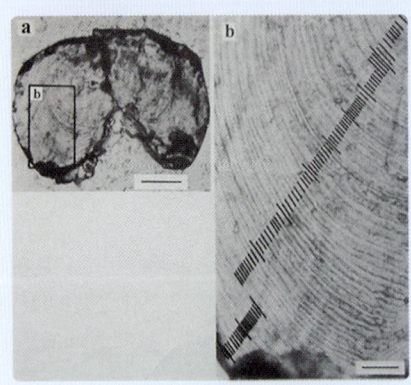

Ueno *et al.* (1996) より引用

　生物の齢は，その生物について理解するうえで重要な情報です。もちろんクラゲもそうで，ポリプから遊離した後の期間の長さが同じなのに体の大きさが異なる場合，栄養環境の良し悪しなどの情報を提供してくれます。では，クラゲの齢はどうしたらわかるのでしょう。

　クラゲは感覚器中に平衡石（へいこうせき）という硫酸カルシウムが主成分の石をもっています。立方クラゲは1個の大きな（1 mm 以下）平衡石を，鉢クラゲはたくさんの小さな（0.10 mm 以下）平衡石をもっています。立方クラゲの平衡石には木の年輪のような同心円状の輪紋（りんもん）が多数存在します。この輪紋はクラゲの日周活動（1日周期の規則的な活動）に対応して毎日1つずつ形成され，輪紋数が日齢に相当します。また，鉢クラゲの平衡石は日数の経過とともに数を増し，石の数が日齢と相関します。平衡石の日輪形成と増加はエサなどの環境の影響を受けないようで，成長の物差しとされる傘の大きさと比べると，変動があまり見られません。

　水産大学校の上野俊士郎教授により，平衡石の輪紋から，アンドンクラゲがポリプから遊離する時期が6月中旬であることや，石の数からエチゼンクラゲが中国海域などでポリプから遊離する時期が3〜5月であることが推定されました。

鉢クラゲ類（刺胞動物：しほうどうぶつ）
SCYPHOZOA

　傘の形が，料理に使う丸いボール状（鉢形）をしていることから鉢クラゲと呼ばれています。鉢クラゲの仲間は，傘の下面中央部から垂れ下がる口腕が「旗」に似ている"旗口（はたくち）クラゲ目"と，口腕が「木の根」に似ている"根口（ねくち）クラゲ目"に分けられます。これまでに200種ほどが知られており，なかにはキタユウレイクラゲ（旗口クラゲ目）やエチゼンクラゲ，ビゼンクラゲ（根口クラゲ目）など，傘の直径が1m前後にもなる，超大型のクラゲも含まれます。

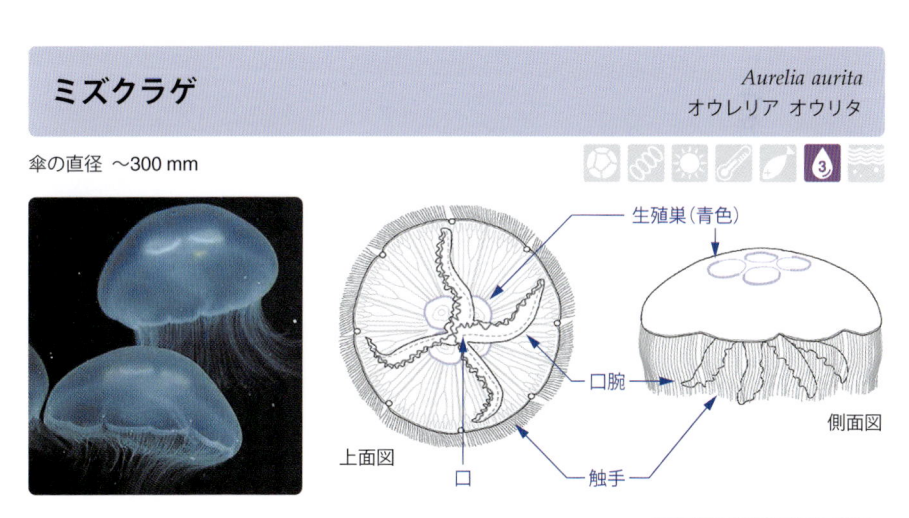

ミズクラゲ

Aurelia aurita
オウレリア オウリタ

傘の直径 〜300 mm

生殖巣（青色）
口腕
上面図
口
触手
側面図

撮影：鶴岡市立加茂水族館
ポリプ

　北海道から九州にかけての沿岸内湾域で最も普通に見られるクラゲで，傘の形は平たい半球状です。冬にポリプからエフィラ幼生に変態し，浮遊生活を始めます。遊離直後のエフィラ幼生は2mm未満であずき色をしており，コスモスの花にそっくりです（240ページ参照）。3月には10 cmほどの未成熟個体が港内などで見られるようになり，5月になると20 cmを超える成熟個体が出現します。傘の中に見られる4つの輪状の構造は

生殖腺で，夏に有性生殖を行います。湾部では9月頃まで高密度に出現し，漁網に混入したり，発電所や工場の冷却水取水口を詰まらせるなどの問題を引き起こします。稚魚などのエサとなる動物プランクトンを大量に捕食するため，水産資源の減少に強く影響しているといわれています。刺されても痛みは弱いですが，触手に触れないよう注意しましょう。

大量出現するミズクラゲ

ミズクラゲの体の一部を顕微鏡で観察すると…

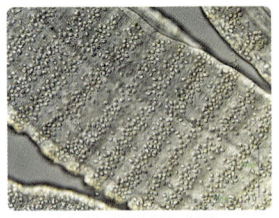

触手には帯状に刺胞（白い粒状）が並ぶ

メスの生殖巣内の卵（丸いかたまり）

オスの生殖巣内の精子（オタマジャクシ様）

アカクラゲ

Chrysaora melanaster
クリサオラ メラナスター

傘の直径 〜300 mm

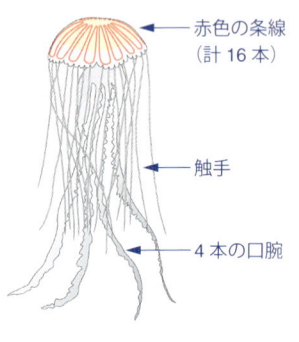

赤色の条線（計16本）

触手

4本の口腕

　傘の形は平たい半球状です。春から初夏の沿岸内湾域で，ミズクラゲの次に普通に見られる大型のクラゲです。傘の上面に赤褐色の放射状の条線と触手，それに，長くよく発達した口腕をもつのが特徴です。12月頃からエフィラ幼生が出現し，次第に成長して，6月までに傘径が30 cm前後に達しますが，水温が20℃以上に上昇する7月には姿が見られなくなります。刺胞毒が強く，稚魚やミズクラゲなどを捕食します。漁網に付着して乾燥すると，その破片がクシャミを誘うことから「ハクションクラゲ」とも呼ばれます。7月中旬以降には出現しないため，海水浴で刺されることはほとんどありませんが，春から初夏にかけては海岸などでよく見られます。見つけても，むやみに触らないよう注意しましょう。

オキクラゲ

Pelagia noctiluca
ペラギア ノクチルカ

傘の直径 ～90 mm

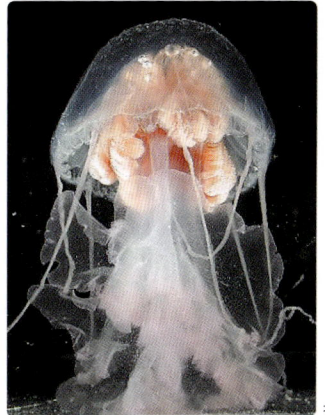

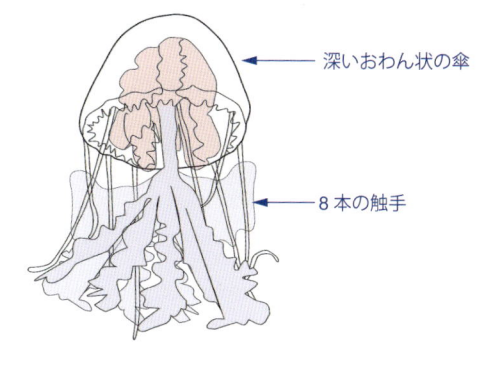

深いおわん状の傘

8本の触手

撮影：河村真理子博士

　アカクラゲに近縁ですが，傘の形はより深いおわん状で，傘の直径は 10 cm を超えることはありません。傘の縁に 8 本の触手をもちます。

　暖かい海の外洋にすむ種ですが，晩春から初夏にかけて黒潮の流入と風による吹き寄せで，太平洋側の南日本沿岸に大量に出現します。触手と口腕には強い毒性のある刺胞をもつので，大量に出現した場合は決して泳がないようにしましょう。養殖いけす中の魚を刺胞の毒でへい死させることもあります。

　なお，本種は外洋性のため，ふ化したプラヌラ幼生は付着するポリプに変態することなく，直接エフィラ幼生となって浮遊生活を送ることが知られています。

コラム 46　クラゲの水族館

　近年，多くの水族館でクラゲが飼育展示されています。しかし，このクラゲ展示は 50 年近くの間，一部の水族館で行われていただけで，江ノ島水族館がパイオニア的役割を果たしました。その後，ずっと遅れて 10 年ほど前から多くの水族館で飼育展示されだし，今ではほとんどの水族館でミズクラゲなどを観ることができます。ゆったりと浮遊するクラゲの生活ぶりが，現代のストレス社会に受け入れられたようです。現在では，老舗の江ノ島水族館や山形県の加茂水族館「クラネタリウム」，長崎県の九十九島水族館「海きらら」が展示種数と技術で群を抜いています。皆さんも，生きたクラゲをじっくり観察できるクラゲ水族館に出かけてみてはいかがでしょうか。

ユウレイクラゲ

Cyanea nozakii
シアネア ノザキイ

傘の直径 ～1,000 mm

- 平たい円盤状の傘
- もやもやとした口腕

　傘の形は平たい円盤状です。初夏から秋の瀬戸内海や紀伊水道などに分布し，特に近年，秋の瀬戸内海で傘径1m近くの大型個体が多く見られるようになりました。漁網に詰まると多数の口腕触手が絡むため，これによる刺傷などが問題視されています。ただ，本種はクラゲをエサとするクラゲなので，大量発生して被害をもたらすクラゲ（ミズクラゲなど）を退治してくれる点では，人にとって有益なクラゲということもできます。口腕のモヤモヤとした構造や海面にぼんやりと白く浮かぶ姿は，まるで幽霊のようです。瀬戸内海の漁師さんは「ハナ垂れクラゲ」と呼ぶことがあります。

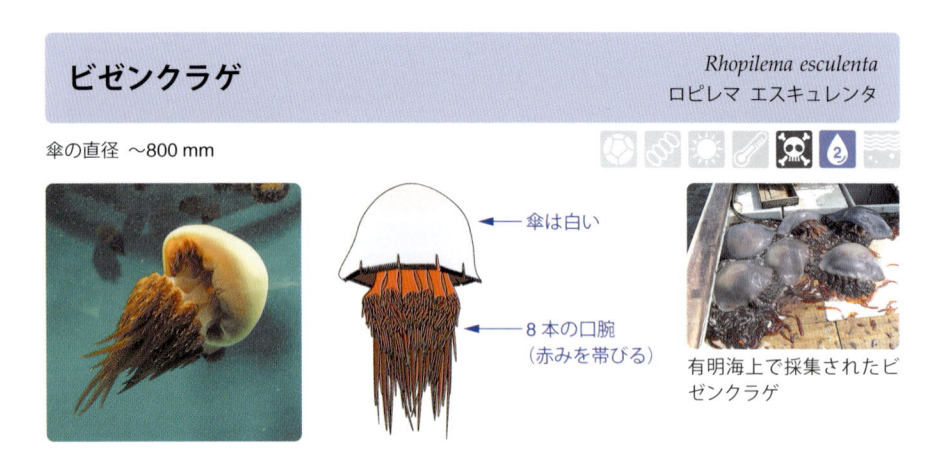

ビゼンクラゲ

Rhopilema esculenta
ロピレマ エスキュレンタ

傘の直径 ～800 mm

- 傘は白い
- 8本の口腕（赤みを帯びる）

有明海上で採集されたビゼンクラゲ

　傘は白く，8本の口腕（こうわん）は赤みを帯びています。食用クラゲとして有名で，中華料理の具材などに多用されています。熱帯域から温帯域にかけて幅広く分布しますが，日本では瀬戸内海や九州の有明海で多く見られます。特に，有明海では近年，大量発生して漁師さんを困らせることもあるほどですが，中国に高く売

れるため，"有用水産物"として漁業者の貴重な収入源ともなっており，その点では有用なクラゲともいえます。名前の由来は昔，備前の国（現在の岡山県南部）が本種の名産地であったためとされています。

> ### コラム 47　クラゲの大発生
>
> 　東京湾や瀬戸内海ではミズクラゲの，日本海沿岸ではエチゼンクラゲの「大発生」が，たびたびマスコミにより報道されますが，この場合，表現の仕方として「大発生」よりも「大量出現」とするのが正しいと思われます。というのも，「大発生」は同じ場所で生まれたものが大量に視認されることであり，生まれる場所に関係なく，大量に視認される場合は「大量出現」と呼ばれるためです。特に，エチゼンクラゲは中国と朝鮮半島に囲まれた沿岸域でポリプから遊離発生するといわれ，その後，海流に運ばれて日本海沿岸で大量に出現することから，まさに「大量出現」と表現できます。
>
> 　では，「大量出現」はどのようなメカニズムで引き起こされるのでしょうか。原因としては，生物の内的な要因である"個体どうしの集合"と，外的な要因である"海流"などによる集積が挙げられます。クラゲの場合，泳ぐ力が弱いので外的要因がより大きく影響しますが，内的要因も決して無視できるものではありません。その証拠に，クラゲが大量出現したところに，必ずしも浮遊ゴミが集積しているとは限りません。それに，大量出現するクラゲのほとんどが性的に成熟しているのです。クラゲは雌雄異体（オスとメスが存在する）で，精子が海水中を泳いで卵に到達して初めて受精が成立しますので，雌雄の距離が近く，かつ多数の個体が寄り集まることは次世代を残す確率を高めることにつながります。ですから，クラゲの大量出現は子孫繁栄（しそんはんえい）のための行動と考えることができます。
>
> 　フワフワと何の目的もなく流されているように見えるクラゲたちも，確かな目的をもって行動し，生活しているのです。
>
> 網にかかったエチゼンクラゲ

コラム 48　褐虫藻と"助け合う"タコクラゲ

　名前のとおり，"あし"が8本生えているので，この鉢クラゲには"タコ"という名がついています。傘の直径が10 cm以上にもなる大きなクラゲです。この"あし"は体のバランスをとる"かじ"のような装置で，"あし"を根元から全部切ると，うまく泳げなくなってしまいます。"あし"は正式名では"付属器"と呼ばれ，口腕から伸長しています。

　パラオの"ジェリーフィッシュ・レイク"には，このクラゲの仲間がうじゃうじゃいて，一緒に泳げることで有名ですが，この湖にすむタコクラゲの一種には付属器がありません。天敵のいない静かな湖なので，かじをとって泳ぐ必要もなく，毒針（刺胞）ももたない"無毒のクラゲ"に進化したのです。共生藻が体内にいるおかげで，太陽光からエサを得ることもできます。まさに，クラゲの楽園です。

　日本では，タコクラゲは夏に出現します。体の色は褐色で，この色は，タコクラゲの細胞中に住む無数の褐虫藻（褐虫藻についての詳細はコラム6を参照）によるものです。高水温が続くと褐虫藻が抜け出てしまうため，地色が出て白くなります。タコクラゲは，フンであるチッ素化合物と，呼吸により生じる二酸化炭素を褐虫藻に分け与え，代わりに光合成産物である炭水化物と酸素をもらうという，持ちつ持たれつの相利共生関係にあります。本種が太陽のさんさんあたる時期に出現するのも，この藻に食料を作ってもらえるおかげです。つまり，明るい太陽に照らされていれば，光合成によってプランクトンのエサをとらなくても生活できるのです。ヒトは未だに光合成を工場レベルで真似できませんが，タコクラゲをまねて，私たちも体内に藻を共生させれば食料問題も解決できることでしょう。ちなみに，若いタコクラゲの体の真ん中には大きく開く口がありますが，これは成長するにつれて閉じていきます。代わりにカリフラワー形の口腕に無数の小さな穴が開き，ここから微小なプランクトンを食べて栄養を補給しています。

　タコクラゲの若いポリプは，鉢クラゲ類に共通の，単体の小さなものなので，肉眼で自然の海から発見することは困難です。このポリプからクラゲに変態する際は，1個体のポリプから1個体のクラゲしかできないため，おなじみのミズクラゲやエチゼンクラゲなどより"分身の術"が劣ります。興味深いことに，変態には褐虫藻の存在が必須で，ポリプから褐虫藻がいなくなるとクラゲになれません。褐虫藻とタコクラゲは，切っても切れない大切な関係なのですね。ちなみに，この事実は日本の研究者が発見しました。

遊泳中のタコクラゲ

クシクラゲ類（有櫛動物：ゆうしつどうぶつ）
CTENOPHORA

　"クラゲ"と名はつきますが，ミズクラゲやアンドンクラゲなどの"刺胞動物"とは全く別のグループに属していて，体の構造もかなり異なります。クシクラゲ類の体の表面には8列の櫛板（くしいた）が縦に走り，これを波打つように動かすことで，ゆっくりと水の中を泳ぎます。櫛板は横一列に配列した繊毛の束でできており，これをドミノ倒しのように動かして泳ぎます。櫛板に光が反射すると，CDやDVDの読み取り面のような，きらきらとした光沢が生じるため，よく目立ちます。刺胞をもつ刺胞動物と違い，触手には膠胞（こうほう）と呼ばれるネバネバした袋があり，これを使ってエサをからめ取ります。体が軟らかく壊れやすいため，ホルマリンなどで固定標本にすることも簡単ではないクラゲです。世界で150種程度知られています。

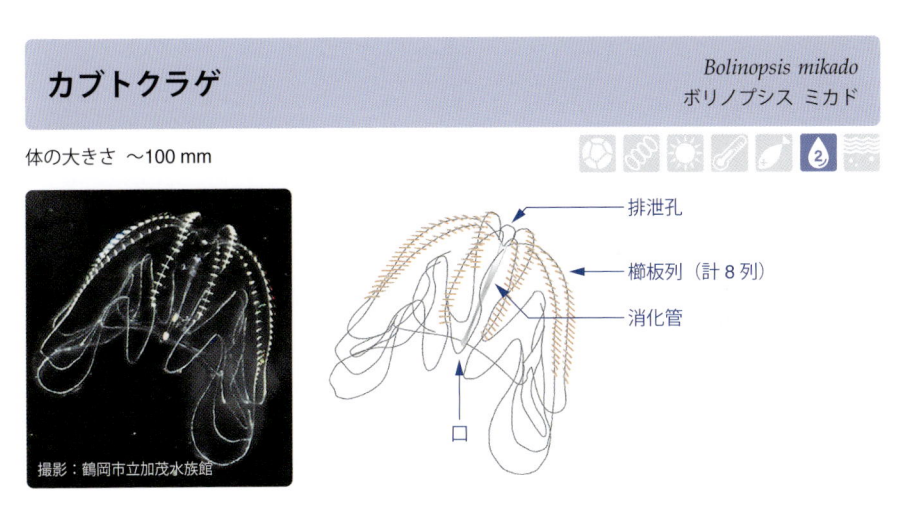

カブトクラゲ

Bolinopsis mikado
ボリノプシス　ミカド

体の大きさ　〜100 mm

　戦国時代のカブトのような姿をしています。透明で軟らかく，沿岸内湾域に普通に見られます。体の外側を縦に走る8列の櫛板が光を反射してよく目立ちます。体は大量の水分を含んでいるため，ホルマリン標本にすると壊れてしまい，櫛板くらいしか残りません。また，動きが遅いので，クラゲ食の他のクラゲによく捕食さ

れます。内湾などで時に大量発生し，発電所の冷却器をつまらせて大停電を引き起こすこともあります。

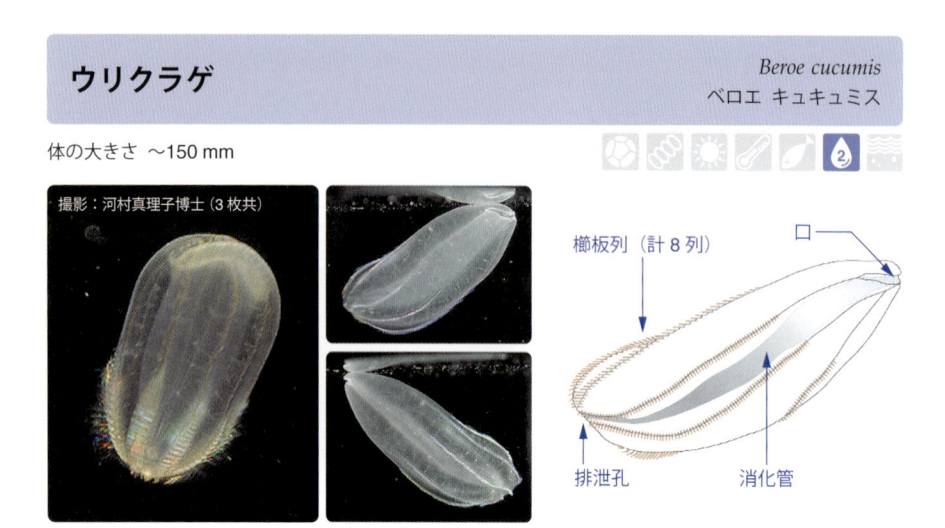

ウリクラゲ

Beroe cucumis
ベロエ キュキュミス

体の大きさ ～150 mm

撮影：河村真理子博士（3枚共）

櫛板列（計8列）
排泄孔
消化管

日本各地に広く分布します。ウリに似ていることから和名がつけられたようですが，櫛板を動かしてゆっくりと遊泳する姿はまるで飛行船のようです。触手はもちませんが，カブトクラゲと同じく，光を反射させて虹色に輝く8列の櫛板をもちます。軟らかいカブトクラゲが好物で，カブトクラゲと同時によく見つかります。刺胞動物門に属するクラゲは口から食べたものを胃で消化し，口から排泄しますが，ウリクラゲは口とは別に肛門にあたる"排泄孔（はいせつこう）"をもっています。

コラム 49　クラゲの簡単な飼育法

　クラゲ飼育のポイントは以下の3点で，これらをきちんと押さえておけば，飼うことは決して難しくありません。

　1) クラゲの生態に対応する：クラゲは泳ぐ力が弱いので水の動きに逆らえず，浄化器の吸い込み口に吸引されたり，水の強い噴き出しで体が破損したりします。酸素補給のために通気すると，細かな泡が傘内に入り込み，クラゲの遊泳を妨げたり，泡が体を突き破ることもあります。このため，浄化器の水の入出口や通気口からクラゲを隔離して飼育することが肝心です。

　2) こまめに水を交換する：クラゲは動物ですから，アンモニアなどを排泄（はいせつ）したり，残ったエサが腐るなどして，放っておくとどんどん水質が悪化します。水質の悪化はクラゲの生活を困難にしますので，浄化器などを設置しましょう。浄化器がない場合，1日に1回は水を換える必要がありますが，飼育水温が20℃より低い場合はクラゲやバクテリアの活動も低いので，少ない水交換でも大丈夫でしょう。

　3) 飼育の目的をしっかりと認識する：飼育したい期間にあわせて飼い方を変えましょう。数日間だけ飼育する場合は，止水飼育（しすいしいく：浄化器など水の流れが生じるものを用いない飼育）をおすすめします。丸底で円形の小型水槽（例えばワイングラス〜金魚鉢など）だとクラゲが泳ぐ際に生じる水流でクラゲが浮遊できるため合理的です。しかし，これでは長くて数週間の飼育が限度です。数ヵ月の飼育では，やはり濾過浄水器が必要になります。子クラゲまで育てようとするならば，クラゲの遊泳能力などに応じた複数のパターンの飼育法をリレー式に用いることになります。

　このように書いてくると，クラゲ飼育は難しく感じられるでしょうが，最初に書いたようにクラゲの生態をよく理解して対応すると，決して難しくありません。また，海水を使用することに抵抗を感じる方が多いでしょうが，"長期使用すると塩分が極端に高くなる"ことと，"淡水よりも感電のリスクが高い"という2点のみ配慮すれば，あとは淡水を用いる場合と同じ感覚で飼育できるでしょう。

幼生
LARVA

　ホヤ，貝，ゴカイ，フジツボなど，海底や物の表面に付着して生活する生き物の多くは，幼生の時期に親とは異なる姿で水中をただよいながら生活します。その後，数回の変態をへて親と同じ姿になり，その場所に定着します。こうして親からはなれ，分布を広げていくのです。成体になった姿は，別の図鑑（海産動物図鑑など）に詳しくのっているので調べてみましょう。

ミズクラゲ（鉢クラゲ類）の幼生　　PLANULA LARVA, EPHYRA LARVA

体長 0.15～数 mm

プラヌラ幼生

撮影：河村真理子博士

エフィラ幼生

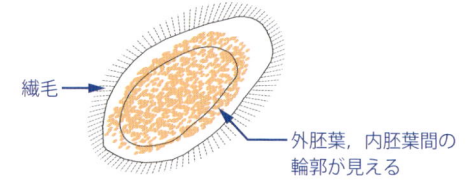

　ミズクラゲの卵は，受精後すぐに体中が繊毛におおわれ，まるで繊毛虫のような外見のプラヌラ幼生になります。プラヌラ幼生は繊毛を動かして水中を移動し，物に付着すると固着生活を営むようになります。その後，いくつかの変態を経てエフィラ幼生となり，再び水の中を泳ぐようになります。エフィラ幼生は1週間ほどでより成体に似たメタフィラ幼生に変態後，成体（231ページ）となります。

　繊毛虫との見分け方としては，プラヌラ幼生では，体の内部が外胚葉（がいはいよう）と内胚葉（ないはいよう）に分かれているため，その境界線が1層の年輪状に見えますが，繊毛虫にはそのような輪郭は見られません。なお，ヒドロクラゲ類（219ページ）や鉢クラゲ類（231ページ），サンゴの仲間も卵からふ化後はよく似た姿のプラヌラ幼生となります。

ホウキムシ類のアクチノトロカ幼生　*ACTINOTROCHA LARVA*

体長 0.15〜数 mm

後端に密集して生えている繊毛を動かしてゆっくりと泳ぎます。頭部の下にはたくさんの太い触手がとりまいています。成長すると浅い海の砂の中にもぐって生活します。なお，アクチノトロカという名前は，この姿が成体と認識され，新種記載されたときの属名に由来します。

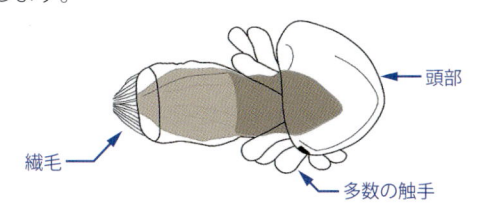

繊毛　頭部　多数の触手

二枚貝類のベリジャー幼生　*VELIGER LARVA*

体長 0.10〜0.60 mm（種によって異なる）

繊毛

アサリの D 型幼生

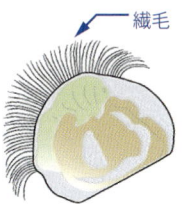

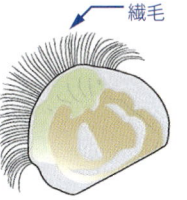

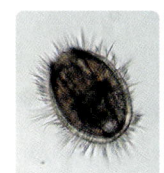

2 枚の殻の間から繊毛を出す

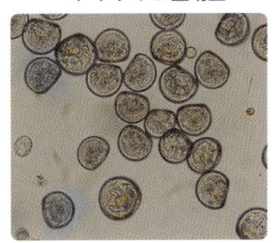

カキの D 型幼生

ベリジャー幼生は，巻貝や二枚貝，ツノガイに特有の幼生です。二枚貝では，2 枚の殻の間から環状に広がった繊毛を出して活発に泳ぎ回ります。二枚貝のベリジャー幼生初期は D 字型をしているため，"D 型幼生"とも呼ばれます。後期には殻の先端部分（殻頂：かくちょう）のふくらみがはっきりした"殻頂期幼生（かくちょうきようせい）"となり，足が発達し，水の底をはい回る底生生活を送るようになります。

巻貝類のベリジャー幼生　VELIGER LARVA

体長 0.10〜1.00 mm（種によって異なる）

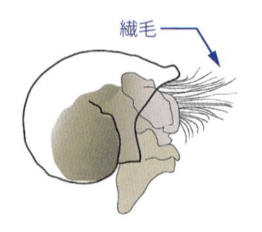

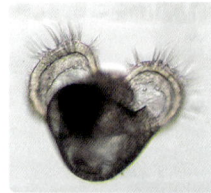

繊毛

環状に広がる繊毛

　らせん状に巻いた殻の口から環状に広がった繊毛を出して泳ぎます。殻の形は異なりますが，泳ぎ方などは二枚貝のベリジャー幼生によく似ています。
　ちなみに，本書では紹介していませんが，ツノガイ類のベリジャー幼生は，"具を入れすぎてふくらんだクレープ"のような，1巻きの円すい形をしているため，どの仲間のベリジャー幼生か判断するのはあまり難しくないでしょう。

ゴカイ（多毛）類のネクトケータ幼生　NECTOCHAETA LARVA

体長 0.10〜1.00 mm

毛

　種類によって形が大きく異なりますが，よく見られる種類は，体がいくつもの節に分かれ，その両脇に細かい毛や長く太い毛が生えています。体をくねらせながら泳ぎ回ります。ちなみに，土の中にすむミミズは，ゴカイに近い生き物です。

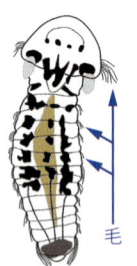

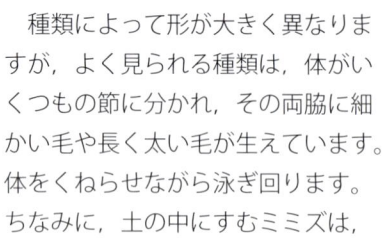

カイアシ類の幼生

NAUPLIUS LARVA, COPEPODID JUVENILE

体長　ノープリウス幼生：約 0.10〜0.50 mm　コペポディド幼体：0.40〜3.00 mm

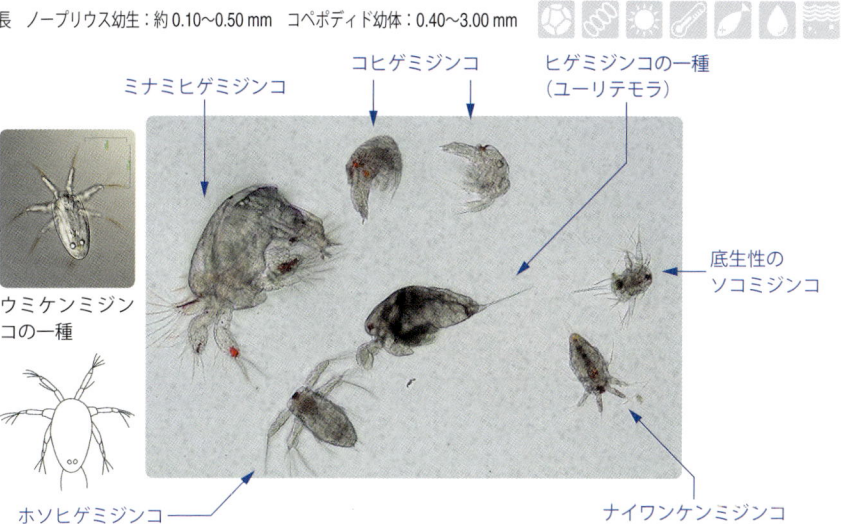

ウミケンミジンコの一種

ミナミヒゲミジンコ
コヒゲミジンコ
ヒゲミジンコの一種（ユーリテモラ）
底生性のソコミジンコ
ホソヒゲミジンコ
ナイワンケンミジンコ

いろいろなカイアシ類のノープリウス幼生

卵からふ化した直後から 5 回目の脱皮に至るまではノープリウス幼生と呼ばれます。ノープリウス幼生は種類によって形が異なります。上の写真は，港で採集したときによく見られる，さまざまなカイアシ類のノープリウス幼生です。海水を 0.1 mm より細かい網目でろ過した場合，一番多く見つかる多細胞動物プランクトンは，カイアシ類のノープリウス幼生です。

ノープリウス幼生が 6 回脱皮をすると，前体部と後体部に分かれたコペポディド幼体となり，その後 5 回の脱皮を経て成体になります（詳しくはコラム 37 を参照）。

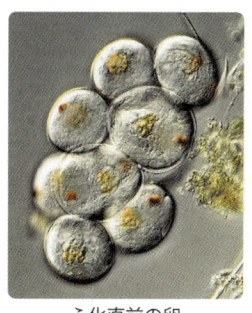

ふ化直前の卵

いろいろなカイアシ類のコペポディド幼体

多細胞生物　幼生

243

フジツボ類の幼生

NAUPLIUS LARVA, CYPRIS LARVA

体長　ノープリウス幼生：約0.15 mm　キプリス幼生：0.20〜0.50 mm

ノープリウス幼生

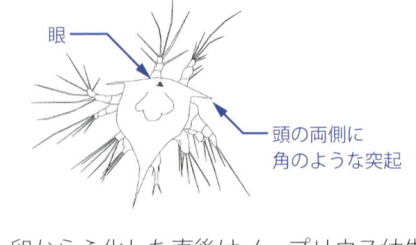

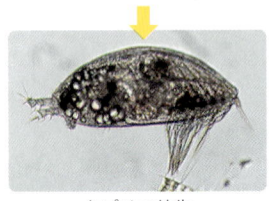

キプリス幼生

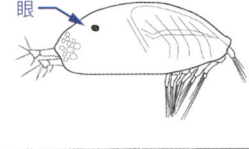

フジツボ成体の蔓脚の脱皮殻

シロスジフジツボの成体

眼／頭の両側に角のような突起

眼

　卵からふ化した直後はノープリウス幼生として浮遊生活を送り，脱皮を繰り返してキプリス幼生となります。キプリス幼生はセメント状の物質を出して岩などの表面にくっつき，親のフジツボと同じ姿に変態し，その後は固着生活を送ります。ノープリウス幼生は甲殻類特有の段階で，貝のように見えるフジツボが実はエビやカニなどと同じ仲間であることがわかります。フジツボのノープリウス幼生は，頭の両側に角（つの）のような突起があることで，カイアシ類のノープリウス幼生と見分けることができます。

　なお，フジツボ類の成体は蔓脚（まんきゃく）と呼ばれる脚（左下写真）を水中で動かすことで，周囲のプランクトンを補食しますが，脱皮によって脱げた蔓脚の殻が水中を漂い，プランクトンネットにかかることがよくあります。特に磯や防波堤周辺では多いので，覚えておくとよいでしょう。

日本の海産プランクトン図鑑

クルマエビ（エビ類）の幼生　NAUPLIUS LARVA, ZOEA LARVA

体長　ノープリウス幼生：約 0.50 mm　　ゾエア幼生：0.90〜2.20 mm

ノープリウス幼生（初期）

ゾエア幼生

ノープリウス幼生（後期）

眼

眼　2番目の脚が太い　後端が2つに分かれる

多細胞生物　幼生

　卵からふ化した幼生は，ノープリウス幼生，ゾエア幼生，ミシス幼生，ポストラーバと変態し，約半年かけて成体と同じ姿になります。エビ類のノープリウスはカイアシ類のノープリウスと基本的に同じ形ですが，体のわりに脚が長い，1番目の脚より2番目の脚が太い，体の後端が2つに分かれた形になるなどのいずれかに違いがあります。

エビ類のゾエア幼生
（クルマエビではない）

クルマエビの成体

245

カニ類の幼生

ZOEA LARVA, MEGALOPA LARVA

体長　ゾエア幼生：0.50〜数 mm　メガロパ幼生：数 mm

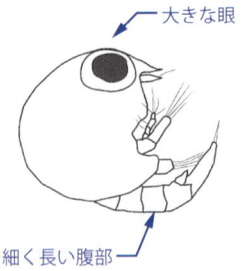

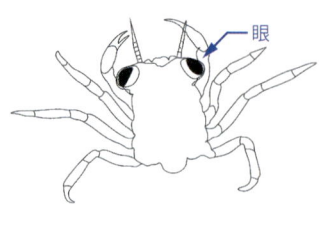

ゾエア幼生

（図）大きな眼／細く長い腹部／眼

メガロパ幼生

撮影：なぎさ水族館

イシガニの成体

　カニ類の変態はエビ類とは少し異なり，卵がふ化すると，ゾエア幼生，メガロパ幼生，稚ガニ，成体と変態します。

　ゾエア幼生は，丸くて大きな頭胸部（とうきょうぶ），頭胸部にある大きな眼，細く長い腹部が特徴です。また，頭胸部には，一般に上や下に向かって伸びる大きなトゲがあります（写真の個体にはトゲはありません）。

　メガロパ幼生は，カニらしさを帯びた，かなり成体に近い姿となりますが，プランクトン（浮遊）生活を送る点が成体と異なります。脱皮を経て稚ガニになると，足で地についた生活を送るようになります。

　どちらも，藻が多い場所でよく見つかります。

クモヒトデ類のオフィオプルテウス幼生　OPHIOPLUTEUS LARVA

体長 0.30〜1.00 mm

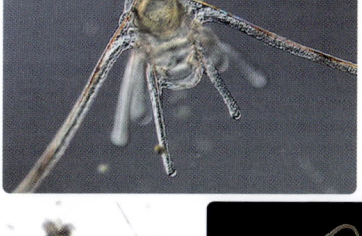

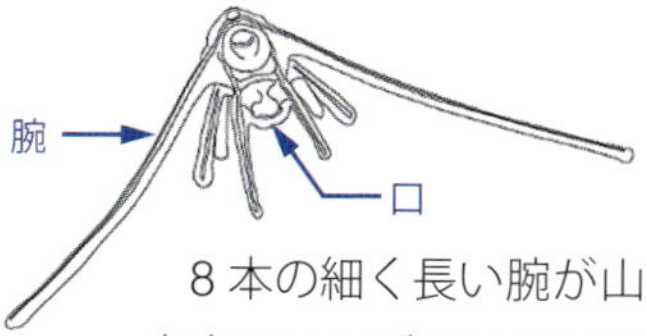

腕 → ← 口

8本の細く長い腕が山型に広がり，中央には口が開いています。腕の部分は動かず，人工衛星のような姿で変形することなく，ゆっくりと泳ぎます。クモヒトデ，ヒトデ，ウニなどは"棘皮動物（きょくひどうぶつ）"と呼ばれるグループにまとめられ，幼生の姿・形も個性こそ違えどいずれも人工衛星のような宇宙人のような，何ともユニークな姿をしています。

稚クモヒトデ　　ニホンクモヒトデの成体
撮影：なぎさ水族館

ブンブク（ウニ類）のエキノプルテウス幼生　ECHINOPLUTEUS LARVA

体長 0.10〜2.50 mm

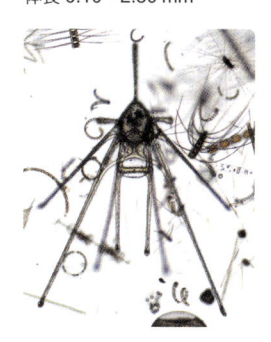

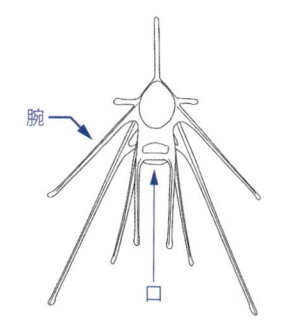

腕 → ← 口

稚ウニ（種は不明）

ウニ類は種や発生段階によって腕の本数が異なりますが，ブンブクの仲間では，最終的に12本の細く長い腕が180度広がります。また，口と反対側の先端に1本の突起が生じることもブンブクの特徴です。体周の繊毛を動かし，形を変えずに遊泳します。さらに発生が進むと遊泳生活から底生生活に移り，稚ウニとなります。

日本の海産プランクトン図鑑

マナマコ（ナマコ類）の幼生

AURICULARIA LARVA,
PENTACTULA LARVA

体長 0.20〜1.00 mm

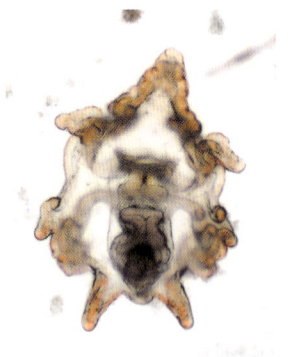

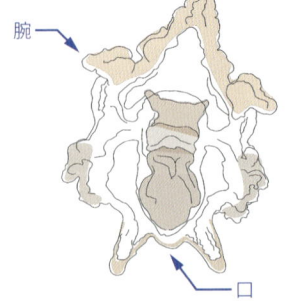

腕

口

撮影：なぎさ水族館
成体

オーリキュラリア幼生

ペンタクチュラ幼生

　マナマコは，受精から約2日でオーリキュラリア幼生になります。最終的には六対の腕と，星形と球形の骨片をもつようになります。その後も変態を繰り返し，ドリオラリア幼生，ペンタクチュラ幼生を経て稚ナマコとなります。ヒトデやウニの仲間の幼生と比べると骨格が小さめで，柔らかそうに見えます。北海道から九州に至る広い範囲の岸辺で見られます。

日本の海産プランクトン図鑑

ホヤ類のオタマジャクシ型幼生　　APPENDICULARIA LARVA

体長 1.00～2.00 mm（尾部を含む）

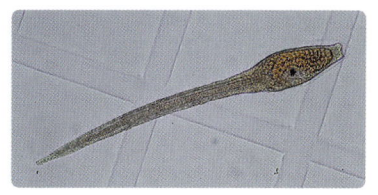

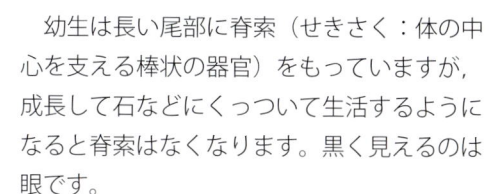

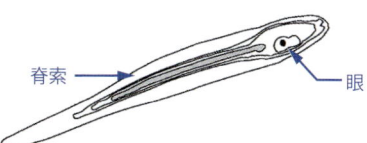

幼生は長い尾部に脊索（せきさく：体の中心を支える棒状の器官）をもっていますが，成長して石などにくっついて生活するようになると脊索はなくなります。黒く見えるのは眼です。

脊索　　眼

撮影：なぎさ水族館

マボヤの成体

ナメクジウオの幼生　　AMPHIOXUS LARVA

体長 0.60～5.00 mm（尾部を含む）

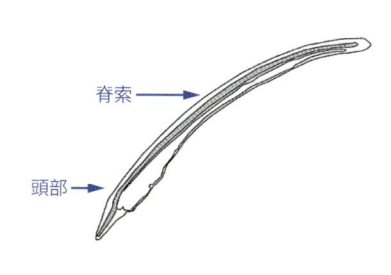

脊索

頭部

　ナメクジウオは脊椎動物（背骨をもつ動物）に最も近い無脊椎動物で，生きた化石ともいわれる貴重な動物です。頭部（写真左側）から尾部末端まで伸びた脊索をもっています。瀬戸内海では7，8月に幼生が現れ，5 mmを超えると砂地の底にもぐって生活します。オタマボヤとは体部と尾部のはっきりした区別がないことで区別でき，ホヤのオタマジャクシ型幼生とは眼点をもたないこと，脊索が頭部先端近くまで伸びていることで区別できます。

多細胞生物　幼生

> **コラム 50**　ウミウシの一生

　ウミウシはそのほとんどの種が体長わずか数cmの小さな生き物で，巻貝の仲間ですが多くの種で貝殻をもちません。普段は岩の裏や割れ目などに隠れたり，自分と同じ色の場所にまぎれたりしているため，簡単には見つからないかもしれません。運良くウミウシに出会ったことがある方は，きっとその色鮮やかな姿に驚いたことでしょう。その美しさからウミウシは「海の宝石」と呼ばれることもあります（右下写真）。しかし，ウミウシも最初からきれいなわけではなく，生まれたばかりの幼生はかなり地味な姿をしています（左下写真）。

　卵からふ化した幼生は，大人にはない立派な貝殻をもち，繊毛がたくさん生えた面盤（めんばん）と呼ばれる器官で遊泳しながら，エサである植物プランクトンを食べて成長します。そして十分に成長して変態の準備が整うと，幼生は海の底へと移動を開始します。この変態するための場所選びは実はウミウシにとって生死を分けるほど重要です。なぜなら変態してすぐのウミウシは小さく，移動もゆっくりなので，変態した場所のそばに食べ物がないとすぐに死んでしまうからです。そのため多くのウミウシでは，変態後の幼体が食べるエサや，エサがもつ化学物質（におい）をかぎつけて初めて変態を開始することが知られています。そうして準備ができた幼生は，これまで背負ってきた貝殻を脱いで幼体へと変態（中下写真）し，幼体は変態前に確保した周囲のエサを食べて，美しい色や模様，不思議な形をもつ大人のウミウシへと成長していくのです。

　このように多くのウミウシでは，プランクトン生活を経て成体となりますが，一部の種は幼生期を卵の殻の中で終えてしまい，ふ化した時にはすでに成体と同じ姿をしているものもいます。このような発生様式は「直接発生型」と呼ばれます。卵が幼体へと成長する過程（発生）は，その生物がもつ根本的な特徴のため，一般に同種内で変わることはないとされていますが，ブドウガイなど一部のウミウシでは，同じ個体が異なる発生過程をもった卵を生むことが報告されています。この現象はペシロゴニー（poecilogony）と呼ばれ，発生の研究において，珍しい現象として注目されていますが，まだそのしくみはよくわかっていません。

　このような発生の不思議だけではなく，ウミウシにはまだまだ多くの謎が存在しています。謎と魅力をたっぷり秘めたウミウシから，今後も目が離せません。

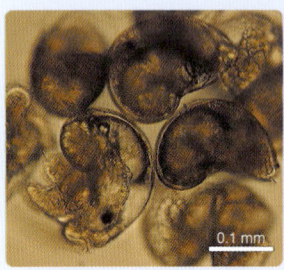

貝殻をもつベリジャー幼生
（学名：*Elysia pusilla*）

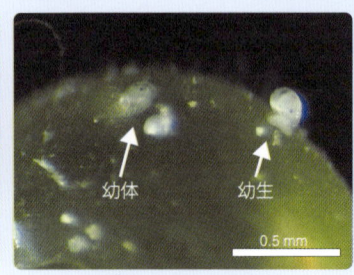

幼生から幼体への変態
（学名：*Ercolania* sp.）

磯でよく見られる
アオウミウシ

参考文献

<和文誌>

- 井上　勲（2006）「藻類30億年の自然史　藻類からみる生物進化」，東海大学出版会
- 猪木　正三　監修（1981）「原生動物図鑑」，講談社
- 岡市　友利　編（1997）「赤潮の科学」，恒星社厚生閣
- 尾田　方七（1935）動物学雑誌, Vol.47：35-48.
- 久保田　信　監修（2008）「山形加茂海岸のクラゲ」東北出版企画
- 小泉　喜嗣ほか（1996）"1994年宇和島湾周辺で発生した *Gonyaulax polygramma* 赤潮の環境特性と魚介類の大量斃死"「日本水産学会誌62巻2号」：217-224.
- 小林　辰至（1982）「神戸港のプランクトン」，神戸市立教育研究所
- 斎藤　俊郎ほか（2006）"シオミズツボワムシ *Brachionus plicatilis* の培養初期における増殖メカニズム"「東海大学紀要海洋学部　第4巻第3号」：91-97.
- 高野　義人ほか（2007）「藻類　第55巻　第1号」：71.
- 高山　晴義（1984）"広島県沿岸に出現する赤潮生物-Ⅱ　ヤコウチュウ *Noctiluca scintillans* (MACARTNEY)"「広島県水産試験場研究報告　第14号」
- 高山　晴義（1998）「瀬戸内海およびその近海に出現する無殻渦鞭毛藻の形態学および分類学的研究」，東京大学学位論文
- 谷村　好洋・辻　彰洋　編（2012）「微化石　顕微鏡で見るプランクトン化石の世界」東海大学出版会
- 千原　光雄・村野　正昭　編（1997）「日本産海洋プランクトン検索図鑑」，東海大学出版会
- 徳島県水産課・徳島県水産試験場（1998）「徳島の赤潮プランクトン（平成9年度版）」
- 日本プランクトン学会　監修（2012）「ずかんプランクトン★見ながら学習　調べてなっとく」技術評論社
- 野口　玉雄・村上　りつ子（2004）「貝毒の謎　―食の安全と安心―」，成山堂書店
- 羽田　良禾（1972）"公害と原生動物Ⅱ．赤潮公害と赤潮プランクトン"「広島商大論集第12巻第2号」
- 羽田　良禾（1976）"赤潮プランクトン"「広島修道大学商業経済研究所報　第13巻」
- 馬場　俊典（1995）"徳山市戸田地先で発生した有害赤潮プランクトンについて"「山口県内海水産試験場報告　第24号」：121-122.
- 早川昌志ほか（2012）「原生動物園 Vol.3」，日本原生動物学会若手の会
- 広島大学生物生産学部（1996）「平成7年度貝毒被害防止対策事業報告書」
- 福代　康夫・高野　秀昭・千原　光雄・松岡　數充　編（1995）「日本の赤潮生物　写真と解説」，内田老鶴圃
- 堀　輝三　編（1993）「藻類の生活史集成　第3巻　単細胞性・鞭毛藻類」，内田老鶴圃
- 本城　凡夫・松山　幸彦（2000）"赤潮植物プランクトン"「月刊海洋　海洋植物プランクトン―その分類・生理・生態―号外　第21号」：76-84.
- 山口県水産研究センター（2009）「平成21年度山口県赤潮研修会資料」
- 山路　勇（1984）「日本海洋プランクトン図鑑　第3版」，保育社

＜英文誌＞

- Adl *et al*.（2012）*Journal of Eukaryotic Microbiology*, Vol.59: 429-493.
- Bé and Hutson（1977）*Micropaleontology*, Vol.23: 369-414.
- Bowers *et al*.（2006）*Journal of Phycology*, Vol.42: 1333-1348.
- Connell, L.B.（2000）*Marine Biology*, Vol.136: 953-960.
- Demura *et al*.（2009）*Phycologia*, Vol.48: 518-535.
- Drebes, G.（1963）*Annales des Sciences Naturelles Zoologie*,12.
- Fernández *et al*.（2006）*Toxicon*, Vol.48: 477-490.
- Hosoi-Tanabe *et al*.（2007）*Phycological Resarch*, Vol.55: 185-192.
- Hoppenrath *et al*.（2010）*European Journal of Protistology*, Vol.46: 29-37.
- Iwataki *et al*.（2002）*Phycologia*, Vol.41: 470-479.
- Jacobson and Andersen（1994）*Phycologia*, Vol.33: 97-110.
- Jeong *et al*.（2004）*The Journal of Eukaryotic Microbiology*, Vol.51: 563-569.
- Jeong *et al*.（2005）*Aquatic Microbial Ecology*, Vol.38: 249-257.
- Kim C.S.（1999）*Journal of Plankton Research*, Vol.21: 2105-2115.
- Kim Dae-Il（2004）*Journal of Plankton Research*, Vol.26: 61-66.
- Koike *et al*.（2000）*Phycological Research*, Vol.48: 121-124.
- Ogata and Kodama（1986）*Marine Biology*, Vol.92: 31-34.
- Smalley *et al*.（1999）*Aquatic Microbial Ecology*, Vol.17: 167-179.
- Takano and Matsuoka（2011）*Plankton and Benthos Research*, Vol.6: 179-186.
- Thomas, C.R.（ed.）（1997）Identifying Marine Phytoplankton.Academic Press, San Diego. 858.
- Yamaguchi *et al*.（2008）*Japanese Journal of Protozoology*, Vol.41: 9-13.
- Yasumoto *et al*.（1980）*Nippon Suisan Gakkaishi*, Vol.46: 327-331.

＜ホームページ等＞

- 瀬戸内海区水産研究所　有毒プランクトン研究室　http://feis.fra.affrc.go.jp/HABD/TPS/HTML/page 006.htm
- 瀬戸内海区水産研究所　プレスリリース　http://www.fra.affrc.go.jp/pressrelease/pr 18/180921/besshi.htm
- はるHABギャラリー　http://www.geocities.jp/takayama_haruyoshi/japanese-contents/japanese-home.html
- 香川県赤潮研究所　香川の赤潮生物　http://www.pref.kagawa.jp/suisanshiken/akashiwo/seibutu/mokuji.htm
- 鹿児島県赤潮図鑑　http://kagoshima.suigi.jp/akashio/HTML/index.shtml
- 原生生物情報サーバ　http://protist.i.hosei.ac.jp/protist
- 横浜沿岸域のプロチスタ　http://www.biol.tsukuba.ac.jp/~algae/YMFF/
- 珪藻の毒　（日本藻類学会和文誌）　http://wwwsoc.nii.ac.jp/jsp/pdf-files/23 Diatomtoxin.pdf
- 鹿児島県水産技術開発センター　http://kagoshima.suigi.jp/akashio/HTML/page 104.shtml
- 独立行政法人　海洋研究開発機構　浮遊性有孔虫データベース　http://ebcrpa.jamstec.go.jp/rigc/j/ebcrp/paleo/foraminifera/
- 瀬戸内海区水産研究所報　http://feis.fra.affrc.go.jp/publi/news/news 001.pdf
- AlgaeBase　http://www.algaebase.org/
- WoRMS　http://www.marinespecies.org/

用語解説

～ア行～

アオコ
　湖や池などの淡水環境で，ラン藻類が水面をおおい尽くすほど大量増殖した状態。多くは水中の栄養バランスが乱れることで引き起こされる。青緑色のラン藻類が水面に粉をまいたように広がることから"青粉（アオコ）"と呼ばれるようになったとされる。ラン藻類のミクロキスティス属（$Microcystis$）やアナベナ属（$Anabaena$）により引き起こされる場合が多い。ミドリムシ類や緑藻類の大量増殖によるものや，大量増殖したラン藻類そのものをアオコと呼ぶこともある。

赤潮（あかしお）
　プランクトンの異常な増殖によって，海や湖沼，川などの水の色が変わってしまう現象。水中の栄養バランスや生態系の乱れにより生じることが多い。ヤコウチュウなどは赤っぽい赤潮を引き起こすが，大量増殖する生物の種類によっては茶，黄，緑色など，赤色以外になる。

栄養塩（えいようえん）
　生物が生存するうえで必要な塩類のこと。植物プランクトンの場合，チッ素，リン，ケイ素などが栄養塩となる。栄養塩が多過ぎると一部の生物が極端に増え，赤潮を引き起こす。海藻などの養殖には，その海域の栄養塩濃度が重要。

オカダ酸（おかださん）
　一部の渦鞭毛藻が作る毒素。オカダ酸を作る渦鞭毛藻を捕食した二枚貝を人が食べることで，下痢性の食中毒が引き起こされる。"オカダ"という名称は，この物質が初めて単離されたクロイソカイメンの学名（種小名）から来ている。

オセルス眼（おせるすがん）
　一部の渦鞭毛藻がもつ，外部の光刺激を感知する構造。光を感知する構造は他の多くの単細胞生物にも見られるが，凸レンズをもつ点が特徴的。コラム⑬（118ページ）にも解説あり。

～カ行～

貝毒（かいどく）
　毒素をもつ一部の渦鞭毛藻を捕食した貝が毒をたくわえること。これを食べた人に現れる症状から，マヒ性貝毒とゲリ性貝毒の2種類に分けられる。死亡することもあるので注意が必要。販売されている貝については，原則，出荷前に検査されているので心配はいらない。コラム⑧（87ページ）にも解説あり。

核（かく）
　真核生物（しんかくせいぶつ）の細胞のなかに含まれ，生物の遺伝情報を保存，伝達する役割をもつ。繊毛虫の仲間は"大核（だいかく）"，"小核（しょうかく）"と呼ばれる，役割の異なる2種類の核をもっている。

肝臓毒（かんぞうどく）
　肝臓に障害を引き起こす毒素のこと。肝臓は体内の毒素を無毒化する重要な役割をもっているため，肝臓に障害が発生すると重大な病気の原因となることが多い。アオコの代表的な原因種であるミクロキスティス属などが作り出す"ミクロキスティン（microcystin）"が有名。

汽水（きすい）
　淡水と海水が混ざり合い，塩分が海水より低くなった水。川の河口などで見られる。汽水域に見られる生物のことを汽水性生物と呼ぶ。

休眠（きゅうみん）
　生物の生活環において，代謝活動を必要最小限に抑え，エネルギーの消費を節約する

時期。活動や成長・発生などが一時的に休止状態になる。コウモリやハ虫類などの"冬眠"も休眠の一種である。ちなみに"クマの冬眠"は，正確には"冬ごもり"で冬眠（休眠）ではなく，睡眠に近い状態である。

クラゲ芽（くらげが）
ヒドロクラゲ類のポリプからクラゲが生じる際，まるで草木が芽吹くように，ポリプの側面からクラゲが発生（出芽：しゅつが）するが，その姿をこう呼ぶ。

クロロフィル
別名"葉緑素（ようりょくそ）"。光エネルギーを吸収する物質。光合成（こうごうせい）を行う生物の多くがクロロフィルをもつ。

群体（ぐんたい）
分裂（ぶんれつ）など，性が関係しない増え方で増殖したたくさんの細胞（個体）がつながり合い，1つの個体のようになったもの。

蛍光顕微鏡（けいこうけんびきょう）
生物や非生物が発する蛍光（発光現象）を観察できる光学顕微鏡。小・中・高等学校に普通にある生物顕微鏡に外観は似ている。本図鑑で紹介しているGFPの発光の観察や，細胞内の特定の構造を蛍光物質で染めてその局在を観るなど，さまざまな分野で活用されている。

ゲリ性貝毒（げりせいかいどく）
コラム⑧（87ページ）に解説あり。

原核生物（げんかくせいぶつ）
細胞のなかに核をもたない生物。細菌や古細菌（こさいきん）の仲間が含まれる。本書では，ラン藻類のみが原核生物で，他はすべて真核生物（しんかくせいぶつ）である。

原形質（げんけいしつ）
核やミトコンドリアなど，細胞の中にあり，絶えず変化が見られる（生きている）構造をまとめて原形質と呼ぶ。細胞膜を含む場合もある。水やタンパク質，脂質などが主成分。細胞壁や殻など，変化が見られない（生きていない）構造は"後形質（こうけいしつ）"と呼ばれる。

現生種（げんせいしゅ）
現在において，その生存が確認されている種のこと。対義語は化石種（かせきしゅ）で，こちらは化石としてその存在が確認されているものの，現在生存が確認できていない種である。

原生生物（げんせいせいぶつ）
核をもつ単細胞生物のほとんどが含まれる，多様性に富んだグループ。水や土のなかに広く分布している。本書では単細胞生物のうち，ラン藻類を除くすべてが原生生物である。多くは単細胞だが，大きくなると多細胞になる褐藻類（かっそうるい：コンブなど）や紅藻類（こうそうるい：テングサなど），さらに卵菌類（らんきんるい：ミズカビなど）や粘菌（ねんきん），細胞性粘菌（さいぼうせいねんきん）なども原生生物である。

光合成（こうごうせい）
葉緑体などの中に含まれる"光合成色素（こうごうせいしきそ）"により，太陽光などの光エネルギーを化学エネルギーに変える化学反応。水と二酸化炭素を用いてデンプンなどを合成できる。この際，副産物として酸素が生じる。本書で紹介するプランクトンのうち，単細胞生物の多くは光合成を行う。

口腕（こうわん）
クラゲの傘の中心部から垂れ下がるように伸びる脚状の器官で，エサを捕獲し，口に移動させる役割を担っている。

古細菌（こさいきん）
アーケア（Archaea）とも呼ばれる。塩分濃度がきわめて高い水のなかや熱湯のわき出す温泉，牛の胃のなかなど，多くはきびしい環境に生息している。細胞の構造は細菌と同じく原核細胞で，近年まで細菌と同じグループに含められていたが，遺伝子レベルで解析した結果，細菌とは大きく異なる新たなグループとなった。細菌より真核細胞をもつ生物（真核生物）に近いグループとされている。

用語解説

混合赤潮（こんごうあかしお）
複数の赤潮原因生物が混ざり合った状態で大量発生し、赤潮となったもの。

〜サ行〜

細胞（さいぼう）
生物のもっとも基本的な構成単位で、すべての生物（非生物とされるウイルスを除く）がもつ構造である。細胞の基本的な構造は水風船に例えることができ、ゴムにあたる"細胞膜（さいぼうまく）"、水にあたる"細胞質（さいぼうしつ）"はすべての生物に共通の構造である。細胞には他にもさまざまな構造があり、構造の違いから、"原核細胞（げんかくさいぼう）"と"真核細胞（しんかくさいぼう）"に二分することができる。原核細胞をもつ生物としては、細菌（バクテリア）やラン藻類（シアノバクテリア）が挙げられる。本書では、ラン藻類を除くすべての生物が真核細胞をもつ。また、生物の体を構成する細胞の数が1個であるか、多数であるかの違いから、真核細胞をもつ生物は"単細胞生物（たんさいぼうせいぶつ）"と"多細胞生物（たさいぼうせいぶつ）"に分けることができる。なお、ヒトの成人では、約220種類の細胞が約60兆個集まり、一人のヒトを構成している。

シスト
生活の一時期に、環境の悪化などを乗り切るために、外部に殻や膜を作り休眠状態になった状態。乾燥などに対する耐性が高まるため、再び生存に適した環境になるまで生き長らえることができる。120ページのコラム⑭にも解説あり。

刺胞（しほう）
袋のような構造をしており、刺激を受けると針状の構造が飛び出すようにできている。ヒドロクラゲ類など"刺胞動物（しほうどうぶつ）"と呼ばれる生物の一群がもつことで有名であるが、渦鞭毛藻類のプロロセントラム属などももっており、種によって、捕食者からの逃避やエサ生物の捕獲などに役立つとされている。

食胞（しょくほう）
細胞のなかに生じる袋状の構造（器官）で、繊毛虫が細菌をエサとして取り込む際など、細胞が細胞の外にある物質を取り込んで消化する際に作られる。袋は細胞膜が細胞質側に落ち込むことで形成される。形成後、消化液を含む別の袋状構造が結合し、食胞内の物質が消化される。消化された物質のうち、栄養分は細胞質に吸収され、その他細胞が利用できないものは食胞形成時と逆の流れで細胞外に排出される。食胞による物質の取り込みは専門用語で"エンドサイトーシス（endocytosis）"、排出は"エキソサイトーシス（exocytosis）"と呼ばれる。

真核生物（しんかくせいぶつ）
細胞のなかに核をもつ生物。細胞の構造は、ほとんどの場合、原核生物より複雑、多様である。本書ではラン藻類を除くすべての生物が真核生物である。

神経毒（しんけいどく）
神経細胞に対して作用する毒素のこと。神経細胞は体内での情報のやり取りをつかさどる"電線"のようなものであるため、神経毒により神経細胞の機能が阻害されると、マヒなどの症状が現れる。多くの神経毒が短時間で作用するため注意が必要。なお、フグ毒で有名な神経毒であるテトロドトキシン（tetrodotoxin）は、細菌が作り出したものをフグがエサを通じて体内にため込んで利用していると考えられている。

生活環（せいかつかん）
生物が発生してから次の世代が発生するまでの一連の流れ。環のように一連の流れが世代ごとに繰り返されることから、生活"環"と呼ばれる。

接合（せつごう）
性の異なる2つの細胞が融合し合い、核の融合や交換などを行うこと。これにより、接合前とは異なる遺伝情報をもつ次世代の個体が生まれる。"有性生殖（ゆうせいせいしょく）"の一型。

繊毛（せんもう）
運動性をもつ、細胞の突起構造。鞭毛と構造は全く同じだが、本数が多く、多数の繊毛を活かした水泳の平泳ぎのような"繊毛運動（せんもううんどう）"が見られる点

が異なる。一部の細菌がもつ"線毛"は，読みは同じだが全く異なる構造である。繊毛虫や多細胞生物のワムシ類，クラゲ類のプラヌラ幼生などで見られる。ヒトの気管表面にも繊毛があり，異物の肺への侵入を防いでいる。

属（ぞく）

生物の分類において，もっとも細かい単位である"種（しゅ）"の上に位置する階級。種と種の間で性質や構造などの共通点が多く，わずかな違いしかない，親戚関係のような種の集まり。生物の学名（種名）は，一般的に Homo sapiens のように"属名＋種小名"で表される。

～タ行～

代謝（たいしゃ）

生命を維持するために生物が行う一連の化学反応のこと。"呼吸"のように，有機物を分解してエネルギーを作り出す"異化（いか）"と，"光合成"など，エネルギーを消費して有機物を作り出す"同化（どうか）"の2種類に大きく分けることができる。生き物が生き物であるための条件の1つともいえる。

単細胞性（たんさいぼうせい）

1個の細胞だけで生活していること。対義語として"多細胞性（たさいぼうせい）"がある。

潮間帯（ちょうかんたい）

海岸のうち，潮の満ち引きの影響を受けて，1日の間に海中になったり陸地になったりと，環境の変化が激しい地帯。このような環境にもたくさんの生物が生息している。

長軸（ちょうじく）

生物体が"だ円形"をしているとき，それを二等分する直線のうち，もっとも長くなるものを長軸と呼ぶ。例えば，イモムシの場合，イモムシの頭の先からお尻の先をまっすぐに結ぶ線が長軸となる。だ円形の細胞をもつ単細胞生物では，細胞の大きさを表す際に長軸の長さがよく用いられる。

トリコーム

ラン藻類において，細胞が糸状に連なったものをトリコームと呼ぶ。ユレモやネンジュモの仲間でよく見られる。トリコームを形成した細胞が周囲にネバネバした物質を分泌し，個々の細胞が"さや状（カプセル状）"になったものは"糸状体（しじょうたい）"と呼び，トリコームと区別する。

～ナ行～

日輪（にちりん）

"太陽"のこと。ニチリンケイソウの細長い細胞が放射状に広がる群体の姿はまるで太陽（の絵）のようであるため，"日輪"ケイ藻と名づけられた。

～ハ行～

バクテリア

細菌のこと。真正細菌（しんせいさいきん）とも呼ばれる。細胞の構造は原核細胞で小型（0.001～0.01 mmほど），形も球形，カプセル形，らせん形など単純なものが多いが，地球上のあらゆる環境に分布し，腸内環境を整えたり，ヨーグルトや納豆，しょう油などの発酵食品（はっこうしょくひん）の製造に用いられるなど，私たちの暮らしとも密接にかかわる生物である。光合成を行い，陸上植物などの葉緑体の起源とされるラン藻類（シアノバクテリア）もバクテリアの仲間である。"古細菌（こさいきん）"と呼ばれるグループも，かつては細菌と同じグループに含められていたが，近年の遺伝子レベルの研究により，細菌とは大きく異なることが明らかとなった。

ヒドロ茎（ひどろけい）

ヒドロクラゲ類のポリプにおいて，ポリプ本体（ヒドロ花）の下にある細い部位をこう呼ぶ。英語では hydrocaulus と表記する。

貧酸素状態（ひんさんそじょうたい）

水の中に溶けている酸素の量がきわめて不足している状態。この状態になると，水中で暮らす多くの生物が酸欠状態におちいり，死んでしまう。赤潮の発生などで酸素を大量に消費する生物が大増殖して引き起こされることが多い。貧酸素状態が長く続くと，酸素がなくても生きることができる細菌が増え，硫化水素などの有毒な成分を作り出

す。これが"青潮（あおしお）"である。

富栄養化（ふえいようか）
水中の栄養分が不足状態から過剰状態に移ること。栄養分が多くなることにより，一部の種が大量発生して赤潮などを引き起こす。自然に起こることもあるが，下水や農・工業排水などにより引き起こされる場合が多い。

付着性（ふちゃくせい）
大型の海藻や水底の砂，岩などの表面に付着して生活すること。ケイ藻などに多く見られる生活様式であるが，水の中が攪拌（かくはん）されるとはがれてしまい，プランクトンネットで捕らえられることもある。

プランクトン
水中を漂いながら生活している生物のこと。本図鑑に紹介している生物の大半はプランクトンであり，クラゲなどもまたプランクトンである。したがって，"プランクトン＝小さな生き物"という一般的な解釈は大きな誤りである。なお，ナマコのように水底の砂の上や海藻の表面に付着して生活している生物，マグロのように遊泳生活を送っている生物のことを，それぞれ英語でbenthos（ベントス），nekton（ネクトン）と呼ぶ。

プランクトンネット
プランクトンをこし集める器具。網目の細かい布が袋状になり，その先に採水器がついていることが多い。網目の細かさはさまざまで，採集するプランクトンの大きさにあわせて使い分ける。

平衡石（へいこうせき）
重力の方向を感じ取り，体の傾きを感じるセンサーの一部を構成している。ヒトがもつ"耳石（じせき）"も平衡石である。クラゲ類の場合，主成分は硫酸（りゅうさん）カルシウムで，体を構成する唯一の硬い構造である。230ページのコラム㊺にも説明あり。

へい死（へいし）
動物が感染症等により突然死亡すること。漢字では"斃死"と書く。人の死に対して用いることはほとんどない。

変態（へんたい）
生物が成長する過程で，短期間のうちに大きく形を変えること。昆虫類でよく知られるが，本書で"幼生"として採り上げているすべての生物が変態を行う。

鞭毛（べんもう）
運動性をもつ，細胞の突起構造。水中を泳ぐ原生生物（げんせいせいぶつ）の多くが1～2本の鞭毛をもち，これらを利用して遊泳する。一部の種では滑走運動（かっそううんどう）も担っている。

放射管（ほうしゃかん）
クラゲの胃から傘の縁に向かって放射状に伸びる管状の構造で，胃で消化されたエサ生物の栄養分や呼吸に用いる酸素が通っている。

ポリプ
イソギンチャクやヒドラのように，本体を物に固着させて触手を放射状に広げた姿・構造のこと。サンゴの個虫もポリプである。刺胞動物に属する生物のほとんどで見られ，クラゲとして水中で浮遊生活を送る種の多くも，生活環のなかでポリプとして過ごす時期をもつ。

～マ行～

マヒ性貝毒（まひせいかいどく）
コラム⑧（87ページ）に解説あり。

水の華（みずのはな）
小さな藻類が高い密度で発生し，水面が変色する現象。アオコとほぼ同じ意味で使われることが多い。

ミトコンドリア
多くの真核生物が細胞のなかにもつ構造で，酸素を利用した呼吸を行い，エネルギーを作り出す。細菌の一種が起源と考えられている。

～ヤ行～

幼生（ようせい）
成体（親）と形が大きく異なる動物の子どものこと。発育の途中で形が大きく変わることを"変態"という。幼生は特別な名前

がつけられていることが多く，エビ類では発育にともなって何度か変態し，ノープリウス幼生，ゾエア幼生，ミシス幼生と呼び名が変わっていく。昆虫では幼虫といい，幼生とは呼ばない。

葉緑体（ようりょくたい）
光合成（こうごうせい）を行う生物に見られる細胞内構造で，多くの陸上植物では緑色の袋のような形をしている。ケイ藻や渦鞭毛藻では黄色や茶色をしており，"色素体（しきそたい）"と呼ばれることが多い。葉緑体の起源は細菌の一種であると考えられている（168ページのコラム㉖を参照）。

翼片（よくへん）
一部の渦鞭毛藻に見られる，魚のヒレのような硬い突起構造。カンムリムシの仲間（ディノフィシス属）で特に大きく発達する。

鎧板（よろいばん）
殻をもつ渦鞭毛藻類の細胞表面に見られる，鎧のように細胞全体をおおう板状構造。陸上植物の細胞壁（さいぼうへき）の主な成分である"セルロース"でできている。鎧板の形や配列が，殻をもつ種の判別ポイントになっていることが多い（101ページのコラム⑩を参照）。

〜ラ行〜

輪紋（りんもん）
230ページのコラム㊺を参照。

連鎖（れんさ）
細胞どうしが鎖（くさり）のようにつながり合うこと。ケイ藻類では多くの種で連鎖した群体が見られる。

ろ過（ろか）
固体が混ざった液体（や気体）を，小さな穴が多数開いたフィルターを通すことで，穴より大きな固体のみ分離する操作。プランクトンネットは一種のろ過装置。コーヒーフィルターを利用してコーヒーをいれる操作もろ過である。漢字で書くと"濾過"となる。

生物名さくいん（和名）

和名	ページ
アカイロミツウデサボテンムシ	178
アカクラゲ	232
アカシオウズムシ	169
アカシオオビムシ	104
アカシオヒゲムシ	155
アサリのD型幼生	241
アナトックリカラムシ	171
アミメオビムシ	95
アミメハダカオビムシ	110
アンテナサボテンムシ	186
アンドンクラゲ	228
イガグリヒゲムシ	161
イカダケイソウ	147
イカリツノモ	88
ウスカワミジンコ	197
ウスヨロイオビムシ	91
ウネリサボテンムシ	187
ウミイトカクシ	157
ウミケンミジンコ	205
ウミサボテンムシ	184
ウミタルの一種	215
ウミホタル	199
ウミミドリムシ	167
ウリクラゲ	238
ウロコツツガタケイソウ	130
エスジツノフタヒゲムシ	74
エスジミゾオビムシ	114
エリタガエムシ	111
オウギケイソウ	143
オオアタマサボテンムシの仲間	183
オオカンムリムシ	78
オオクサリケイソウ	126
オオコアミケイソウ	127
オオスケオビムシ	98
オオタテスジムシ	112
オオタマウミヒドラ	222
オオチャヒゲムシ	151
オオツツガタケイソウ	132
オオナガスケオビムシ	99
オオビンガタカラムシ	172
オキイカダユレモ	69
オキカンムリムシ	80
オキクラゲ	233
オナガオタマボヤ	217
オナガカンムリムシ	79
オベリアクラゲの一種	226
オヨギソコミジンコ	209
オリジャクケイソウ	142
カイアシ類のノープリウス幼生	243
カイアシ類のコペポディド幼体	243
カイヤドリヒドラクラゲ	225
カギアシケンミジンコ	207
カキのD型幼生	241
カクダコケイソウ	141
カクヒレカンムリムシ	81
カザグルマケイソウ	128
カサボネケイソウ	125
カニ類のゾエア幼生	246
カニ類のメガロパ幼生	246
カブトクラゲ	237
カミクラゲ	221
カラカサクラゲ	220

和名	ページ
カンムリムシ	78
キタカンムリムシ	80
キタシビレジュズオビムシ	85
ギンカクラゲ	219
クサリタスキムシ	107
クサリハダカオビムシ	109
クチビルケイソウの一種	143
クビレケイソウの一種	146
クモヒトデ類のオフィオプルテウス幼生	247
クルマエビのゾエア幼生	245
クルマエビのノープリウス幼生	245
グンタイマルサボテンムシ	180
ケダマハネムシの一種	170
コウミオオメミジンコ	198
ゴカイ類のネクトケータ幼生	242
ゴカクスケオビムシ	99
コクダカラムシ	171
コバンフタヒゲムシ	75
コヒゲミジンコ	202
コブウロコヒシオビムシ	97
コメツブタテスジムシ	111
コメツブフタヒゲムシ	74
サイヅチボヤ	217
サキワレトゲケイソウの一種	134
ササノハケイソウの一種	148
サスマタツノケイソウ	137
ザブトンサボテンムシ	178
シオダマリミジンコ	209
シダレツノケイソウ	136
シビレジュズオビムシ	84
シミコクラゲ	223
シリカヒゲムシ	159
スジメヨロイオビムシ	92
スズウキガイ	189
スナカラムシ	173
スポンジマルサボテンムシ	175
セボネケイソウの一種	123

和名	ページ
タイココアミケイソウ	127
タケヅツケイソウ	129
タマウキガイ	188
タマヒラオビムシ	115
ダンゴゼニケイソウ	124
チャイロハダカオビムシ	117
チョウチョヒラオビムシ	114
チョウチンケイソウ	140
ツノガタスナカラムシ	173
ツノケイソウ属	135
ツノフタヒゲムシ	72
ツミキケイソウ	122
ツメウキツノガイ	214
ツリガネサボテンムシの仲間	182
トガリカンムリムシ	82
トゲスズオビムシ	100
トゲナシエボシミジンコ	197
ドフラインクラゲ	221
ナイワンケンミジンコ	205
ナガアシカゴサボテンムシ	183
ナガジタメダマムシ	118
ナガジュズオビムシ	86
ナガトゲツツガタケイソウ	130
ナメクジウオの幼生	249
ナンカイセボネケイソウ	123
ナンカイチャヒゲムシ	152
ニセクサリタスキムシ	108
ニセナガジュズオビムシ	86
ニチリンケイソウ	142
ノルドマンエボシミジンコ	196
ハガタフタヒゲムシ	73
ハシゴケイソウ	133
ハナガサクラゲ	225
ハマキタスキムシ	105
ハリササノハケイソウ	148
ヒカリヨロイオビムシ	93
ヒゲチガイミドリムシの一種	167

生物名さくいん（和名）

和名	ページ
ヒシシリカヒゲムシ	159
ビゼンクラゲ	234
ヒダリマキツノケイソウ	138
ヒトツユビフサワムシ	212
ヒメクサリハダカオビムシ	110
ヒメコヒゲミジンコ	202
ヒメツツガタケイソウ	131
ヒメトゲスケオビムシ	99
ヒメフタヒゲムシ	73
ヒョウタンケイソウ	145
ヒラタオビムシ	95
フクレウキガイ	190
フジツボ類のキプリス幼生	244
フジツボ類のノープリウス幼生	244
フタゴハダカオビムシ	116
フタコブツノケイソウ	137
フタマタツノモ	89
フトイトゼニケイソウ	124
フトジュウジサボテンムシ	185
フトヅツサボテンムシ	186
フナガタケイソウの一種	144
ブンブクのエキノプルテウス幼生	247
ヘチマムシ	170
ベニクラゲの一種	224
ホウキムシ類のアクチノトロカ幼生	241
ホシガタケイソウ	144
ホシモンケイソウ	128
ホソサスマツノモ	89
ホソツノモ	88
ホソヒゲミジンコ	203
ホソミドロケイソウ	125
ホヤ類のオタマジャクシ型幼生	249
マガリツツガタケイソウ	131
巻貝類のベリジャー幼生	242
マナマコのオーリキュラリア幼生	248
マナマコのペンタクチュラ幼生	248

和名	ページ
マルウキガイ	189
マルウロコヒシオビムシ	96
マルカンムリムシ	79
マルスズオビムシ	100
マルトゲスケオビムシ	99
マルヨロイオビムシ	91
ミカヅキオビムシ	112
ミギマキツノケイソウ	138
ミキモトヒラオビムシ	113
ミズクラゲ	231
ミズクラゲのプラヌラ幼生	240
ミズクラゲのエフィラ幼生	240
ミツカドヒレカンムリムシ	81
ミツワシリカヒゲムシ	162
ミナミシビレジュズオビムシ	85
ミナミドクヨロイオビムシ	94
ミナミヒゲミジンコ	201
ムレツノケイソウ	138
メガネケイソウの一種	145
メガネケンミジンコ	207
メダマムシ	119
モリメダマムシ	119
ヤコウチュウ	102
ヤジリヒシオビムシ	98
ヤトゲヨツアナサボテンムシ	177
ヤムシの一種	215
ユウレイクラゲ	234
ユミツノモ	90
ユレクサリタスキムシ	108
ヨツゲオウゴンモ	163
ヨツゴハダカオビムシ	116
リボンケイソウ	139
レンダコケイソウ	140
ワカレオタマボヤ	216
ワダイコサボテンムシ	176
ワラジチャヒゲムシ	153

生物名さくいん（学名）

学名（一部 目・科・属名）	ページ
Acanthometron pellucidum	184
Acanthostaurus conacanthus	185
Acartia omorii	203
Actinoptychus senarius	128
Actinotrocha larva	241
Akashiwo sanguinea	104
Alexandrium affine	86
Alexandrium catenella	84
Alexandrium fraterculus	86
Alexandrium tamarense	85
Alexandrium tamiyavanichii	85
Amphioxus larva	249
Amphiprora sp.	146
Appendicularia larva	249
Asterionellopsis gracialis	144
Asteromphalus heptactis	128
Aurelia aurita	231
Auricularia larva	248
Bacillaria paxillifer	147
Bacteriastrum sp.	134
Beroe cucumis	238
Bolinopsis mikado	237
Calanus sinicus	201
Carybdea rastoni	228
Ceratium furca	89
Ceratium fusus	90
Ceratium kofoidii	89
Ceratium trichoceros	88
Ceratium tripos	88
Chaetoceros affinis	137
Chaetoceros coarctatus	136

学名（一部 目・科・属名）	ページ
Chaetoceros curvisetus	138
Chaetoceros debilis	138
Chaetoceros didymus	137
Chaetoceros socialis	138
Chaetoceros spp.	135
Chattonella marina var. *antiqua*	151
Chattonella marina var. *marina*	152
Chattonella marina var. *ovata*	153
Chrysaora melanaster	232
Chrysochromulina quadrikonta	163
Cochlodinium convolutum	105
Cochlodinium fulvescens	108
Cochlodinium polykrikoides	107
Cochlodinium sp. Type–Kasasa	108
Codonellopsis ostenfeldi	171
Collosphaera huxleyi	180
Copepodid juvenile	243
Corethron criophilum	125
Corycaeidae	207
Coscinodiscus gigas	127
Coscinodiscus wailesii	127
Creseis virgule	214
Cyanea nozakii	234
Cymbella sp.	143
Cypris larva	244
Dactyliosolen fragilissimus	131
Detonula pumila	122
Dictyocha fibula	159
Dictyocha speculum	159
Dictyocoryne profunda	178
Didymocyrtis tetrathalamus	176

生物名さくいん（学名）

和名学名（一部 目・科・属名）	ページ	学名（一部 目・科・属名）	ページ
Dinophysis acuminata	78	Gyrodinium dominans	111
Dinophysis caudata	79	Gyrodinium instriatum	111
Dinophysis fortii	78	Gyrodinium spirale	112
Dinophysis mitra	80	Heterocapsa circularisquama	96
Dinophysis norvegica	80	Heterocapsa lanceolata	98
Dinophysis rotundata	79	Heterocapsa triquetra	97
Diploconus faces	186	Heterosigma akashiwo	155
Diploneis splendica	145	Hydrocoryne miurensis	222
Dissodinium pseudolunula	112	Karenia digitata	115
Ditylum brightwellii	140	Karenia mikimotoi	113
Doliolida	215	Karenia papilionacea	114
D-shaped larva	241	Leptocylindrus danicus	125
Ebria tripartita	162	Licmophora spp.	143
Echinopluteus larva	247	Lingulodinium polyedrum	93
Ephyra larva	240	Liriope tetraphylla	220
Erythropsidinium agile	118	Lithoptepa muelleri	186
Eucampia zodiacus	133	Lophophaenidae genn. et spp. indet.	183
Eucyrtidium spp.	182	Megalopa larva	246
Eugymnanthea japonica	225	Microsetella norvegica	209
Eutintinnus tubulosus	171	Myrionecta rubra	169
Eutreptia pertyi	167	Nauplius larva	243, 244, 245
Eutreptiella sp.	167	Navicula sp.	144
Evadne nordmanni	196	Nectochaeta larva	242
Evadne tergestina	197	Nematodinium armatum	119
Favella ehrenbergi	172	Nemopsis dofleini	221
Fibrocapsa japonica	157	Nitzschia longissima	148
Fragilidium mexicanum	91	Noctiluca scintillans	102
Fritillaria pellucida	217	Obelia sp.	226
Globigerina bulloides	188	Odontella longicruris	140
Globigerinoides ruber	189	Odontella sinensis	141
Globorotalia inflata	190	Oikopleura dioica	216
Goniodoma polyedricum	91	Oikopleura longicauda	217
Gonyaulax polygramma	92	Oithona davisae	205
Guinardia flaccida	129	Oithona similis	205
Gymnodinium catenatum	109	Olindias formosa	225
Gymnodinium impudicum	110	Oncaeidae	207
Gymnodinium microreticulatum	110	Ophiopluteus larva	247

学名（一部 目・科・属名）	ページ
Orbulina universa	189
Ornithocercus magnificus	81
Ornithocercus quadratus	81
Oxyphysis oxytoxoides	82
Paracalanus parvus s.l.	202
Parvocalanus crassirostris	202
Pelagia noctiluca	233
Penilia avirostris	197
Pentactula larva	248
Peridinium quinquecorne	100
Planula larva	240
Pleurosigma sp.	145
Podon polyphemoides	198
Polykrikos hartmannii	117
Polykrikos kofoidii	116
Polykrikos schwartzii	116
Porpita porpita	219
Prorocentrum dentatum	73
Prorocentrum mexicanum	75
Prorocentrum micans	72
Prorocentrum minimum	73
Prorocentrum sigmoides	74
Prorocentrum triestinum	74
Protoceratium reticulatum	95
Protoperidinium bipes	99
Protoperidinium depressum	98
Protoperidinium oceanicum	99
Protoperidinium pallidum	99
Protoperidinium pentagonum	99
Pseudochattonella verruculosa	161
Pseudo-nitzschia sp.	148
Pterocanium praetextum	183
Pyrodinium bahamense var. *compressum*	94
Pyrophacus steinii	95
Rathkea octopunctata	223
Rhizosolenia imbricata	130
Rhizosolenia robusta	132
Rhizosolenia setigela	130
Rhizosolenia stolterfothii	131
Rhopilema esculenta	234
Sagittoidea	215
Scrippsiella trochoidea	100
Skeletonema sp.	123
Skeletonema tropicum	123
Spirocodon saltator	221
Spongaster tetras	178
Spongosphaera streptacantha	175
Stephanopyxis palmeriana	126
Sticholonche zanclea	187
Streptotheca thamensis	139
Strombidium sp.	170
Synchaeta triophthalma	212
Takayama pulchellum	114
Tetrapyle octacantha	177
Thalassionema nitzschioides	142
Thalassiosira diporocyclus	124
Thalassiosira rotula	124
Tharassiothrix frauenfeldii	142
Tiarina fusus	170
Tigriopus japonicus	209
Tintinnopsis beroidea	173
Tintinnopsis corniger	173
Trichodesmium erythraeum	69
Turritopsis sp.	224
Vargula hilgendorfii	199
Veliger larva	241, 242
Warnowia pulchra	119
Zoea larva	245, 246

監修：岩国市立ミクロ生物館

編著：
　　末友　靖隆　　岩国市立ミクロ生物館　館長　　　　　　　　　　　　博士（理学）

分担執筆者：
　　松山　幸彦　　（独）水産総合研究センター　グループ長　　　　　　博士（農学）
　　上田　拓史　　高知大学総合研究センター　教授　　　　　　　　　　博士（農学）
　　上野　俊士郎　（独）水産大学校　特命教授・名誉教授　　　　　　　水産学博士
　　久保田　信　　京都大学フィールド科学教育研究センター　准教授　　理学博士
　　鈴木　紀毅　　東北大学大学院理学研究科　助教　　　　　　　　　　博士（理学）
　　木元　克典　　（独）海洋研究開発機構　技術研究副主幹　　　　　　博士（理学）
　　佐野　明子　　松山市都市環境学習センター　職員　　　　　　　　　博士（理学）
　　副島　美和　　岩国市立ミクロ生物館　専門職員
　　濱岡　秀樹　　（独）水産総合研究センター　研究員
　　中島　篤巳　　岩国市立ミクロ生物館　名誉館長　　　　　　　　　　医学博士・医師

協力者：
　　小池　一彦　　広島大学大学院生物圏科学研究科　准教授　　　　　　水産学博士
　　児玉　有紀　　島根大学生物資源科学部　准教授　　　　　　　　　　博士（理学）
　　須藤　耕佑　　千葉大学大学院理学研究科　博士研究員　　　　　　　博士（理学）
　　大金　薫　　　国立科学博物館　非常勤研究員　　　　　　　　　　　博士（理学）
　　新宅　航平　　広島大学大学院生物圏科学研究科　修士課程2年
　　上田　真由美　甲南大学大学院自然科学研究科　博士課程3年
　　高山　晴義　　元　広島県立総合技術研究所　次長　　　　　　　　　理学博士
　　河村　真理子　京都大学フィールド科学教育研究センター　研究員　　博士（水産学）
　　堀　利栄　　　愛媛大学大学院理工学研究科　准教授　　　　　　　　理学博士
　　宮原　一隆　　兵庫県立農林水産技術総合センター　　　　　　　　　農学博士
　　吉田　誠　　　香川県庁　　　　　　　　　　　　　　　　　　　　　農学博士
　　馬場　俊典　　山口県水産研究センター専門研究員
　　平野　弥生　　千葉大学大学院理学研究科　博士研究員　　　　　　　理学博士
　　笠井　悦子　　岩国市立ミクロ生物館　非常勤職員
　　中野　優歩　　山口県立岩国高等学校　元放送部長
　　藤川　迪子　　山口県立岩国高等学校　元生物部員
　　新山　真梨　　山口県立岩国高等学校　元放送部長
　　小玉陽奈子　　山口県立岩国高等学校　3年生
　　稲田　拓真　　山口県立岩国高等学校　3年生
　　小倉　誠司　　山口県立岩国高等学校　教諭
　　中村由里子　　（独）海洋研究開発機構
　　藤島　政博　　山口大学大学院理工学研究科　教授　　　　　　　　　理学博士
　　洲崎　敏伸　　神戸大学大学院理学研究科　准教授　　　　　　　　　理学博士
　　出村　幹英　　国立環境研究所　　　　　　　　　　　　　　　　　　博士（理学）
　　小柳　隆文　　山口県農林水産部水産振興課　主任
　　的野　はる奈　ミクロ生物館　サポーター
　　高重　朱未　　ミクロ生物館赤潮プランクトンの会　会員
　　浮田　諭志　　ミクロ生物館赤潮プランクトンの会　会員
　　佐野　萬　　　元　由宇町教育長
　　独立行政法人水産総合研究センター
　　独立行政法人海洋研究開発機構
　　株式会社　野生水族繁殖センター
　　なぎさ水族館
　　兵庫県立農林水産技術総合センター

兵庫県漁業協同組合連合会兵庫のり研究所
独立行政法人宇宙航空研究開発機構
鶴岡市立加茂水族館
長崎大学水産学部
山口県水産研究センター
北海道立オホーツク流氷科学センター
水産庁
水産庁瀬戸内海漁業調整事務所
岩国市立ミクロ生物館サポーター各位

担当内訳
第Ⅰ部　プランクトンについて
　1. 海のミクロワールドへようこそ！
　　　松山　幸彦　　執筆・写真
　2. 採集と観察の方法
　　　上田　拓史　　監修・執筆・写真
　　　末友　靖隆　　執筆・写真
　　　副島　美和　　写真

　3. 大きさを比べてみよう
　　　末友　靖隆　　編集・イラスト
　　　副島　美和　　イラスト
　　　佐野　明子　　イラスト
　　　松山　幸彦　　イラスト
　　　濱岡　秀樹　　イラスト

第Ⅱ部　プランクトン図鑑
　生物一覧　～見た目から探してみよう～
　　　末友　靖隆　　編集

　生物検索表　～特徴から探してみよう～
　　　上田　拓史　　監修・構成
　　　末友　靖隆　　構成

　1. 単細胞生物
　ラン藻類・渦鞭毛藻類・ケイ藻類・ラフィド藻類・ケイ質鞭毛藻類・ハプト藻類・ミドリムシ類・繊毛虫類
　　　松山　幸彦　　監修・執筆・写真・イラスト（渦鞭毛藻類）
　　　末友　靖隆　　執筆・写真・イラスト（ケイ藻類・繊毛虫類・ラフィド藻類・ミドリムシ類　他）
　　　佐野　明子　　初版原案協力・写真・イラスト（渦鞭毛藻類）
　　　副島　美和　　イラスト（2版追加種）
　　　馬場　俊典　　写真
　　　吉田　誠　　　写真
　　　（独）宇宙航空研究開発機構　写真
　　　東海大学　　　　　　　　　　写真
　　　兵庫県水産技術センター　　　写真
　　　兵庫のり研究所　　　　　　　写真

　放散虫類
　　　鈴木　紀毅　　監修・執筆・写真
　　　末友　靖隆　　執筆・写真・イラスト（初版）
　　　副島　美和　　イラスト（2版追加種）

　有孔虫類
　　　木元　克典　　監修・執筆・写真
　　　末友　靖隆　　執筆・イラスト（初版）
　　　副島　美和　　イラスト（2版追加種）
　　　（独）海洋研究開発機構　　　写真

ミジンコ類・カイミジンコ類・カイアシ類・ワムシ類・翼足類・ヤムシ類・ウミタル類・オタマボヤ類
　　上田　拓史　　監修・執筆・写真
　　末友　靖隆　　執筆・写真
　　佐野　明子　　初版原案協力・写真・イラスト（初版）
　　濱岡　秀樹　　イラスト（初版）
　　副島　美和　　イラスト（2版追加種）

ヒドロクラゲ類
　　久保田　信　　監修・執筆・写真
　　上野　俊士郎　監修・執筆・写真
　　末友　靖隆　　執筆・イラスト（初版）
　　副島　美和　　イラスト（2版追加種）
　　河村　真理子　写真

立方クラゲ類・鉢クラゲ類・クシクラゲ類
　　上野　俊士郎　監修・執筆・写真
　　末友　靖隆　　執筆・写真・イラスト（初版）
　　副島　美和　　イラスト（2版追加種）
　　河村　真理子　写真
　　鶴岡市立加茂水族館　写真

幼生
　　上田　拓史　　監修・執筆・写真
　　末友　靖隆　　執筆・写真
　　佐野　明子　　初版原案協力・写真・イラスト（初版）
　　副島　美和　　イラスト（2版追加種）
　　なぎさ水族館　写真

用語解説：
　　末友　靖隆　　執筆

付録映像（DVD）
　　末友　靖隆　　編集・撮影
　　新山　真梨　　ナレーション（2版）
　　中野　優歩　　ナレーション（初版）
　　藤川　迪子　　ナレーション（初版）
　　上野　俊士郎　撮影（クラゲ類）
　　木元　克典　　撮影（有孔虫）
　　鈴木　紀毅　　撮影（放散虫）
　　久保田　信　　撮影（クラゲ類）
　　小玉陽奈子　　ナレーション収録
　　稲田　拓磨　　ナレーション収録
　　小倉　誠司　　ナレーション収録
　　佐野　明子　　撮影・初版原案協力
　　副島　美和　　編集補助
　　中村由里子　　編集補助
　　的野　はる奈　編集補助

コラム（数字はコラムNo.）
　　末友　靖隆　　1（図）、5・7〜26・31・33〜41（本文・写真）
　　佐野　明子　　5・7〜11・14〜23・34・35・38・41（原案協力）

上田　拓史　　1〜4（本文・写真）・36〜38（写真）
上野　俊士郎　42・44〜47・49（本文・写真）
久保田　信　　43・48（本文・写真）
小池　一彦　　6（本文・写真）
新宅　航平　　6（本文・写真）
児玉　有紀　　27（本文・写真）
鈴木　紀毅　　28（本文・写真）
大金　　薫　　29（本文・写真）
木元　克典　　30（本文・写真）
上田　真由美　32（本文・写真）
須藤　耕佑　　50（本文・写真）
濱岡　秀樹　　34・35・38・41（各イラスト）
高山　晴義　　11・12（写真）
堀　　利栄　　25（写真）
河村　真理子　42（写真）
平野　弥生　　50（写真）
長崎大学水産学部　　22（写真）

プランクトン調査記録表   No.

採集日時：　　　年　　月　　日　　時　　分

採集場所	天候	水温
（水深　　m）		℃

赤潮発生時の記入項目
　赤潮の色（水色カードの番号）　　No.
　赤潮の規模　　　　　　　　　　m × 　　m

観察したプランクトン

No.	名　前	数(1mℓ あたり)

赤潮観察水色カード

※ 瀬戸内海水産開発協議会製作（昭和54年）のものを引用

	あか	あかみの だいだい	きみの だいだい	き	きみどり	みどり
うすい	1	10	19	28	37	46
あさい	2	11	20	29	38	47
あかるい	3	12	21	30	39	48
さえた	4	13	22	31	40	49
こい	5	14	23	32	41	50
くらい	6	15	24	33	42	51
にぶい	7	16	25	34	43	52
あかるい はいみ	8	17	26	35	44	53
はいみ	9	18	27	36	45	54

赤潮発生時の水の色に最も近い色番号を「プランクトン調査記録表」の「赤潮の色」に併記しましょう。赤潮情報の連絡などに役立ちます。

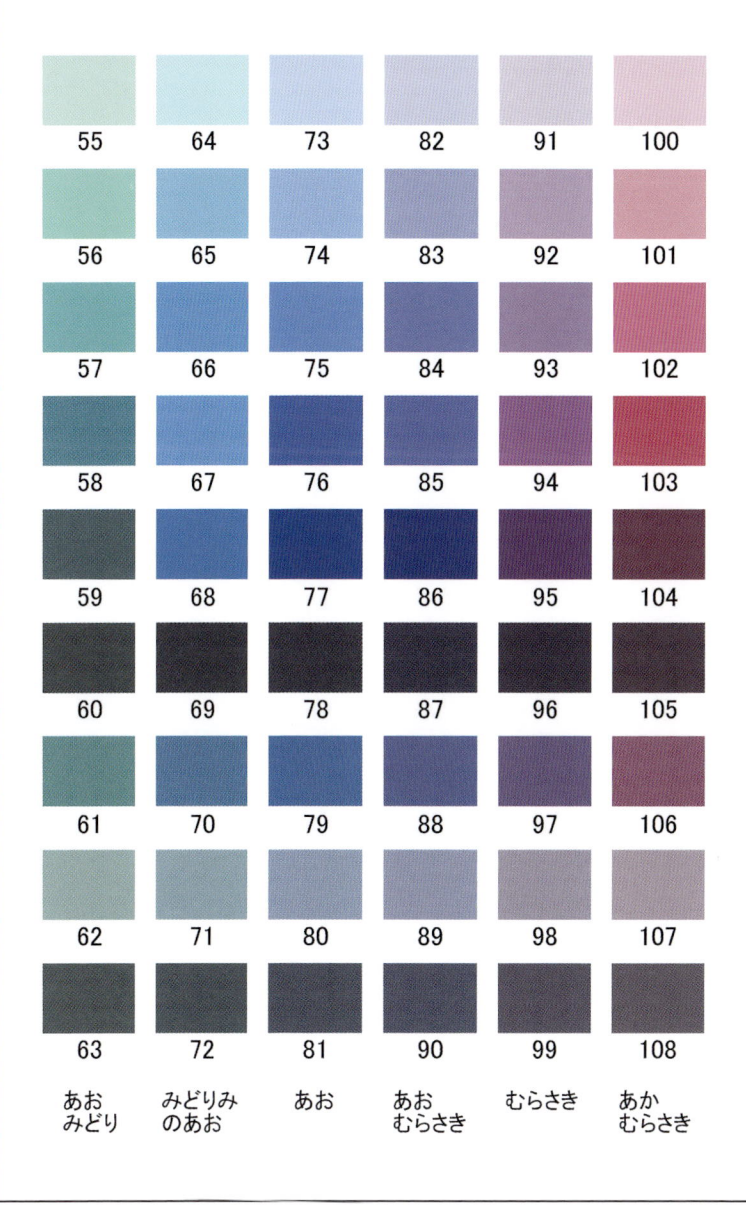

55	64	73	82	91	100
56	65	74	83	92	101
57	66	75	84	93	102
58	67	76	85	94	103
59	68	77	86	95	104
60	69	78	87	96	105
61	70	79	88	97	106
62	71	80	89	98	107
63	72	81	90	99	108
あお みどり	みどりみ のあお	あお	あお むらさき	むらさき	あか むらさき

プランクトン スケッチ用紙　　　No.

※ 顕微鏡をのぞきながら、〇ワクのなかにスケッチしよう

採集日時：　　　年　　月　　日　　時　　分
採集場所：　　　　　　　　　（水深　　m）

和名：_____
学名：_____
大きさ：_____ mm　からだの色：_____
気づいたこと：_____
観察倍率：_____ 倍

和名：_____
学名：_____
大きさ：_____ mm　からだの色：_____
気づいたこと：_____
観察倍率：_____ 倍

和名：_____
学名：_____
大きさ：_____ mm　からだの色：_____
気づいたこと：_____
観察倍率：_____ 倍

和名：_____
学名：_____
大きさ：_____ mm　からだの色：_____
気づいたこと：_____
観察倍率：_____ 倍

日本の海産プランクトン図鑑
第 2 版
A Photographic Guide to Marine Plankton of Japan
Second edition

2011 年 1 月 15 日	初版 1 刷発行	
2012 年 4 月 25 日	初版 5 刷発行	
2013 年 7 月 15 日	第 2 版 1 刷発行	
2024 年 5 月 1 日	第 2 版 7 刷発行	

検印廃止

NDC 468.6

ISBN 978-4-320-05728-9

監　修　岩国市立ミクロ生物館　ⓒ 2013

発行者　南條光章

発行所　共立出版株式会社
〒112-0006
東京都文京区小日向 4-6-19
電話　(03)3947-2511（代表）
振替口座　00110-2-57035
URL　www.kyoritsu-pub.co.jp

印　刷　加藤文明社
製　本　協栄製本

一般社団法人
自然科学書協会
会員

Printed in Japan

JCOPY ＜出版者著作権管理機構委託出版物＞

本書の無断複製は著作権法上での例外を除き禁じられています．複製される場合は，そのつど事前に，出版者著作権管理機構（TEL：03-5244-5088，FAX：03-5244-5089，e-mail：info@jcopy.or.jp）の許諾を得てください．

針山孝彦・小柳光正・嬉　正勝・妹尾圭司・小泉　修・日本比較生理生化学会［編集］

研究者が教える動物飼育　全3巻

「生物の飼育」を通して知る命の尊さ・儚さ・逞しさ！
単細胞生物から哺乳類まで全95種を一堂に集めた飼育法ハンドブック!!

本シリーズは，生物研究にどっぷりと浸かり，生命の仕組みについての研究を続けている研究者が動物の飼育法を語る。114名の著者が95に上る動物の飼育法について語り，そこに書ききれなかったトピックスなどをコラムとして折り込んでいる。行間にあふれる著者たちの生命に対する畏敬の念を，読者は本書を手に取ったときに感じるだろう。そして，研究者というプロが作り上げたノウハウを，自ら試してみてもらいたい。その方法で動物を飼育したとき，日本人としての自然観と，科学的生命観を学ぶことができるに違いない。

第1巻　ゾウリムシ, ヒドラ, 貝, エビなど

【目　次】タイヨウチュウ・アメーバ／ミドリムシ／ゾウリムシ／サンゴ（造礁サンゴ）／エチゼンクラゲ／イソギンチャク／ヒドラ／カイウミヒドラ類／ニハイチュウ／プラナリア／センチュウ／イタチムシ／ゴカイ類／ミミズ／ヒル／クマムシ／アメフラシ／イソアワモチ／サザエ／カラマツガイ／チャコウラナメクジ／ヨーロッパモノアラガイ／オウムガイ／ヤリイカ／タコ／アカテガニ／アメリカザリガニ／ヤドカリ／テナガエビ／クルマエビ／カブトガニ／オオグソクムシ／フナムシ／シャコ／アルテミア／ミジンコ

【コラム】分類と系統／ノーベル賞を受賞した動物行動学の3巨人／原生動物の行動制御／形態形成の基本思想の登場：細胞選別と発生／神経生物学のモデル動物：アメフラシ／ナメクジにおける嗅覚忌避連合学習／神経研究に貢献した巨大軸索／月光を感じる生物たち／ザリガニと平衡感覚の実験‥‥‥‥‥‥‥（索引）

第2巻　昆虫とクモの仲間

【目　次】ナミハダニ／ハエトリグモ／コガネグモ／トンボ／オオシロアリ／マダガスカルゴキブリ／チャバネゴキブリ／ワモンゴキブリ／カマキリ／トノサマバッタ／フタホシコオロギ／アメンボ／エンドウヒゲナガアブラムシ／ツチカメムシの仲間／セミ／カブトムシ／クワガタムシ／ゲンジボタル／ゴミムシダマシ／ヨツボシモンシデムシ／アシナガバチ／セイヨウミツバチ／クロオオアリ／ヤマヨツボシオオアリ／カイコガ／スズメガ／ナミアゲハ／ハマダラカ／ネムリユスリカ／ショウジョウバエ／ルリキンバエ／クロキンバエ

【コラム】アフリカの昆虫食／大人の雄は縄張りを示す：体色と行動変化／手軽にできる衝突実験／バッタの群生相化／都市のセミの謎／ミツバチの驚異の視覚情報処理能力と8の字ダンス／仲間識別感覚：社会性昆虫の絆／昆虫のフェロモン研究：カイコにまつわる因縁／海を越えてやってくる害虫たち／他‥‥‥‥（索引）

第3巻　ウニ, ナマコから脊椎動物へ

【目　次】ウニ／ウミシダ（ウミユリ綱）／ヒトデ／ナマコ／イソヤムシ／ギボシムシ／ナメクジウオ／カタユウレイボヤ／ヤツメウナギ／キンギョ／エンゼルフィッシュ／ゴンズイ／ゼブラフィッシュ／トビハゼ／ムツゴロウ／メダカ／アカハライモリ／アフリカツメガエル／ウシガエル／メキシコサラマンダー／シマヘビ／ニホントカゲ／ジュウシマツ／ニワトリ／マウス／ラット／カイウサギ

【コラム】毛顎動物の分類／前口動物と後口動物の狭間／脊椎動物の祖先／キンギョの個体識別法／クロマグロの養殖と視覚特性／魚類の性転換／モデル脊椎動物としてのゼブラフィッシュ／クローン動物作製のはじまり：アフリカツメガエル研究の歴史と現状／特定外来生物について／動物の飼育にあたって‥‥（索引）

各巻：B5判・並製・194〜242頁・定価3,080円（税込）

www.kyoritsu-pub.co.jp

共立出版　（価格は変更される場合がございます）